高等学校电子信息类专业系列教材

电磁兼容(EMC)理论与实践

谢强强　张　斌　郑　梁　秦会斌　编著

西安电子科技大学出版社

内 容 简 介

本书主要介绍电磁兼容(EMC)的基本概念和基本原理,主要内容包括电磁兼容(EMC)概论、电磁兼容相关的理论基础、电磁干扰的分类与特征、接地和搭接、屏蔽、EMI 滤波器,以及 PCB 的电磁兼容性设计。

本书可作为高等学校电子信息、通信工程、电子科学与技术等相关专业的本科生和研究生教材,也可作为相关专业、相关领域工程技术人员的参考书。

图书在版编目（CIP）数据

电磁兼容(EMC)理论与实践 / 谢强强等编著. -- 西安 ：西安电子科技大学出版社，2025.7. -- ISBN 978-7-5606-7702-6

Ⅰ. TN03

中国国家版本馆 CIP 数据核字第 2025HT3749 号

策　　划　陈　婷
责任编辑　陈　婷
出版发行　西安电子科技大学出版社（西安市太白南路 2 号）
电　　话　(029) 88202421　88201467　　　邮　　编　710071
网　　址　www.xduph.com　　　　　　电子邮箱　xdupfxb001@163.com
经　　销　新华书店
印刷单位　陕西博文印务有限责任公司
版　　次　2025 年 7 月第 1 版　　　　　2025 年 7 月第 1 次印刷
开　　本　787 毫米×1092 毫米　1/16　　印　　张　11.5
字　　数　268 千字
定　　价　33.00 元
ISBN 978-7-5606-7702-6
XDUP 8003001-1

前 言
Preface

随着电子设备的广泛应用，电磁干扰问题日益凸显，并对设备的稳定性、可靠性和安全性构成了挑战。目前，世界上大多数国家都制定了相关产品的电磁兼容标准，并严格实施，以此作为产品进入市场的准入条件。因此，电磁兼容性已经成为电子设备、产品设计中不可或缺的重要特性。本书结合编者多年的教学经验，吸取了近年来国内外电磁兼容技术相关图书和资料的优点，通过简明的语言解释与电磁兼容相关的概念和理论，帮助读者快速理解电磁兼容问题，掌握解决电磁干扰问题的基本理论与技术。

本书共 7 章。

第 1 章从电磁兼容的基本概念入手，讲解电磁兼容的重要性，以及电磁兼容对现代电子设备设计的影响。本章还涵盖电磁兼容标准化组织的相关介绍以及常见电磁兼容测试项目和测试方法的介绍，帮助读者建立对电磁兼容的基本认识。

第 2 章介绍一些与电磁兼容相关的基础理论知识，包括天线理论、典型辐射源的特性、场域、电磁频谱的概念、电尺寸以及分贝的基本计算方法等。这些知识是后续章节中进行理论分析及计算的基础。

第 3 章详细探讨电磁干扰的三要素，即电磁干扰源、耦合途径和敏感设备。本章特别关注共模干扰和差模干扰的原理，帮助读者深入理解这两类干扰的产生机理及其应对策略。

第 4 章详细介绍接地和搭接技术，分析单点接地、多点接地等多种接地方式的特点，并为读者提供消除接地环路噪声和减少地电位差影响的实用建议。

第 5 章讨论屏蔽技术的原理与应用，讲解屏蔽效能的计算理论，以及实际设计中解决屏蔽体不完整问题的方法。

第 6 章聚焦滤波技术，介绍滤波器的类型及其应用，帮助读者理解如何通过滤波器设计提升系统的电磁兼容性，减少电磁噪声的干扰。

第 7 章探讨印制电路板（PCB）设计过程中与电磁兼容性相关的知识和设计原则，强调良好的 PCB 设计对减少电磁干扰、提高设备性能的关键作用。

本书结合实际工程案例，能够帮助读者掌握接地、屏蔽、滤波等核心技术，掌握如何通过科学设计有效降低电磁干扰，提升系统的电磁兼容性和可靠性。

在本书的编写工作中，谢强强主要完成第 2 章、第 4 章、第 5 章、第 6 章内容的编写，张斌主要完成第 1 章、第 3 章、第 7 章内容的编写，郑梁和秦会斌负责书稿的总体校对和审核工作。此外，张昌洲、沈王之、黄逸杰等同学参与了查找资料、协助画图等工作。本书在编写过程中还参阅了国内外有关电磁兼容方面的教材、论文和网络资料等。这些资料有些源于已知的参考文献，有些是零散分布的网络资料，无法在书后参考文献里一一列举。在此，对所有文献和资料的原作者表示诚挚的感谢！

本书获杭州电子科技大学教材立项出版基金资助。

在近些年的教学和本书的撰写过程中，编者深感电磁兼容不仅仅是电路设计中的一个技术问题，更是一门艺术。电磁兼容涉及数学、电磁场理论、电路理论、微波理论与技术、天线与电波传播理论、通信理论、材料科学、计算机与控制理论、机械工艺学、核物理学、生物医学以及法理学、社会学等内容，是一门综合性交叉学科。编者深感自身水平有限，书中难免有表述不当之处，敬请读者批评指正。

编　者

2025 年 5 月

目　录

CONTENTS

第 1 章

电磁兼容(EMC)概论

随着科学技术的进步,各类电子、电气设备及系统已广泛应用于国民经济的各个领域及人们的日常生活之中。这些设备在正常运行的同时,会向外辐射电磁能量,这一现象被称为电磁干扰。电磁干扰可能对其他设备或生物造成不利影响,甚至带来严重后果。

在有限的时间、空间和频率资源条件下,电子、电气设备的数量不仅日益增多,而且使用密度也在不断增大。同时,随着功率和频率的提升,电子、电气设备所使用和产生的频谱范围持续扩展,从而构成了一个复杂的电磁环境。在这种环境下,设备很难避免电磁干扰的影响,而电磁干扰的影响范围日益广泛,后果愈发严重,业已成为一个不容忽视的问题。显然,如何确保现代电子、电气设备或系统能在复杂的电磁环境中正常工作,实现各设备间互不干扰、兼容并蓄地共同运行,已成为一个重要的挑战。为此,一方面需要限制干扰源的发射电平并切断其传播路径,另一方面则要提高受影响设备的抗干扰能力,以实现互相兼容的目标。在此背景下,电磁兼容(Electromagnetic Compatibility, EMC)的概念应运而生,并逐渐发展成为一门学科。

电磁兼容学科内容广泛、涉及对象众多且实用性强。其学科基础涵盖了数学、电磁场理论、天线与电波传播、电路理论、信号分析、材料科学、生物医学等多个领域,所以电磁兼容学科是一门交叉性极强的综合性学科。从应用范围来看,电力、通信、交通、航天、军工、计算机、医疗卫生等多个部门都面临着电磁兼容性问题,因此电磁兼容也是一门具有广泛应用价值的共性技术。

1.1 电磁兼容的定义

"电磁兼容"一词,其对应的英语为 Electromagnetic Compatibility,若直接翻译,应为"电磁兼容性"。在电磁兼容领域,已达成这样的共识:对于一门学科、一个领域、一个工业或技术范围而言,"Electromagnetic Compatibility"应被翻译为"电磁兼容",这样的译法更能全面地反映整个领域的内涵,而不仅仅局限于一项技术指标;而对于设备、分系统、系统的性能参数来说,则更适合翻译为"电磁兼容性"。但在实际的工程实践中,人们往往不会严格区分"电磁兼容"和"电磁兼容性"这两个概念,而是统一采用英文缩写 EMC 来代表。这样的用法既简洁又方便,已经成为行业内的习惯。

要想深入研究电磁兼容这一领域,首先需要对其定义有一个清晰的认识。尽管电磁兼容像其他学科一样存在多种定义方式,但这些定义都反映了相同的现象,只是在用词上有所差异。国家标准在电磁兼容术语中对电磁兼容的定义是：**设备或系统在其电磁环境中能正常工作且不对该环境中任何事物构成不能承受的电磁骚扰的能力。**

这个定义主要可以从两个方面来理解：一方面是设备或系统在其所处的电磁环境下能够正常工作，这方面可以称为电磁敏感度(也称为电磁抗扰度)；另一方面是设备或系统不会对该环境中任何事物构成不能承受的电磁骚扰。

为了更全面地理解电磁兼容，以下给出电磁干扰、电磁敏感度和电磁骚扰的具体定义：

- 电磁干扰(Electromagnetic Interference，EMI)：由电磁骚扰引起的设备、传输通道或系统性能的下降。

- 电磁敏感度(Electromagnetic Susceptibility，EMS)：在有电磁骚扰的情况下，装置、设备或系统不能避免性能降低的能力。在中文资料中也常用抗扰度，英语描述中也常用 immunity、sensitivity 来表述敏感度这个词，这些在电磁兼容领域是通用的。

- 电磁骚扰(Electromagnetic Disturbance，EMD)：任何可能引起装置、设备或系统性能降低或者对生物或非生物产生不良影响的电磁现象。

值得注意的是，过去"电磁骚扰"和"电磁干扰"这两个术语常被混用，很多时候见到的缩写都是 EMI，而几乎见不到 EMD。进一步理解字面意思，电磁骚扰可以理解为仅仅是电磁现象，即客观存在的一种物理现象，它可能引起降级或损害，但不一定已经形成后果。而电磁干扰则是由电磁骚扰引发的后果。

理解了这些术语之后，就不难从电磁兼容的定义中发现：设备或系统是可以发出电磁骚扰的，而电磁兼容所规定的要求是这个"电磁骚扰"不会让该环境中任何事物不能承受。

关于电磁兼容的其他术语的定义，应当参照国家标准 GB/T 4365—2024《电工术语 电磁兼容》。

1.2　电子、电气设备或系统的电磁兼容要求

电子、电气设备或系统的电磁兼容要求是为了确保这些设备在复杂的电磁环境中正常工作，而不会受到外界电磁干扰的影响或对其他设备产生干扰。这些要求涵盖了设备的设计、测试、安装和运行等多个方面，通常需要优化设备的设计、加强屏蔽和接地措施，以及严格遵循 EMC 标准进行测试和认证。

1.2.1　常见的电磁兼容问题

电磁兼容问题在现代电子设备和系统中十分普遍，其核心表现为电磁干扰和电磁抗扰度不足。一方面，电磁干扰问题多样，常见的包括设备之间的无线信号相互干扰、开关电源运行时产生的高频噪声，以及传导干扰引发的电力线噪声污染。这些问题可能导致设备功能异常、数据传输错误，严重时甚至可能引发系统崩溃，对设备的正常运行构成严重威胁。

另一方面，电磁抗扰度不足使得设备在面对外界复杂电磁环境时显得很脆弱。常见的情况包括设备在接近高功率无线电发射机或遭遇静电放电时，出现功能失灵或性能不稳定。这种对外界电磁干扰的敏感性，进一步凸显了提升设备电磁抗扰度的重要性。

以下是几类常见的 EMC 问题及其可能带来的后果：

（1）电子设备之间的干扰。在现代生活中，电子设备之间的干扰问题屡见不鲜。这种干扰可能导致设备性能下降或功能受损。例如，当在一个正常工作的收音机旁打开 LED 灯时，原本正常工作的收音机可能突然发出阵阵噪声。造成这一现象的原因在于 LED 灯中的开关电源电路。在打开 LED 灯时，开关电源会辐射出大量高频脉冲信号，这些信号的频带较宽且包含丰富的谐波成分。高频辐射被收音机的天线接收后，会作为高频干扰信号进入收音机的内部电路，从而导致收音机工作异常。

（2）无线电干扰。无线电设备，如无线网络路由器、无线电广播等，也可能对附近的其他设备或系统造成干扰。这种干扰可能表现为信号质量的下降、数据传输的中断，甚至设备之间的通信完全失效。在办公环境中，无线网络设备与其他无线电设备之间的相互干扰尤为常见。

（3）电磁辐射的健康影响。许多电子设备在工作时都会产生一定程度的电磁辐射。虽然大多数设备在设计时都考虑到了辐射的安全性，确保其符合相关的健康标准，但长期接触高辐射设备仍然可能对人体健康产生潜在风险。例如，手机、微波炉等设备长期处于高频电磁场中，可能对人体造成一定的影响，尤其是在设备密集的环境中。

（4）医疗设备干扰。在医院或诊所等医疗环境中，电子设备的使用可能会干扰医疗设备的正常功能。这种干扰可能对医疗诊断和治疗的准确性产生不良影响。因此，在这些场所往往会有限制使用电子设备的规定，以确保医疗设备的正常运行和患者的安全。

（5）飞机和航天器干扰。在飞机和航天器上，电磁兼容问题尤为重要。任何电磁干扰都可能影响飞行安全，导致导航系统失灵、通信中断等严重后果。因此，航空航天工业对电磁兼容问题给予了高度重视，会通过严格的设计和测试流程来确保设备和系统在复杂的电磁环境中能够稳定运行。

1.2.2　电磁兼容问题导致的安全事故

电磁兼容问题在某些情况下会引发严重的安全事故，以下是一些具体案例。

2016 年，一辆特斯拉汽车在自动驾驶模式下与一辆正在左转的卡车相撞，导致驾驶员不幸丧生。事故调查结果显示，自动驾驶系统未能正确识别卡车并做出及时避让。尽管事故的主要原因被归结为自动驾驶系统的识别算法问题，但电磁兼容性问题也被怀疑是导致传感器和控制系统未能正常协同工作的潜在因素。电磁干扰可能影响了传感器的正常功能，使系统无法准确判断前方障碍物的性质，最终导致了这场悲剧。

2012 年，日本新干线列车因信号系统失效而紧急停车，造成高密度交通线路上的严重延误。事故原因追溯至列车信号系统的控制单元受到外部电磁干扰的影响。由于设计上的缺陷，该控制单元未能有效抵御来自外部设备，尤其是邻近线路高频电磁波的干扰。这导致控制单元误读信号状态，触发了紧急停车机制。此事件凸显了在高电磁环境中运行的关键基础设施必须具备强大的电磁兼容耐受能力。

1998 年，瑞士航空 111 号航班在从纽约飞往日内瓦的途中坠入大西洋，机上 229 人全部遇难。事故调查显示，飞机上的娱乐系统产生的电弧引发了火灾，最终导致飞机失控坠毁。娱乐系统的电缆可能与其他关键系统的电缆布线过于接近，且缺乏足够的电磁屏蔽，这使得电磁干扰通过电弧影响了其他系统的正常运作。虽然火灾是直接原因，但电磁兼容问题在其中起到了关键作用，导致了系统之间的干扰和最终的灾难性后果。

1982 年，在与阿根廷军队的马岛战役中，英国损失了一艘驱逐舰"谢菲尔德号"。经调查发现，驱逐舰上的反导弹侦查系统与舰上用于与英国指挥部通信的无线电系统存在相互干扰，无法同时运行。为了避免在通信时发生干扰，"谢菲尔德号"暂时关闭了反导弹系统。不幸的是，正是在这一关键时刻，阿方发射了导弹，导致了驱逐舰的沉没。

1967 年 7 月 29 日，美国"福莱斯特号"航空母舰在驶离越南北部海岸时，甲板上停放了大量加满燃油的战机，这些战机上装载了 1000 磅(1 磅＝0.454 千克)的炸弹和多种导弹。突然，一枚导弹被意外发射，击中了另一架飞机，导致油箱爆炸，造成 134 名现役军人死亡。事后调查认为，灾难的起因可能是大功率搜索雷达在屏蔽连接器接触片两端产生了射频电压，这一电压最终触发了导弹的发射。此事件进一步凸显了电磁干扰在军事装备中可能引发的严重后果。

1.2.3　产品的电磁兼容认证

鉴于电磁兼容性问题可能导致严重的安全隐患和性能故障，确保电子、电气设备和系统符合一定的电磁兼容标准就显得尤为重要。这些标准旨在降低设备产生电磁干扰的可能性，并增强设备抵御外部电磁干扰的能力。如果缺乏严格的电磁兼容法规，设计不当的设备可能会严重恶化电磁环境，造成无线电通信的混乱，甚至影响其他设备的正常运行。

电磁兼容认证首先由欧盟推行。欧盟规定，自 1996 年 1 月 1 日起，所有在欧盟市场上销售的电气电子产品必须通过电磁兼容认证，并加贴"CE"标志。随后，各国政府纷纷采取措施，对电气电子产品的电磁兼容性能实行强制性管理。不同区域的电磁兼容认证要求有所不同，其中具有国际影响力的包括欧盟的 2014/30/EC EMC 指令、美国的 CFR 47/FCC 规则、中国强制性认证(CCC)的 EMC 要求等，它们都对电磁兼容认证提出了明确的要求。

通常，电磁兼容认证过程包括以下步骤：首先，根据产品类型和目标市场的要求，确定适用的电磁兼容标准，如 GB 标准、EN 标准或 FCC 标准等。在正式测试前，应进行预测试，以评估产品是否符合标准要求，并对产品进行必要的调整和改进。在预测试通过后，需准备产品样品、技术文档和测试设备等材料。然后，将产品送往被认可的实验室进行全面的电磁兼容测试，这些测试包括电磁干扰测试和电磁敏感度测试，以评估产品在发射和抗干扰方面的性能。实验室完成测试后会生成测试报告，申请人需将报告提交给认证机构进行审核。认证机构会对测试报告进行详细审核，以确保测试过程符合标准要求，并对产品的兼容性进行最终评估。最后，通过审核后，认证机构将颁发电磁兼容认证证书，证明产品符合相应的电磁兼容标准，并具备在市场上销售的资格。

1.2.4　中国的电磁兼容认证

中国自 1996 年开始酝酿电磁兼容认证工作。2000 年 8 月 24 日，原国家质量技术监督局正式颁布了首批强制监督管理的电磁兼容认证产品目录，这标志着中国电磁兼容认证制度正式启动。实施电磁兼容认证制度不仅能够有效保护电子设备的使用安全，避免电磁污染，还可以保护国内市场，防止不符合电磁兼容标准的产品进入中国。

中国的 CCC（即中国强制认证，China Compulsory Certification，3C）也涵盖了电磁兼容部分。CCC 是中国政府为保护消费者人身安全和国家安全，加强产品质量管理，根据法律法规实施的一种产品合格评定制度。列入强制性认证目录的产品，必须经过国家指定的认证机构认证合格，取得相关证书并加施认证标志后，方能出厂、进口、销售或在经营服务场所使用。

在 CCC 中，电磁兼容部分的测试主要包括安规测试和电磁兼容测试两大类。其中，电磁兼容测试包括电磁干扰和电磁抗扰度两个方面的内容。产品认证需依据 CCC 的相关执行标准，确保其满足相应的限值要求，从而保证产品的安全性。未获得 CCC 证书并标注认证标志的产品，不得出厂、销售、进口或在其他经营活动中使用。这一制度的实施，极大地提高了国内产品的电磁兼容性能标准，保障了消费者和环境的安全。

1.3　电磁兼容标准化组织

1.3.1　国际电磁兼容标准化组织

电磁兼容已成为一个在国际上被普遍关注的问题，世界上很多机构和组织都对电磁兼容问题开展了研究，如国际电工委员会（IEC）、国际大电网委员会（CIGRE）、国际电信联盟（ITU）、国际电气电子工程师学会（IEEE）等。另外，还有一些地区性的标准化组织。

IEC 是 1906 年成立的，其目的是促进电工、电子及有关技术领域中的相关标准化问题和其他问题的国际合作。

IEC 目前下设有技术委员会（Technical Committee，TC）88 个，分委员会（Subcommittee，SC）106 个，其中与 EMC 最相关的两个组织是国际无线电干扰特别委员会（CISPR）和第 77 技术委员会（Technical Committee 77，TC77）。

在电磁兼容标准制定的过程中，TC77 和 CISPR 的作用是不可忽略的，二者几乎承担了早期电磁兼容标准制定的全部责任。

1. TC77（IEC/TC77）的组织结构及主要任务

TC77 是 IEC 的电磁兼容技术委员会，成立于 1981 年，包括 TC77 全会和三个分技术委员会，其组织结构见图 1.1。SC77A 分技术委员会成立于 1981 年，工作范围是低频现象。SC77B 分技术委员会成立于 1981 年，工作范围是高频现象。SC77C 分技术委员会成立于 1991 年，工作范围是高空核电磁脉冲的抗扰度（HEMP）。

TC77 的工作组完成某项任务后自行撤销。TC77 全会和三个分会一般两年召开一次会议，主要任务是制订电磁兼容基本文件，即 IEC 61000 系列出版物，其内容涉及电磁环境、

TC77电磁兼容技术委员会

TC77全会
- WG1：术语
- WG13：通用EMC标准
- WG14：EMC功能安全
- WG15：电磁现象的测量方法

SC77A低频现象
- WG1：谐波及其他低频骚扰
- WG2：电压波动及其他低频骚扰
- WG6：低频抗扰度试验
- WG8：与网络频率有关的电磁干扰
- WG9：电力质量的测量方法

SC77B高频现象
- WG7：数字无线电话抗扰度
- WG8：测量电磁场的探头和仪器的校准
- WG9：对静电放电的抗扰度
- WG10：对辐射电磁场及其感应的传导骚扰的抗扰度
- WG11：传导骚扰抗扰度

SC77C高空核电磁脉冲的抗扰度
- WH1：HEMP保护装置

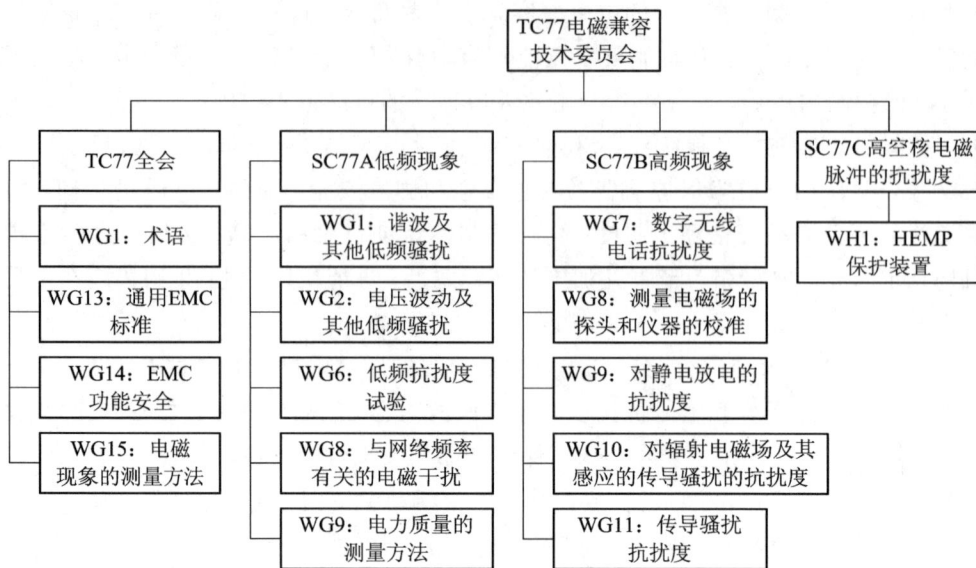

图 1.1 TC77 组织结构

发射、抗扰度、试验程序和测量技术等的规范，特别是与电力网络、控制网络以及与其相连设备等的电磁兼容问题。

在电磁兼容顾问委员会(ACEC)的协调下，TC77 也可以应产品委员会的要求起草产品电磁抗扰度标准，但是 TC77 的工作不包括起草车辆、船舶、飞机、特殊的无线电和电信系统的电磁兼容标准。

2. CISPR(IEC/CISPR)的职责范围和组织机构

CISPR(IEC/CISPR)的职责在于促进国际无线电干扰问题在下列 6 个方面达成一致意见，以利于国际贸易。

（1）无线电接收装置的保护，使其免受下列 6 项干扰源的影响。

- 所有类型的电子设备。
- 点火系统。
- 包括电气牵引系统在内的供电系统。
- 工业、科学和医用设备的辐射(不包括用来传递信息的发射机产生的辐射)。
- 声音和电视广播接收机。
- 信息技术设备。

（2）干扰测量的设备和方法。

（3）由（1）所列的各种干扰源产生干扰的限值。

（4）声音和电视广播接收装置抗扰度要求和抗扰度测量方法的规定。

（5）为避免 CISPR 与 IEC 及其他国际组织的各技术委员会在制定标准时重复工作，CISPR 和这些委员会共同考虑除接收机以外的其他设备的发射和抗扰度要求。

（6）安全规程对抑制电气设备干扰的影响。

CISPR 的组织机构包括全体会议、指导委员会、分会、工作组（Working Group，WG）和特别工作组（Special Working Group，SWG）。

全体会议由 CISPR 全体成员国的代表组成,它是 CISPR 最高权力机构。全体会议至少每三年举行一次,并且通常与 CISPR 各个分会的会议同时举行。

指导委员会的主要职责是协助 CISPR 主席处理日常事务,并提供咨询。指导委员会通常每年召开一次,若 CISPR 主席没有特殊决定,该会通常与 CISPR 各分会会议同时举行,在整个分会会议期间,可随时召集指导委员会。

分会由 CISPR 成员单位的代表组成,其主要任务如下。

(1) 拟订和修改推荐标准、报告、规范以及关于限值和特定测量方法的出版物。这些限值和特定测量方法涉及以下两个方面:

- 除无线电发射机外的电气设备和装置所产生干扰的限值。
- 实用的干扰测量方法。

(2) 根据需要设立一些研究课题以期获得完成第(1)项任务所必需的资料。

(3) 必要时成立一些工作组详细研究一些特殊问题。

分会根据工作需要举行会议。

工作组有两类:

- 为处理分会某一特定方面工作而成立的半永久性的起草工作组,负责长期的标准制定、修订和维护。
- 针对工作组内部的短期技术问题成立的临时工作组,负责处理标准中具体的技术争议或细节修订,通常在任务完成后解散,不涉及跨领域或新兴技术。

起草工作组由表示愿意参加这项工作并由国家委员会指定的一些专家组成。工作组的职责范围在成立该工作组的原委员会或原分会的会议上确定。

特别工作组由上级委员会直接设立,专注于跨领域或前瞻性课题研究,具有战略性和临时性特征,通常产出技术报告或新标准提案。临时性工作组聚焦于技术细节优化,而特别工作组侧重于宏观创新突破。

1.3.2 中国电磁兼容标准化组织

近年来,我国的电磁兼容标准化工作发展较快,并建立了许多较完善的研究基地,电磁兼容的研究手段和方法程序等都朝国际发展方向努力。全国无线电干扰标准化技术委员会和全国电磁兼容标准化技术委员会分别承担着电磁兼容中电磁干扰和电磁抗扰度这两个领域的标准化工作,并统一受中国国家标准化管理委员会直接管理。

1. 全国无线电干扰标准化技术委员会

为了开展我国在无线电干扰方面的标准化工作,1986 年在原国家技术监督局的领导下,全国无线电干扰标准化技术委员会成立了,它隶属于中国电子技术标准化研究院(CESI)。该委员会的主要任务是发展我国无线电干扰标准化体系表,组织制定、修订和审查国家标准,开展与 IEC/CISPR 相对应的工作,进行相关产品的质量检验和认证。目前该委员会下设 7 个分委会,这些分委会均与 CISPR 的各分会相对应(包括工作范围),只有 SC7 分会除与 CISPR/H 的工作范围相对应外,还研究我国无线电系统与非无线电系统之间的干扰。现如今,新增 SC9,负责 9 kHz 以上电磁兼容风险评估。

我国自全国无线电干扰标准化技术委员会成立以来,在无线电干扰标准化方面做了大量的工作。目前,CISPR 出版物都已被转换成中国的国家标准,例如,CISPR 16-1-4 被转换为 GB/T 6113.104,该标准的内容与"无线电骚扰与抗扰度测量设备,辐射骚扰测量用天线和测试场地"相关。

2. 全国电磁兼容标准化技术委员会

为了加快我国电磁兼容标准化工作,1996 年全国电磁兼容标准化技术委员会在原国家技术监督局的领导下成立,秘书处设在国家质量技术监督局标准化司。该委员会是在电磁兼容领域内,从事全国性标准化技术工作与协调工作的组织。它主要负责协调 IEC/TC77 的国内归口工作和全国无线电干扰委员会工作;推进对应 IEC 61000 系列有关电磁兼容标准的国家标准制定、修订工作;并对电磁兼容需制定的政策、法规、标准化工作及组织建设提出建议。

TC77 的工作成果主要是目前世界各国广泛采用的 IEC 61000 系列标准。在我国,一些国家标准,如 GB 17625、GB/T 17626 系列标准是从 IEC 61000-3 和 IEC 61000-4 中的相应内容转化过来的。这些标准较少直接采用,往往变成条款包含在各产品标准中,一旦相应的产品被列为强制性检测产品,则相应项目也就变成了强制性标准检测项目,因此有必要了解这些标准的内容。

1.4　电磁兼容标准

根据不同电磁兼容标准在电磁兼容测试中的不同地位,电磁兼容标准体系可分为基础标准、通用标准、产品族标准及专用产品标准 4 个级别,如图 1.2 所示。

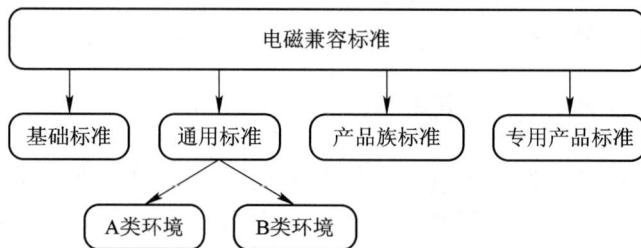

图 1.2　电磁兼容标准体系

注意:以下举例的标准都略去了代表版本号的年份信息。

1.4.1　基础标准

基础标准为电气电子设备的电磁兼容性测试提供了一致的方法和要求,但不针对具体产品,也不给出具体的限值要求,是制定其他电磁兼容标准的基础。基础标准仅对现象、环境、试验方法、试验仪器和基本试验配置等给出定义及详细描述。

例如,下列是一些基础标准:

(1) GB/T 17626.2《电磁兼容　试验和测量技术　静电放电抗扰度试验》。

(2) GB/T 17626.3《电磁兼容　试验和测量技术　射频电磁场辐射抗扰度试验》。

1.4.2　通用标准

通用标准通常指的是在特定领域或行业中被广泛接受和应用的标准。通用标准规定了一系列的标准化试验方法与限值要求,并给出这些方法和要求所适用的具体环境,即通用标准是对给定环境中所有产品的最低要求,这些方法可以在基础标准中找到对应的定义。如果某种产品没有产品族标准,则可以使用通用标准。通用标准将适用环境分为 A 类与 B 类。

1)A 类环境(工业环境)

(1)医疗设备的工作场所。

(2)伴有强磁场的场所。

2)B 类环境(居住、商业、轻工业环境)

(1)居住环境:住宅、公寓等居住场所。

(2)商业环境:商超、影院、饭店、酒吧等商业场所。

(3)轻工业环境:工厂、实验室、维修中心等轻工业场所。

例如,下列标准均属于通用标准:

(1)GB 17799.3《电磁兼容　通用标准　第 3 部分:居住环境中设备的发射》。

(2)GB 17799.4《电磁兼容　通用标准　第 4 部分:工业环境中的发射》。

1.4.3　产品族标准

产品族标准是针对某一种类似的产品制定的电磁兼容测试标准,对这类产品有统一的效用,一般包含电磁干扰和电磁抗扰度测试两部分。产品族标准比通用标准包含更加特殊和详细的性能要求,以及产品运行条件等细节,因此测试的项目可能与通用标准有些许不同。产品族标准包含一个大类,产品类别的范围可以很宽,也可以很窄。

例如,下列是一些产品族标准:

(1)GB 4824《工业、科学和医疗设备　射频骚扰特性　限值和测量方法》。

(2)GB/T 9254《信息技术设备的无线电骚扰限值和测量方法》。

(3)GB/T 17618《信息技术设备抗扰度限值和测量方法》。

1.4.4　专用产品标准

专用产品标准是关于特定产品、系统或设施的电磁兼容标准,对电磁兼容的要求包含在该特定产品的一般用途标准中,不形成单独的电磁兼容标准。只有在特殊的情况下,才会对产品提出单独的电磁兼容要求和限值要求,这样才会形成专用产品的电磁兼容标准。相对于产品族标准,专业产品标准有更高的采用优先级,而且对电磁兼容的测试要求会更加具体、更加明确。

例如,GB/T 18487.2《电动汽车传导充电系统　第 2 部分:非车载传导供电设备电磁兼容要求》就属于专用产品标准。

1.5 电磁兼容测试场所

为了确保电磁兼容测试环境的精确性和可重复性，研究人员开发出两种测试场所，分别是电波暗室与屏蔽室，这两种环境可以实现对电磁辐射的控制，能够实现不同环境的模拟，以便准确地评估设备的电磁兼容性。

1.5.1 电波暗室

在电磁兼容发展的早期阶段，电磁环境相对较好，在电磁兼容测试中一般会选择开阔场作为测试场所，如图 1.3 所示。开阔场是平坦、空旷、电导率均匀良好、无任何反射物的椭圆形或圆形试验场地，并且理想的开阔场地面具有良好的导电性，面积无限大，在30～1000 MHz 的发射频率范围内接收天线接收到的信号将是直射路径和反射路径信号的总和。然而，理想的开阔场并不存在于现实中，但由于早期电磁环境良好，在开阔场中测试所得到的数据可以被接受。现如今这个电气电子设备"横行"的时代，电磁兼容环境大不如前，普通开阔场已经不再满足测试的需求，电波暗室作为新一代的测试场所应运而生。

图 1.3 经典开阔场

电波暗室，是主要用于模拟开阔场，同时用于辐射骚扰和辐射抗扰度测量的密闭屏蔽室。电波暗室是一个可以阻止电磁波穿透和反射的房间或设施。这种设施通常被用于测试和研究电磁波的传播、干扰和屏蔽等问题。在这样的房间内，墙壁、天花板和地板都使用能够吸收电磁波的材料，以减少不需要的电磁波对测试的影响，从而保证试验的准确性。

电波暗室的关键性能有屏蔽效能、归一化场地衰减、场地电压驻波比、场均匀性等。

（1）屏蔽效能。屏蔽效能是指在没有屏蔽体时接收到的信号值与在屏蔽体内接收到的信号值的比值，即发射天线与接收天线之间存在屏蔽体以后所造成的插入损耗，用来评价电波暗室对外界信号的屏蔽能力。

（2）归一化场地衰减。场地衰减的定义为输入到发射天线上的功率与接收天线负载获得的功率之比。在电磁兼容测试中，设备的电磁辐射应当在一定的频率范围内满足特定的辐射限值要求。然而，在实际场地中，由于地面、建筑物等环境因素的影响，电磁辐射的强度会衰减。因此，为了准确评估设备的辐射抑制能力，需要将实测的场地衰减值归一化，即将它除以设备在理想自由空间中的辐射场强值，得到一个无单位的归一化场地衰减值。归一化场地衰减值是决定电波暗室是否能进行 30 MHz～1 GHz 范围的辐射发射测试的重要指标。

（3）场地电压驻波比。天线发射直射波，经暗室内壁反射后，直射波与反射波形成驻波，驻波的最大值与最小值之比为驻波比。电压驻波比是评价电波暗室信号反射性的重要参数，决定了电波暗室是否能用于 1 GHz 以上的辐射骚扰测试。

（4）场均匀性。场均匀性是为在电波暗室中进行辐射发射抗扰度测试而制定的参数，用来评价受测设备的周围场是否均匀。在受测设备附近 1.5 m×1.5 m 范围内，取 16 个测试点，如果其中至少 12 个点的场强值偏差在 0 到＋6 dB 之间，就认为场是均匀的。

一般情况下，电波暗室由屏蔽门、屏蔽室、接地系统、无反射材料、电源系统、天线、转台、通风波导窗和监控系统等组成。

理论上，为确保电波暗室的高性能，应确保电波暗室的完整性，即除屏蔽门外，无开口部分。屏蔽室会在下文具体介绍，此处将其理解为一个密闭空间即可。电波暗室可以模拟开阔场的核心条件是无反射材料，也可称为吸波材料。吸波材料将直射波吸收就可以实现开阔场状态下的无反射。常见的吸波材料有单层铁氧体片、角锥形含碳海绵复合吸波材料和角锥形含碳苯板复合吸波材料，这些材料各有利弊，一般根据电波暗室的具体需求选择。在测试过程中，正确的接地是关键的一步。接地系统的大部分部件采用碳素钢作为基体，可以保证电流的正常释放，一般还会在碳素钢上复合其他金属。对于一个良好的接地系统，单点接地时，屏蔽壳体的接地电阻小于 1 Ω。转台为测试的重要组成部分，实现待测设备的支撑、旋转。为了在测试中发射与接收辐射，天线是不可或缺的一部分，为了搭载这些天线，电波暗室中一般安装天线塔，天线塔中有搭载各种天线的转接口或适配口。

屏蔽门作为人员进出的唯一途径，通常采用特殊设计，以确保完全密封，并使用密封材料填充门缝和接缝，以防止电磁波从门缝或接缝处泄漏出去。为了防止由电网带来的传导干扰，电波暗室在接入电网前先连接电源滤波器。一般情况下，采用挂壁式电源滤波器并且将其安装在屏蔽室外部。通风波导窗作为屏蔽室的换气通道，还可以在有需要时升级为温度调节设备。通风波导窗与屏蔽室的屏蔽性能应该无差别。监控系统用于获取测试图像和确保流程的可观测性。电波暗室内的监控系统分为固定全景视频监视系统和近距离移动视频监视系统，这套监控系统可以提供测试过程录像和测试图像。

电波暗室通常分为两种，分别是半电波暗室和全电波暗室。图 1.4 为杭州电子科技大学温州研究院的半电波暗室。图 1.5 所示为杭州电子科技大学的全电波暗室。在这两种测试场地中进行的辐射试验一般都可以认为符合电磁波在自由空间中的传播规律。

图 1.4　半电波暗室

图 1.5　全电波暗室

　　半电波暗室和全电波暗室不同。半电波暗室五面贴吸波材料,主要模拟开阔试验场地,即电波传播时只有直射波和地面反射波。全电波暗室六面贴吸波材料,模拟自由空间传播环境,电波传播只有直射波,而且可以不带屏蔽,把吸波材料粘贴于木质墙壁上,甚至是建筑物的普通墙壁和天花板上。从使用目的来看,半电波暗室用于电磁兼容测量,包括电磁辐射干扰测量和电磁辐射敏感度测量,主要性能指标用归一化场地衰减、传输损耗和场均匀性来衡量。全电波暗室主要用于微波天线系统的指标测量,暗室性能用静区尺寸大小、反射电平(静度)、固有雷达截面、交叉极化度等参数表示。从使用频率范围来看,全电波暗室用于微波段,而半电波暗室的频率下限扩展到十几兆赫兹。虽然 30 MHz 以下吸波材料的吸波性能下降,但仍可作屏蔽室使用。由此可见,虽然半电波暗室和全电波暗室看上去很相似,两者都贴有大量的吸波材料,但两者的用途、性能指标大不相同,因此设计上也有各自不同的标准。

1.5.2　屏蔽室

　　电磁屏蔽就是将空间屏蔽,不让某个空间内的电磁波向另一个空间传播,而此种专门设计的能够实现电磁屏蔽的封闭场所称为屏蔽室。按照 GB 4343.1—2009 和其他电磁兼容性标准的规定,许多试验项目必须在具有一定屏蔽效能和尺寸大小的电磁屏蔽室内进行,由它提供符合要求的试验环境。因此,屏蔽室是电磁兼容性试验中的一个重要设备。图 1.6 为实际屏蔽室的照片。

图 1.6　典型屏蔽室

屏蔽室是一个用金属材料制成的大型六面体房间。其四壁和天花板、地板均采用金属材料(如铜网、钢板或铜箔等)制造。基于金属板(网)对入射电磁波的吸收损耗、界面反射损耗和板中内部反射损耗,屏蔽室能产生屏蔽的作用。屏蔽室除广泛用于电磁兼容性试验外,还大量地用于电子仪器、接收机等小信号灵敏电路的调测及计算机机房等。

屏蔽室有多种分类方法,通常使用的有如下几种。

(1) 按功能分类,可以分成两大类。一类是用来防止电磁波泄漏出去的屏蔽室,如防止大功率高频和微波设备的电磁泄漏,以免影响作业人员的身体健康;或防止电子产品信号泄漏,避免信息被"窃收"等。在这类屏蔽室中,场源或泄漏源在屏蔽室内,因此又称有源屏蔽或主动屏蔽。另一类是用来防止外部电磁干扰进入室内,使室内电子设备工作不受外界电磁场影响;或防止空间高电平电磁场透入室内,使室内作业人员免受有害剂量的电波照射等。这类屏蔽的场源或泄漏源在屏蔽室外,故称无源屏蔽或被动屏蔽。

(2) 按屏蔽材料分类,有钢板或镀锌钢板式、铜网式、铜箔式屏蔽室。

(3) 按结构形式分类,有单层铜网式、双层铜网式、单层钢板式、双层钢板式以及多层复合式等屏蔽室。

(4) 按安装形式分类,有可拆装式和固定式两种屏蔽室。前者是在生产厂用镀锌钢板或铜网制成一定尺寸的模块,到用户现场进行总装和测试。其优点是便于拆装,但拼装时需在接缝处使用导电衬垫,以尽可能保证各模块的连接无缝隙。后者是在连接金属板时采用熔焊或翻边咬合(厚度 1 mm 以内的镀锌钢板)。只要拼装的焊缝是连续而无空隙的,或翻边咬合是紧密无缝的,则此种屏蔽室的泄漏途径主要是在通风窗、门及电源线引入处。

1.6　电磁兼容测试项目

电磁兼容测试分为两大类,电磁干扰(EMI)测试和电磁抗扰度(EMS)测试。而常见的测试项目又可以分布在这两个大类上,如图 1.7 所示,电磁干扰测试包含四类,电磁抗扰度测试包含七类。

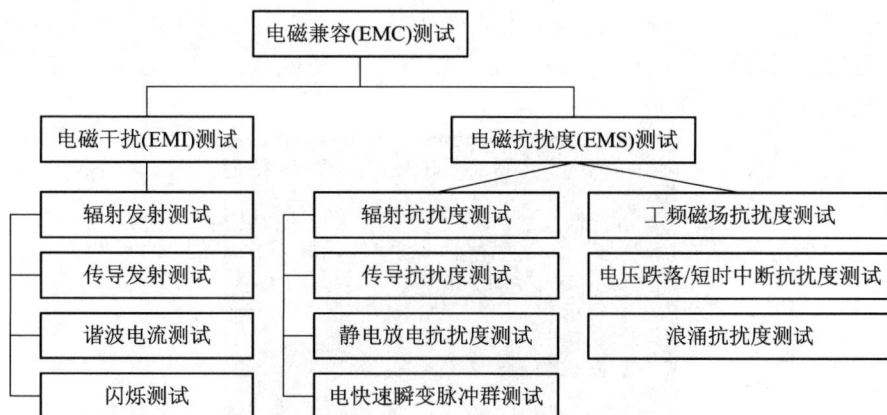

图 1.7　电磁兼容测试分类

1.6.1　电磁干扰(EMI)测试

1. 辐射发射测试

1) 试验目的

辐射发射测试使用专业的测量设备来检测设备释放的电磁辐射水平,主要目的是评估设备在工作时可能产生的电磁辐射水平。这种测试可以帮助确保设备在操作时不会对周围的其他设备或人员产生不良影响。通过测量设备所产生的辐射水平,可以评估其是否符合相关的法规和标准,以及保证设备在实际使用中的安全性和可靠性。

2) 试验设备及必备条件

(1) 测量接收机。用到的测量接收机实际上是一台测量动态范围大、灵敏度高的专用测量接收机。由于测量的对象是微弱的连续波信号,或者是幅值很强的脉冲信号,所以要求测量接收机本身噪声极小,灵敏度很高,检波器的动态范围大,前级电路过载能力强,而且在整个测量频段内测量精度能满足±2 dB要求。如图1.8所示为测量接收机的系统框图。

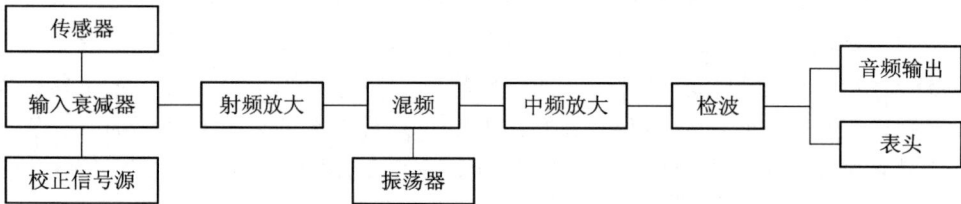

图1.8　测量接收机的系统框图

(2) 天线。天线是辐射发射试验的接收装置,因为辐射发射试验的频率范围覆盖很广,从几千赫兹到几十吉赫兹,所以在不同频率范围段有不同的天线相匹配,这里不再赘述。

(3) 测试场所。测试场所为电波暗室。

3) 试验方法及试验配置

受测设备按照标准的规定放在测试台上,处于典型应用的最大辐射工作状态,天线根据标准的要求摆放在距离受测设备一定距离处(GB/T 9254.1标准规定的是3 m法或10 m法)。依次测量受试设备的每个面,并改变天线的高度和极化方向,记录下最大的测试结果。其测试现场如图1.9所示。

图1.9　辐射发射测试现场

2. 传导发射测试

1）试验目的

传导发射测试用于评估电子设备通过电源线、信号线或控制线等导电途径释放的电磁干扰(EMI)。这种测试的主要目的是确保电子设备在不超过规定限值的情况下，不会通过电缆和其他导电介质对其他设备产生干扰。

2）试验设备及必备条件

（1）EMI 接收机。EMI 接收机通过接收特定频率范围内的电磁信号，并对其进行放大、滤波、检波等处理，来准确测量信号的强度和频谱特性。它能够区分不同频率的干扰源，并以数值和图形的方式显示结果，提供详细的电磁干扰信息。

（2）在电源端口使用线性阻抗稳定网络（LISN）。LISN 也叫作人工电源网络。它可以在射频范围内向被测开关电源提供一个稳定的阻抗，并将被测开关电源与电网中的高频干扰隔离开，然后将干扰电压耦合到接收机上。

（3）测试场所。测试场所为屏蔽室。

3）试验方法及试验配置

受测设备与 LISN 连接，LISN 实现传导骚扰信号的获取和阻抗匹配，再将信号传送至接收机。对于落地式设备，测试时，需将受测设备放置在离地 0.1 m 高的绝缘支撑上。除电源端口需要进行传导骚扰测试外，信号、通信端口也要进行传导骚扰测试。图 1.10 所示为传导发射测试现场。

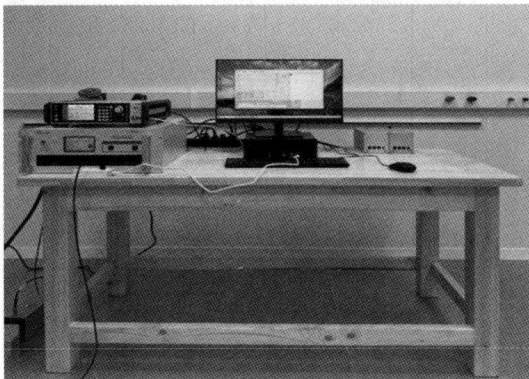

图 1.10　传导发射测试现场

3. 谐波电流测试

1）试验目的

谐波电流是指电力系统中除了基波电流之外的频率成分。这些谐波电流通常由非线性负载引起，如电子设备、变频器、可逆电源等，并且会导致电力系统中出现谐波失真、设备损坏、功率因数下降等问题。谐波电流测试是一种用于评估电力系统中谐波电流水平的测试方法，主要目的是测量和分析电力系统中存在的谐波电流，检测谐波电流是否符合标准，并了解其对系统和设备的影响。

2）试验设备及必备条件

（1）纯净电源。其作用是产生没有谐波的 50 Hz 交流电流，这样可以保证测试到的谐波完全是由受测设备产生的。

（2）电流取样传感器。其作用是对受测设备电源线中的电流进行取样，以便于分析。电流取样传感器要求灵敏度高且不能对供电条件产生太大的影响，以此来保证测试误差足够小。

（3）频谱分析仪。其作用是分析供电电流中的谐波成分，可以使用专门的仪器，也可以使用带 FFT 功能的示波器来代替。

3）试验方法及试验配置

纯净电源为受测设备供电，电流取样传感器对受测设备电源线中的电流进行取样，将电流传输到频谱分析仪，频谱分析仪分析供电电流中的谐波成分。图 1.11 所示为谐波电流测试现场。

图 1.11　谐波电流测试现场

4. 闪烁测试

1）试验目的

在闪烁测试中，主要对设备在电磁环境下的闪烁行为进行评估。测试过程中会模拟设备在真实电磁环境中的工作情况，以确定其是否会因电磁干扰而出现闪烁问题。测试包括对设备在不同频率、不同电压、不同磁场强度等条件下进行观察和记录，以评估设备在电磁环境下的稳定性和抗干扰能力。通过这些测试，可以确保设备在各种电磁环境中都能稳定工作而不受干扰或影响其他设备。电磁兼容闪烁测试是电子设备开发和生产过程中重要的一环，有助于确保产品的质量和安全性，同时也有助于保证设备在复杂电磁环境中的稳定性和可靠性。

2）试验设备及必备条件

（1）闪烁计数器。它用于测量辐射源产生的光电子数目，通常由一个闪烁晶体和一个光电倍增管组成。

（2）辐射源。它用于模拟设备辐射产生的电磁场，通常可以是一个射频(RF)信号发生器或一个红外线辐射源。

3）试验方法及试验配置

将受测设备置于测试室中，并按照相关规范要求连接相应的测试设备和电源。设置闪烁计数器的高压、放大增益和阈值等参数，以保证能够准确地测量到设备辐射产生的光电子数目。通过设置不同的辐射电平或频率，对受测设备进行辐射测试。同时，记录闪烁计数器的计数值，以便进行后续的数据处理和分析。图 1.12 所示为闪烁测试现场。

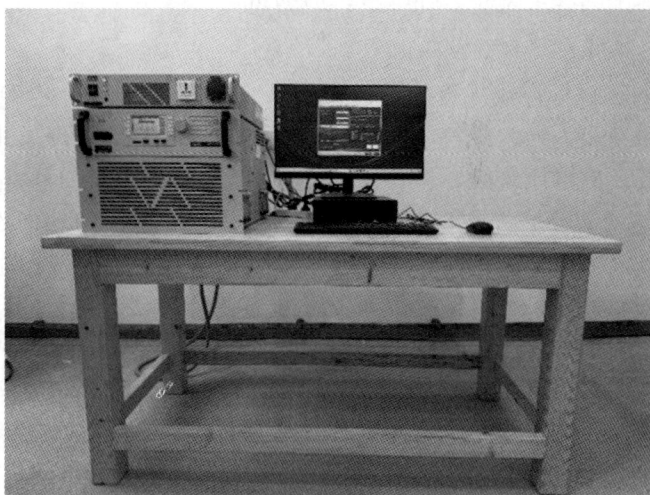

图 1.12　闪烁测试现场

1.6.2　电磁抗扰度(EMS)测试

1. 静电放电(ESD)抗扰度测试

1）试验目的

随着科学技术的发展，电子器件不断趋于小型化，集成度越来越高，致使设备内的电子器件间的距离越来越小，电子器件间的耐击穿电压变小。而在设备的使用过程中，可能经历的静电电压高于设备设计时的击穿电压值，这就可能造成部分器件失效，影响设备的整体性能。静电是必须要注意的一项内容，因此静电放电(ESD)抗扰度测试就显得格外重要。

静电放电(ESD)的定义为具有不同静电电位的物体互相靠近或直接接触引起的电荷转移。GB/T 17626.2 这一国内静电放电相关标准描述的是在低湿度环境下，通过摩擦使人体带电，带了电的人体在与设备接触过程中就可能对设备放电。

2）试验设备及必备条件

静电放电抗扰度测试主要模拟两个方面。

直接放电：设备操作人员直接触摸设备时对设备的放电，以及放电对设备工作的影响。

间接放电：对受测设备附近的耦合板实施放电，以此来模拟外界，尤其是人员对受测设备的静电放电。

静电放电抗扰度测试会用到很多测试设备。

（1）静电放电发生器：用于产生模拟静电放电的电压与电流波形。

（2）监控系统：用于实时监控静电放电过程中的电压、电流和波形等参数，记录测试结果。

（3）静电放电测试的附件：静电枪放电电极、静电枪可更换的内阻容套件。

测试场所：温度、湿度依据相关标准可控的场所。

3）试验方法及试验配置

（1）确定适用的测试标准或规范，例如 IEC 61000-4-2 或 ANSI/ESD S20.20 等。

（2）准备静电发生器，通常是符合规范要求的静电放电枪。确保发生器设置符合测试要求，例如放电电压、放电模式等。

（3）选择适当的测试环境，通常要求环境干燥，并且有适当的地面连接以确保测试准确性。

（4）准备待测试的设备或系统，确保其处于正常工作状态，并按照规范要求对其进行预处理。

（5）将静电放电枪的探头与待测试设备的不同部位(例如外壳、接口等)接触，按照规范中指定的放电模式进行放电。通常，测试将在不同的放电电压和放电极性下进行。

（6）记录每次放电的结果，包括观察到的现象，例如设备是否出现故障、重启或数据丢失等，以及设备在每个放电事件后的恢复情况。

（7）分析测试结果，评估设备对静电放电的抗扰度。根据测试标准的要求，可能需要进行定量分析，如记录放电电流、电压波形等；或定性分析，如设备是否继续正常工作。

直接放电测试与间接放电测试的过程虽然不一致，但大致相同。图 1.13 所示为静电放电抗扰度测试台。

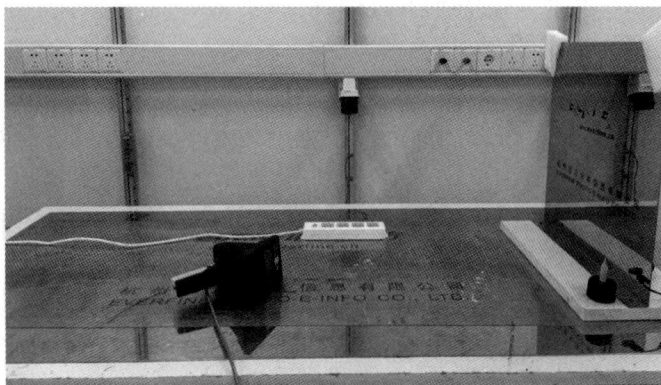

图 1.13　静电放电抗扰度测试台

2. 辐射抗扰度测试

1）试验目的

辐射抗扰度是指设备或系统在电磁环境中对外界辐射电磁场的耐受能力。电子设备在操作过程中可能会受来自其他设备或外部环境的电磁辐射干扰，如果设备无法抵御这些干扰，可能会功能异常或性能下降，甚至损坏。辐射抗扰度测试可以评估设备在面对各种电磁辐射干扰源时的表现，包括无线通信、雷达、微波设备以及其他电子设备在操作中可能遭遇的电磁辐射。通过辐射抗扰度测试，可以确保设备在真实环境中具有足够的稳定性和可靠性。电子设备如果受电磁辐射干扰，可能会对用户的健康和周围环境造成影响。因此，辐射抗扰度测试就显得格外必要。

2）试验设备及必备条件

辐射抗扰度测试设备对辐射干扰进行模拟，再利用辅助装置和耦合部件将其施加到受测设备上，并通过一定的监测方式来判断受测设备所受影响。辐射抗扰度测试系统是由多个设备组成的系统，包含射频信号发生器、功率放大器、天线、场强探头、功率计等。

（1）射频信号发生器：其主要指标是带宽，具有调幅功能，能手动或自动扫描，扫描步长及扫描点上的驻留时间可设置，信号幅度能自动控制等。

（2）功率放大器：放大信号并提供天线输出所需的场强电平。

（3）天线：能够满足频率特性要求的双锥、对数周期、扬声器或其他线性极化天线系统，可以根据不同频段配置不同类型天线。

（4）场强探头：用于测量受试设备(EUT)所在位置的电磁场强度。在辐射抗扰度测试中，需要将特定强度的电磁场施加到 EUT 上，以检测其在电磁场干扰下的性能。场强探头能够准确地测量实际作用于 EUT 的电磁场强度，确保测试条件符合标准要求，从而为评估EUT 的抗扰度性能提供可靠的数据依据。

（5）功率计：在辐射抗扰度测试中，功率计主要用于测量射频信号源的输出功率。通过准确测量功率，可以确保施加到 EUT 上的电磁场强度符合测试标准要求。

（6）测试场所：电波暗室。

3）试验方法及试验配置

（1）确定适用的测试标准或规范，如 IEC 61000-4-3 或 CISPR 22 等。这些标准将提供测试程序的详细说明和要求。

（2）准备辐射源，其通常是符合规范要求的辐射发生器或天线系统。确保辐射源的输出符合测试要求，并具有所需的频率范围和辐射功率。

（3）选择适当的测试环境，通常要求环境中没有其他干扰源，并且具有较低的背景噪声水平。一般情况下，试验在电波暗室中进行。

（4）准备待测试的设备或系统，确保其处于正常工作状态，并根据规范要求对其进行预处理。

（5）将辐射源置于适当位置，并按照规范中指定的辐射场强度和频率进行辐射。通常，测试将在不同频率、辐射功率和辐射极化方向下进行。

（6）记录每次测试的结果，包括设备的响应(例如是否出现故障、性能下降或数据丢失等)以及设备在每种测试条件下的表现。

（7）分析测试结果，评估设备对电磁辐射的抗扰度。根据测试标准的要求，可能需要进行定量分析，例如记录辐射场强度和设备响应的关系；或定性分析，例如设备是否继续正常工作。图 1.14 所示为辐射抗扰度测试现场。

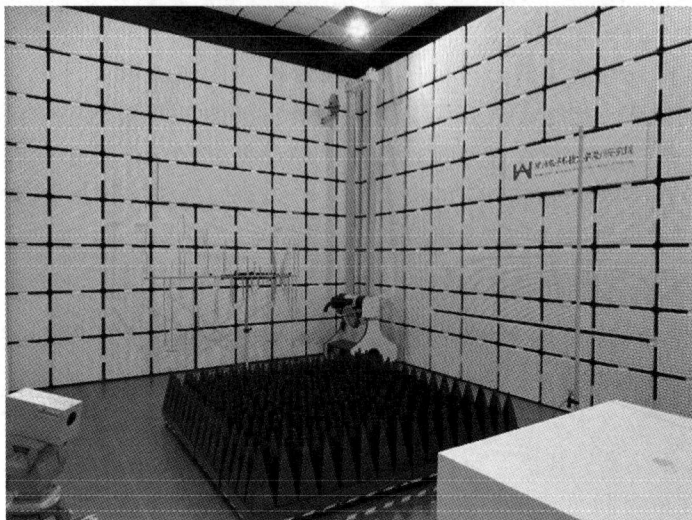

图 1.14　辐射抗扰度测试现场

3. 传导抗扰度测试

1）试验目的

传导抗扰度测试的主要目的在于全面评估设备在电源线、信号线等传导路径上的抗干扰能力，通过模拟真实工作环境中的电磁干扰情况，验证设备在干扰环境中的工作稳定性。这一测试过程旨在确保设备在受电磁干扰时仍能保持正常功能，避免因干扰导致的性能下降或数据错误，从而保证设备的可靠运行。同时，符合相关国际和国家标准的测试结果，可以证明设备在实际使用中能够有效抵御射频干扰，确保其运行的可靠性和安全性。这对于那些需要在复杂电磁环境中工作的设备，如通信设备、工业控制系统等，尤为重要。

2）试验设备及必备条件

（1）射频信号发生器。这是传导抗扰度测试中的核心设备之一，用于产生符合测试标准的射频信号。该设备产生的信号通常具有较宽的频率带宽（如 150 kHz～230 MHz），并且能够自动或手动扫描测试频率，同时信号的幅度也可以自动控制。

（2）功率放大器。在传导抗扰度测试中，为了模拟实际工作环境中的强电磁干扰，需要使用功率放大器来放大射频信号发生器产生的信号。功率放大器的选择取决于具体的测试方法及测试的严酷度等级。

（3）低通和高通滤波器。这些滤波器用于避免信号谐波对试品产生干扰，确保测试结果的准确性。这些滤波器通常包含在信号发生器内，也可以根据需要单独配置。

（4）固定衰减器：衰减量固定为 6 dB 的衰减器，用于减少功率放大器至耦合网络间的不匹配程度，安装时应尽量靠近耦合网络。

（5）耦合/去耦网络（Coupling/Decoupling Network，CDN）。CDN 是传导抗扰度测试

中的关键设备之一，用于将放大后的射频信号耦合到受测设备的电源线或信号线上。CDN的选择取决于受测设备的测试端口类型。同时，为了保护辅助设备免受试验信号的干扰，还需要使用去耦网络。

（6）电流夹和电磁耦合钳。对于多芯电缆的试验，可以采用大电流注入的方法，此时需要使用电流夹或电磁耦合钳。电流夹只有耦合功能，而电磁耦合钳的结构更复杂，具有较好的方向性，能够提高试验的重复水平。

（7）电子毫伏计、计算机等。这些设备可以与上述仪器组合成自动测试系统，提高测试效率和准确性。电子毫伏计用于测量测试过程中的电压变化，而计算机则用于控制测试过程、记录测试数据并生成测试报告。

（8）测试场所。该项测试建议在屏蔽室内进行。

3）试验方法及试验配置

受测设备应放在参考地平面上面0.1 m高的绝缘支架上。对于台式设备，参考接地板也可以放在试验桌上。所有与受测设备连接的电缆应放置于地参考平面上方至少30 mm的高度上，并且受测设备距任何金属物体至少0.5 m。如果设备被设计为安装在一个面板、支架和机柜上，那么它应该在这种配置下进行测试。当需要用一种方式支撑测试样品时，这种支撑应由非金属、非导电材料构成。在需要使用耦合和去耦装置的地方，它们与受测设备之间的距离应在0.1 m到0.3 m之间，并与参考接地板相连。耦合和去耦装置与受测设备之间的连接电缆应尽可能短，不允许捆扎或盘成圈。受测设备其他的接地端子也应通过耦合和去耦网络 CDN-M1 与参考接地板相连接。对于所有的测试，受测设备与辅助设备之间电缆的总长度（包括任何使用的耦合和去耦网络的内部电缆）不应超过受测设备制造商所规定的最大长度。如果受测设备有键盘或手提式附件，那么模拟手应放在该键盘上或者缠绕在附件上，并与参考接地板相连接。应根据产品委员会的规范，连接受测设备工作所要求的辅助设备，例如，通信设备、调制解调器、打印机、传感器等，以及为保证任何数据传输和功能评价所必需的辅助设备，这些设备均应通过耦合和去耦装置连接到受测设备上。图 1.15 所示为传导抗扰度测试现场。

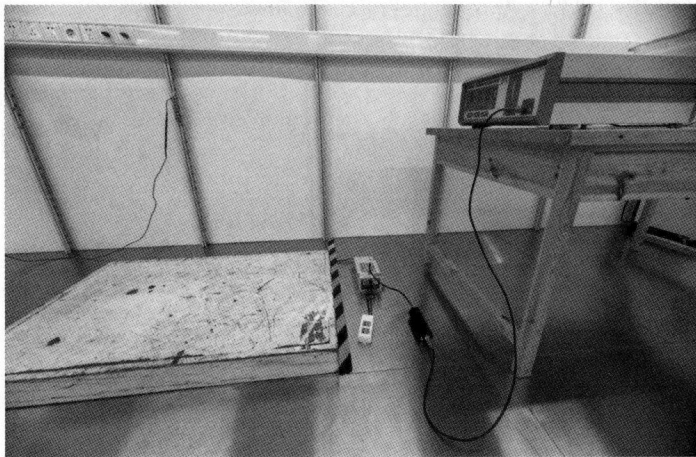

图 1.15　传导抗扰度测试现场

4. 浪涌抗扰度测试

1）试验目的

浪涌抗扰度测试是一种用于评估电子设备在电力系统中遭受浪涌冲击时的稳定性和可靠性的测试方法，通过模拟雷电浪涌的试验，为电子设备建立一个客观评价抗浪涌干扰能力的标准。

2）测试设备及必要条件

GB/T 17626.5《电磁兼容 试验和测量技术 浪涌（冲击）抗扰度试验》规定了两种类型的雷击浪涌发生器。根据受试端口类型的不同，它们有各自的应用。

（1）2/50 μs 组合波发生器。

① 开路峰值输出电压(10%)为 0.5～4 kV。

② 短路峰值输出电流(10%)为 0.25～4 kA。

③ 发生器内阻为 2 Ω，可附加 10 Ω 或 40 Ω 电阻，以形成 12 Ω 或 42 Ω 的内阻。

④ 输出极性：正/负。

⑤ 移相范围：0°～360°。

⑥ 最大重复频率：至少每分钟 1 次。

（2）10/700 μs 组合波发生器。

① 开路峰值输出电压：0.5～4 kV。

② 动态内阻：40 Ω。

③ 输出极性：正/负。

除此之外，还有耦合/去耦网络。

3）试验方法及试验配置

（1）确定受测设备在测试期间的工作条件。

（2）按照标准布置受测设备，并拍照记录，确定所施加测试的电压等级，并确定耦合模式和所选定的输出阻抗。

（3）设置测试电压的极性，在施加正负极电压情况下各测试 5 次。

图 1.16 所示为浪涌抗扰度测试现场。

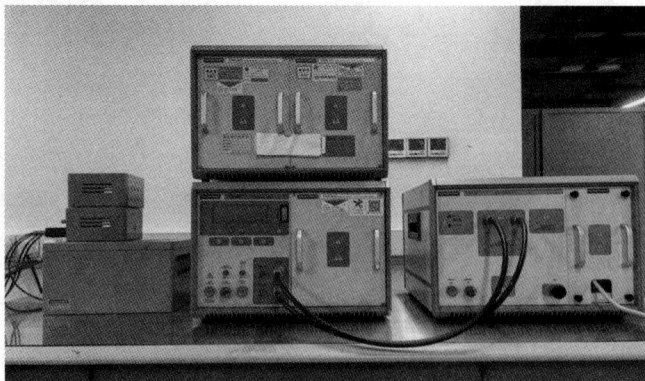

图 1.16　浪涌抗扰度测试现场

5. 工频磁场抗扰度测试

1）试验目的

工频磁场抗扰度测试用来评估设备在工频磁场干扰下的性能表现，通常将设备置于预定强度和频率的工频磁场中，然后评估设备的功能是否受影响。这种测试对于电子设备的设计和制造非常重要，因为工频磁场可能会对设备的正常运行产生负面影响。在进行工频磁场抗扰度测试时，通常会测量设备在工频磁场下的工作性能、稳定性以及抗干扰能力。根据不同的标准和要求，测试的具体方法和指标可能会有所不同。

一般来说，工频磁场抗扰度测试可以通过使用专门的测试设备和仪器来模拟工频磁场，并观察设备在此环境下的表现来进行。这样的测试有助于确保设备在现实工作环境中能够正常运行，而不受外部工频磁场干扰的影响。

2）试验设备及必要条件

试验发生器：典型的电流源，由一台接至配电网的调压器、一台电流互感器和一套短时试验的控制电路组成。发生器应能在连续方式和短时方式下运行。

连续方式工作下发生器的输出电流范围为 1～100 A，除以线圈因数；短时方式工作下发生器的输出电流范围为 300～1000 A，除以线圈因数。

3）试验方法及试验配置

试验应在 50 Hz 和 60 Hz 两频率下进行，除非设备和系统预期仅在一个频率的供电区内使用，此时只需在该频率下进行试验。测试过程中，通过测量和记录设备在不同磁场强度下的工作状态和指标，评估其抗干扰能力。根据测试结果，对设备的抗扰度进行分析和评估，确定是否符合相关标准和要求。图 1.17 所示为工频磁场抗扰度测试现场。

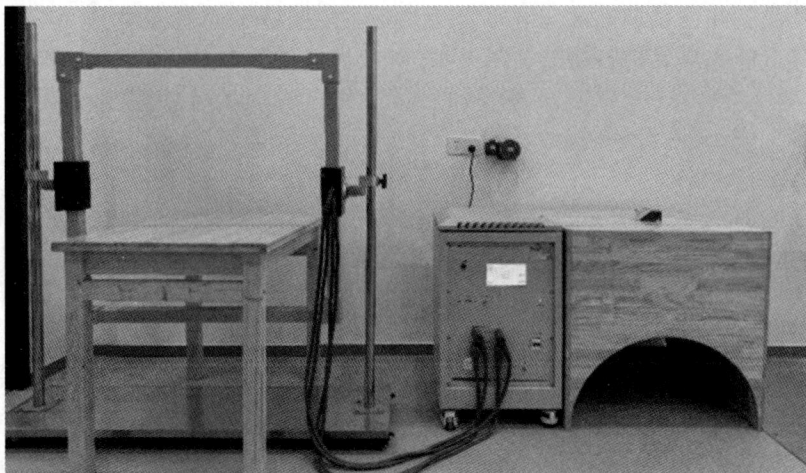

图 1.17　工频磁场抗扰度测试现场

6. 电压跌落/短时中断抗扰度测试

1）试验目的

电压跌落/短时中断抗扰度测试用来评估设备在电网电压跌落或短时中断情况下的性

能。这种测试通常用于评估设备对电网不稳定性的响应能力,以及在电网质量较差时是否能够正常运行。在进行电压跌落/短时中断抗扰度测试时,通常会模拟电网电压瞬时下降或中断的情况,然后评估设备对此类情况的响应。这种测试对于各种电子设备和系统都非常关键,特别是对于需要与电网连接的设备(如计算机、工业设备、通信设备等)。通过电压跌落/短时中断抗扰度测试,可以确保设备在电网不稳定或出现问题时仍能够可靠地运行,从而提高设备的可靠性和稳定性。

2)试验设备及必备条件

电压跌落模拟发生器:模拟电网电压的跌落或升高。

电压跌落和短时中断抗扰度试验需根据设备使用场所的电磁环境,选择相应的试验等级,依据标准 GB/T 18039.4 的规定,电磁环境分类有以下 3 类。

第 1 类:适用于受保护的供电电源,其兼容水平低于公用供电系统。它涉及对电源骚扰很敏感的设备,例如实验室的仪器、医疗电子设备及计算机等。

第 2 类:一般适用于商用环境的公共耦合点(PCC)和工业环境的内部耦合点(IPC)。该类环境的兼容水平与公用供电系统的相同,允许中等程度的电压暂降、谐波。

第 3 类:仅适用于工业环境中的 IPC。该类环境对某些骚扰现象的兼容水平要高于第 2 类。在连接有下列设备时应认为是这类环境:

(1)大部分负荷经换流器供电。

(2)有焊接设备。

(3)频繁启动的大型电动机。

(4)变化迅速的负荷。

3)试验方法及试验配置

确定受测设备在测试期间的工作状态,之后,按照标准布置受测设备,确定所施加测试的电压跌落试验等级并进行试验。图 1.18 所示为电压跌落/短时中断抗扰度测试现场。

图 1.18　电压跌落/短时中断抗扰度测试现场

7. 电快速瞬变脉冲群测试

1) 试验目的

电快速瞬变脉冲群测试用来评估设备对电力系统中突发的瞬态电压波动的抗扰度。这种测试通常用于检验设备在电力系统中能否有效应对突发的瞬态电压,以确保设备在面对这类电压波动时不会被损坏或受干扰。在进行测试时,通常会模拟电力系统中可能出现的瞬态电压,并观察设备在此情况下的表现。测试可能包括设备的耐受能力、抗干扰能力以及在电压波动情况下的稳定性和性能表现等。这种测试对于各种需要与电力系统连接的设备尤为重要,例如工业设备、电力设备、通信设备等。通过电快速瞬变脉冲群测试,可以确保设备在面对电力系统中的瞬态电压波动时能够保持稳定的运行,从而提高设备的可靠性和稳定性。

2) 试验设备及必备条件

(1) 脉冲群发生器:输出脉冲信号。

(2) 耦合/去耦网络:作用是将干扰信号耦合到受测设备上并阻止干扰信号连接到同一电网中的不相干设备上。

3) 试验方法及试验配置

电源、信号和其他功能电量应在其额定的范围内使用,并处于正常的工作状态。根据相关标准或测试要求,设置电快速瞬变脉冲群发生器的参数,包括脉冲重复频率、脉冲群持续时间、脉冲电压幅值等。确保耦合/去耦网络的参数设置正确,以实现对受测设备的有效耦合。启动电快速瞬变脉冲群发生器,产生脉冲群信号,并通过耦合/去耦网络施加到受测设备上。在测试过程中,观察受测设备的运行状态,记录任何异常现象,如设备故障、死机、数据丢失等。根据需要,可以调整脉冲群信号的参数,进行多次测试,以全面评估受测设备的抗扰度。不同的产品或产品族标准根据产品的特点,对试验的实施可能有特定的规定。图 1.19 所示为电快速瞬变脉冲群测试现场。

图 1.19 电快速瞬变脉冲群测试现场

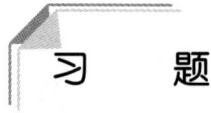

习　题

简答题

1.1　请写出国家标准对电磁兼容(EMC)的定义。解释什么是 EMI 和 EMS。从 EMC 定义出发，解释为什么很多资料把 EMC 分为 EMI 和 EMS。

1.2　研究电磁兼容主要是为了解决什么问题？有哪些技术手段？

1.3　随着电子技术的发展，电子电路和设备向着高频、小型化、低功耗的方向发展，但电磁兼容问题越发突出，这是为什么？请简述原因。

1.4　电波暗室是用来进行辐射发射测试的试验场地，请结合课本知识解释：设计一个电波暗室至少需要注意哪些问题？

1.5　电磁环境是什么？

1.6　请举 3 个你在日常生活和工作中遇到的电磁兼容问题，并分析原因。

第 2 章

电磁兼容相关的理论基础

电磁兼容是研究与电磁现象相关的理论与技术的综合领域，它涵盖了电磁干扰的产生、传输以及对其抑制的整个过程。从广义上讲，无论是电磁干扰的源头，还是干扰在不同介质中的传播路径，都属于电磁理论中的基本问题。

本章将简要介绍与电磁兼容技术密切相关的一些基础理论，包括天线辐射原理、典型辐射源的特性、场域和波阻抗的概念、电磁波频谱的划分、电尺寸的定义以及分贝的计算方法。掌握这些基础理论，有助于读者从物理本质出发，系统地理解电磁现象，进而更有效地分析和解决实际中的电磁干扰问题。

2.1 电磁辐射的相关理论

辐射测试在电磁兼容中具有重要的意义。电磁辐射是电子设备在工作过程中不可避免的现象，设备发出的辐射不仅会干扰其他设备，还可能超过法规限制，影响公共电磁环境。

了解电磁辐射的基本原理对工程师和技术人员具有重要意义。首先，掌握电磁辐射的产生、传播和相互作用机制，有助于设计符合电磁兼容标准的产品，减少干扰和失效风险。其次，理解辐射原理可帮助识别电磁干扰源，便于采取屏蔽和优化措施以控制辐射，提升设备的安全性和可靠性。

2.1.1 电磁辐射的概念

电磁辐射是物质内部原子、分子运动的一种外在表现形式，它通过释放电磁能量向外传播。在我们的日常生活中，天然磁场、太阳光、家用电器等各种事物都在不断地以不同强度发出辐射。实际上，任何交流电路都会向周围的空间辐射电磁能量，从而形成一个同时具有电力和磁力作用的区域，这种同时存在电场和磁场的区域被称为电磁场。

当一个空间中存在变化的电场或磁场时，这种变化会在附近的区域内产生相应的磁场或电场的变化。而新产生的变化磁场或电场会进一步影响更远的区域，促使更远的空间中产生新的变化电场或磁场。这样，变化的电场与磁场交替产生，彼此相互作用，最终以一定的速度在空间中传播。这种以电场和磁场交替变化向外扩展的现象形成了电磁波，如图2.1所示。

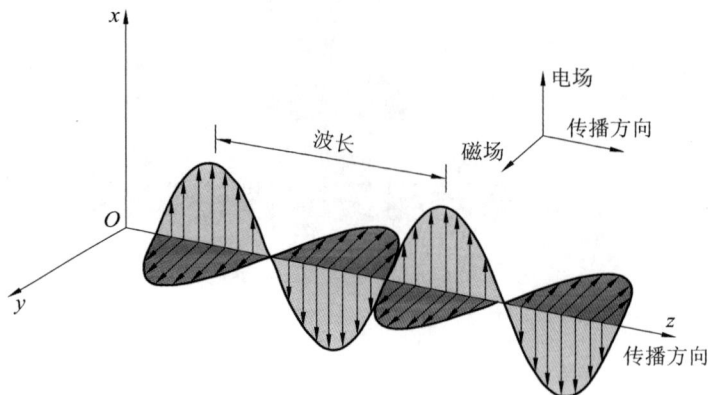

图 2.1　电磁波的示意图

电磁波的传播实际上是电磁场能量向外以波动形式发射的过程，这种现象就是电磁辐射。电磁辐射在各个方面都有广泛的应用，如无线通信、广播电视、卫星信号等。然而，它也可能引发电磁干扰等问题，理解电磁辐射的产生和传播机制有助于更好地控制和利用这种现象，同时减少其带来的负面影响。

1. 辐射干扰的定义

辐射干扰是指干扰源比较远，干扰源发出的干扰以电磁波的形式被敏感设备接收。

2. 构成辐射干扰的条件

（1）有产生电磁波的源泉，即存在时变源。

（2）能把电磁波能量辐射出去，即源组成的电路是开放的。

各种天线是辐射电磁波最有效的设备，除此以外，电子、电气设备或系统中的布线、结构件、元件、部件等满足上述辐射条件时，就会起着发射天线与接收天线的作用，即产生天线效应。

2.1.2　天线效应

天线效应(antenna effect)是指导体或电路在电磁场或射频信号环境中，意外地表现出类似天线的特性。其主要原理在于，当导体的长度接近或等于电磁波的波长时，它能够耦合或吸收电磁波，从而引起电压或电流的变化。实际上，任何载有交变电流的导体都能辐射电磁场，反之，任何处于交变电磁场中的导体也能感应出电压。因此，天线的定义不仅限于我们通常认识的天线，金属等导体在特定条件下也可以发挥天线的作用。

高频信号更容易产生天线效应并辐射，这是由波长、天线共振和辐射损耗等因素共同作用的结果。

（1）波长问题。频率越高的电磁波波长越短，当电磁波的波长与天线尺寸相当时，天线能够更有效地辐射。因此，高频信号往往更容易被有效辐射。

（2）天线共振。天线在特定频率下会发生共振，使其更有效地吸收和辐射电磁波。频率越高，共振频率通常也越高，天线效应更为显著。

（3）辐射损耗。高频信号在传输过程中容易因电缆、连接器等部件产生辐射损耗，导致信号泄露并表现出天线效应。

　　电磁兼容设计的一个重要目标是避免寄生天线的形成。在分析和解决电磁兼容问题时，关键之一是识别并消除寄生天线结构。如果无法彻底消除，则应降低其辐射效率，或者避免交变电流流入这些天线。

　　电路中两种基本的辐射天线结构是电偶极天线和电流环天线，如图 2.2 所示。以上两种基本天线模型可以用于识别设备中的寄生天线。电偶极天线的本质是两个导体之间存在电压。其变形形式之一是单极天线，其中只有一根金属导体，另一根则由地面或附近的大型金属物体充当。尽管单极天线的辐射特性与电偶极天线相似，但效率稍低。对于电偶极天线或单极天线，只需消除两个导体之间或导体与地之间的电压，就能降低其辐射。

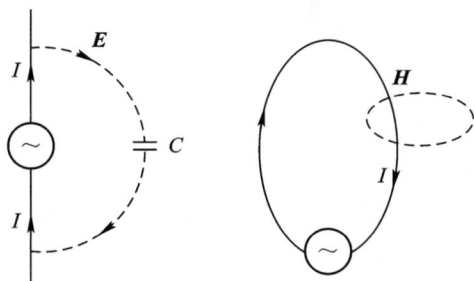

图 2.2　电偶极天线(左)和电流环天线(右)

　　类比电偶极子的物理模型，磁偶极子可定义为具有等值异号的两个点磁荷所构成的系统。例如一小磁针可视为一个磁偶极子。磁偶极子受到力矩作用会发生转动，当力矩为零时，磁偶极子才会处于平衡状态。由于没有发现单独存在的磁单极子，故将一载有电流的回路作为磁偶极子模型，即电流环天线。因此，本节所述电流环天线对应为磁偶极子模型。

　　电路中只要存在电流回路，就会形成一个电流环天线。例如，电路中的电流必然形成回路，而这些回路本质上都是辐射天线。因此，电磁兼容设计的一项重要任务是控制电流回路的面积，尤其是高频电流的回路面积。

　　电流环天线通常由电路的工作回路形成，较易识别。而电偶极天线和单极天线则不容易发现，因为驱动这些天线的电压并非电路的工作电压，而是无意中产生的共模电压。这种共模电压会驱动共模电流，从而产生电磁辐射。

　　就辐射干扰而言，都可归结为电偶极子和磁偶极子这两种基本辐射元。一般地，杆状天线及电子设备内部的一些高电压、小电流元器件等场源，都可视为等效的电偶极子场源。环形天线和电子设备内部的一些低电压、大电流元器件，以及电感线圈等场源可视为等效的磁偶极子场源。掌握了上述两种基本元的辐射特性后，就可以在考虑天线上各个电流元、磁流元的振幅、相位、方向和空间分布的基础上，按照电磁场叠加原理分析得到各类天线的辐射特性。以下对电偶极子和磁偶极子做一个简单介绍，继而引出场域和波阻抗的概念，这些内容将为电磁兼容中辐射和屏蔽相关的内容提供理论基础。

2.1.3　电偶极子(电基本振子、电流元)的辐射场

　　所谓电偶极子，是一段很短的载流导线，线长远远小于线上电流的波长，线上电流均匀分布，随时间作正弦变化。如图 2.3 所示，电偶极子由带有电流相量 I、长度为 l 的无穷小电流元组成。假设电流相量在沿电流元长度的所有点上都是均匀的(包括相位和幅度)，

在描述天线特性时常常使用球坐标系。球坐标系中描述某一点的位置用该点到原点的径向距离 r、径向直线与 z 轴坐标的夹角 θ 和该点在 xy 平面上的投影与轴的夹角 φ 来表示。

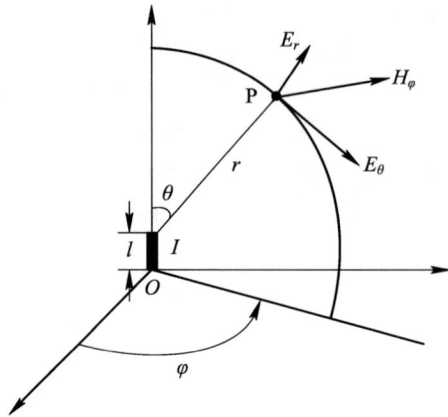

图 2.3   足够短的直线元导线流过电流 I，附近空间产生的电磁场

在距直线元 r 处 P 点产生的电场、磁场强度如下：

$$E_r = 60k^2 Il\cos\theta \left[\frac{1}{(kr)^2} - \frac{j}{(kr)^3}\right] e^{-jkr} \qquad (2-1)$$

$$E_\theta = 30k^2 Il\sin\theta \left[\frac{j}{kr} + \frac{1}{(kr)^2} - \frac{j}{(kr)^3}\right] e^{-jkr} \qquad (2-2)$$

$$H_\varphi = \frac{k^2 Il}{4\pi}\sin\theta \left[\frac{j}{kr} + \frac{1}{(kr)^2}\right] e^{-jkr} \qquad (2-3)$$

$$E_\varphi = H_r = H_\theta = 0 \qquad (2-4)$$

式中，$k = \dfrac{2\pi}{\lambda}$ 为相位常数，E_θ、E_r、H_φ 分别为电场和磁场强度在球坐标系中的分量。可以看出，电偶极子产生电磁场，磁场强度只有 H_φ 分量，而电场强度有 E_r 和 E_θ 两个分量。每个分量都包含几项，且与距离 r 有复杂关系。按 r 的大小，电流元在空间的场可分为 3 个区域：近场区、中场区和远场区。

（1）$r \ll \lambda/2\pi$ 的区域，称为近场区。场的性质主要是感应场的性质，所以又称为感应场。在式(2-1)~式(2-3)中，由于 $kr \ll 1$，所以对 E_θ、E_r 项可只取 $1/(kr)^3$ 项，对 H_φ 只取 $1/(kr)^2$ 项，而忽略其他低次项。

$$E_r = -j60Il\cos\theta \frac{1}{kr^3} e^{-jkr} \qquad (2-5)$$

$$E_\theta = -j30Il\sin\theta \frac{1}{kr^3} e^{-jkr} \qquad (2-6)$$

$$H_\varphi = \frac{1}{4\pi}Il\sin\theta \frac{1}{r^2} e^{-jkr} \qquad (2-7)$$

$$E_\varphi = H_r = H_\theta = 0 \qquad (2-8)$$

由以上式子可看出：电场与磁场相位差 $90°$，呈电抗性场，是一个振荡的波，与静电偶极子场相似，场在振子周围以感应场的形式出现，因而称为感应场。因此，在电子设备之间或内部电路、器件之间，如果两个系统的距离足够小，则电磁辐射的干扰场是感应场，其电

场按 $1/r^3$ 关系衰减，磁场按 $1/r^2$ 关系衰减。

（2）$r \gg \lambda/2\pi$ 的区域，称为远场区，场随 $\mathrm{e}^{-\mathrm{j}kr}/r$ 往外辐射，故又称为辐射场。由于 $kr \gg 1$，所以可忽略 $1/(kr)^3$ 项、$1/(kr)^2$，场分量可简化为

$$E_\theta = \mathrm{j}\frac{30kIl}{r}\sin\theta \cdot \mathrm{e}^{-\mathrm{j}kr} \tag{2-9}$$

$$H_\varphi = \mathrm{j}\frac{kIl}{4\pi r}\sin\theta \cdot \mathrm{e}^{-\mathrm{j}kr} = \frac{E_\theta}{120\pi} \tag{2-10}$$

场量 E 和 H 正比于因子 $\mathrm{e}^{-\mathrm{j}kr}/r$，表示从电流元发出的波，在远场区是一个球面波。因为在等距离 r 各点具有相同的相位，等相位面是一个球面。当 $r \gg \lambda$ 时，球面的一部分可视为平面，因此辐射场具有平面波的各种性质。

（3）中场区即在近场区与远场区分界处附近，即 $r = \lambda/2\pi$ 附近，场的各项均不能忽略。因而保持式（2-1）～式（2-3）的形式，此区域既有感应场也有辐射场。

2.1.4　磁偶极子（磁基本振子、磁流元）的辐射场

与基本的电偶极子相对偶的是磁偶极子或电流环，一个通有高频电流的小电流环等效模型称为磁偶极子。如图 2.4 所示，位于 xy 平面上直径为 D 的一个面积非常小的环，A 为圆环所围成的面积，带有电流相量 I，当此细导线小圆环的周长远小于波长时，可以认为圆环产生的场和一个短的磁偶极子场等效。一个实际环形电路，可分解成许多小圆环元的叠加。此载流圆环在任意距离处的场如下式表示：

$$H_r = \frac{IAk^3}{2\pi}\cos\theta\left[\frac{\mathrm{j}}{(kr)^2} + \frac{1}{(kr)^3}\right]\mathrm{e}^{-\mathrm{j}kr} \tag{2-11}$$

$$H_\theta = \frac{IAk^3}{4\pi}\sin\theta\left[-\frac{1}{kr} + \frac{\mathrm{j}}{(kr)^2} + \frac{1}{(kr)^3}\right]\mathrm{e}^{-\mathrm{j}kr} \tag{2-12}$$

$$E_\varphi = -\mathrm{j}30IAk^3\sin\theta\left[\frac{\mathrm{j}}{kr} + \frac{1}{(kr)^2}\right]\mathrm{e}^{-\mathrm{j}kr} \tag{2-13}$$

$$H_\varphi = E_r = E_\theta = 0 \tag{2-14}$$

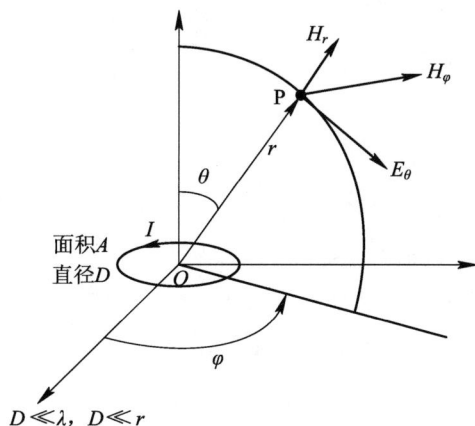

图 2.4　环型天线的电磁场示意图

在近场区，当 $r \ll \lambda/2\pi$，由于 $kr \ll 1$，场变为

$$H_r = \frac{IA}{2\pi r^3}\cos\theta \tag{2-15}$$

$$H_\theta = \frac{IA}{4\pi r^3}\sin\theta \tag{2-16}$$

$$E_\varphi = -\mathrm{j}\,\frac{30kIA}{r^2}\sin\theta \tag{2-17}$$

$$H_\varphi = E_r = E_\theta = 0 \tag{2-18}$$

在远场区,场变为

$$H_\theta = -\frac{k^2 IA}{4\pi r}\sin\theta \cdot \mathrm{e}^{-\mathrm{j}kr} \tag{2-19}$$

$$E_\varphi = 30\,\frac{k^2 IA}{r}\sin\theta \cdot \mathrm{e}^{-\mathrm{j}kr} \tag{2-20}$$

2.1.5 波阻抗

波阻抗是描述电磁辐射特性的重要概念之一,对电磁波在不同介质中传播时的反射、吸收和传输过程有着密切的影响。波阻抗表征了电磁波中电场强度与磁场强度之比,是频率、介质类型以及波传播方向的函数。波阻抗的大小直接影响电磁波在界面处的反射系数和透射系数,因此在天线设计、电磁屏蔽和阻抗匹配等方面具有重要应用。

本节将简要阐述波阻抗的概念,空间中某点的波阻抗为电场的横向分量与磁场的横向分量的比值,用 Z_W 表示,即

$$Z_W = \frac{E_\theta}{H_\varphi} = -\frac{E_\varphi}{H_\theta} \tag{2-21}$$

1. 远场区波阻抗

对于短直导线及偶极子源,从式(2-9)和式(2-10)可得:

$$Z_{W远} = \frac{|E_\theta|}{|H_\varphi|} = 120\pi = 377\ \Omega \tag{2-22}$$

对于环形天线,从式(2-19)和式(2-20)可得:

$$Z_{W远} = \frac{|E_\varphi|}{|H_\theta|} = 120\pi = 377\ \Omega \tag{2-23}$$

而自由空间的特征阻抗如下:

$$Z_0 = \sqrt{\frac{\mu_0}{\varepsilon_0}} = 377\ \Omega \tag{2-24}$$

式中,μ_0、ε_0 分别为自由空间的磁导率和介电常数。

因此,不论是短直导线源,还是环形天线源,它们在远场区的波阻抗均为 377 Ω,与自由空间的特征阻抗 Z_0 相等,并与源的性质无关。

2. 近场区波阻抗

对于短直导线或电偶极子源,近场区波阻抗为

$$Z_E = \frac{E_\theta}{H_\varphi} = \frac{120\pi}{1+(1/kr)^2}\left[1-\mathrm{j}\,\frac{1}{(kr)^3}\right] \tag{2-25}$$

$$|Z_E| = \frac{120\pi}{1 + (1/kr)^2} \sqrt{1 + (1/kr)^6} \qquad (2-26)$$

在近场区，$kr \ll 1$，因此

$$Z_E = -\mathrm{j}\,\frac{120\pi}{kr}, \quad |Z_E| = \frac{120\pi}{kr} \gg 120\pi \qquad (2-27)$$

对于环形电流源或磁偶极子，近场区波阻抗为

$$Z_H = -\frac{E_\varphi}{H_\theta} = \frac{120\pi}{[1-(1/kr)^2]^2 + (1/kr)^2}\left[1 + \mathrm{j}\,\frac{1}{(kr)^3}\right] \qquad (2-28)$$

$$|Z_H| = \frac{120\pi\sqrt{1+(1/kr)^6}}{[1-(1/kr)^2]^2 + (1/kr)^2} \qquad (2-29)$$

在近场区，$kr \ll 1$，因此

$$Z_H = \mathrm{j}120\pi kr, \quad |Z_H| = 120\pi kr \ll 120\pi \qquad (2-30)$$

电偶极子的近场区为高阻抗场，而磁偶极子的近场区为低阻抗场，它们的波阻抗与传输介质无关，只与源的性质有关。近场区波阻抗和远场区波阻抗随距离的变化如图 2.5 所示。

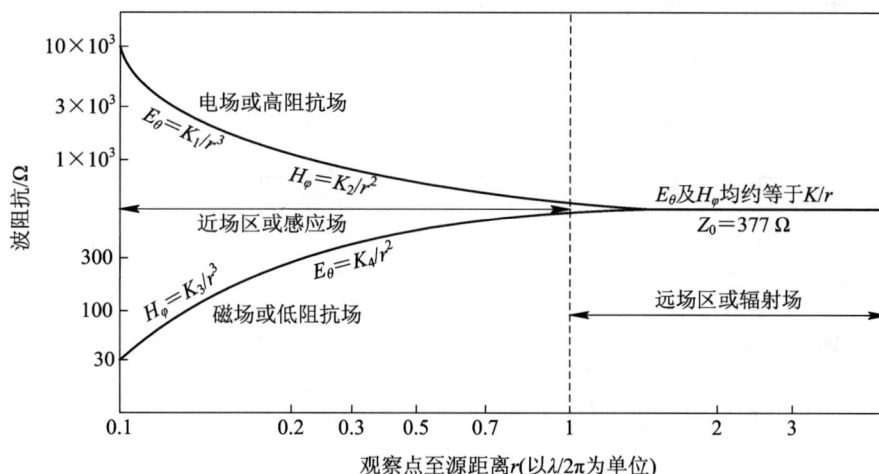

图 2.5　近场区波阻抗和远场区波阻抗随距离的变化

本书介绍一种适合 EMC 工程使用的简化处理方法，在该方法中需要进行下面的简化假设：

在辐射源上，近似地采用已有的天线、传输线和孔缝耦合模型。在传播方面，忽略周围环境的影响，采用均匀或半均匀空间中电磁波传播的模型。对于被干扰的敏感设备，也采用天线、传输线、孔缝和电路模型近似。

在采用这种近似之后，确定电磁干扰途径中最重要的因素就是距离的远近。有两种主要的近似方法：近场区近似和远场区近似。

1. 近场区近似

当满足 $r < \lambda/2\pi$ 时，就认为被干扰设备是处于近场区的电磁场中。在干扰源的距离很近时采用电路参数分析方法，即干扰源和被干扰设备要处于同一个分布电参数（如电容、电

感、电阻)电路中,用解电路的方法分析干扰强度的大小。

2. 远场区近似

当干扰源很远时采用辐射干扰的模型,即在被干扰设备上只感受到电磁波的影响。当满足 $r \gg \lambda/2\pi$ 时,就认为被干扰设备是处于远场区的电磁场中。

对于中场区,采用全波解法求解会遇到很大的数学和物理的困难,在工程应用中也是不可取的,采用电路参数分析方法又可能产生比较大的误差,因而可采用灵活的建模方法弥补近似求解带来的误差。

2.2 信号谱——时域和频域的关系

2.2.1 信号的时域与频域

信号分析可以从时域和频域两个角度进行。时域中的信号通常通过示波器观察,其表现形式为随时间变化的函数。在时域中,电压或电流表示为时间的函数,如图 2.6 所示,数字信息通常由电压作为时间的函数来传输。

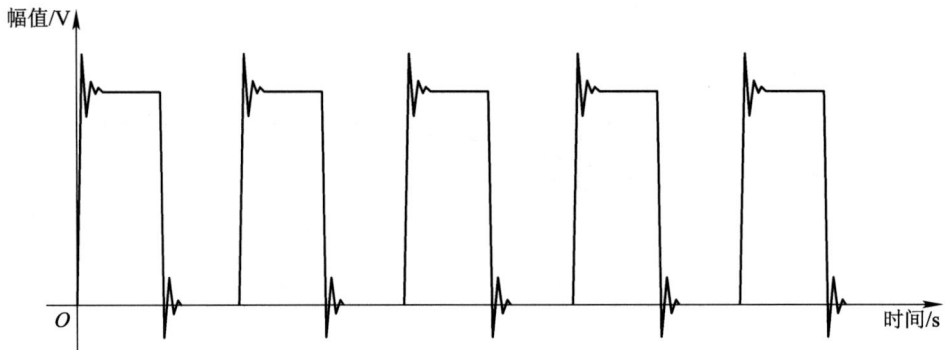

图 2.6 电信号的时域表示

信号也可以用幅度和相位表示为频率的函数。在时间上周期性重复的信号由线谱表示,如图 2.7 所示,此处省略相位谱,因为 EMC 领域通常不考虑相位因素。信号频谱在零

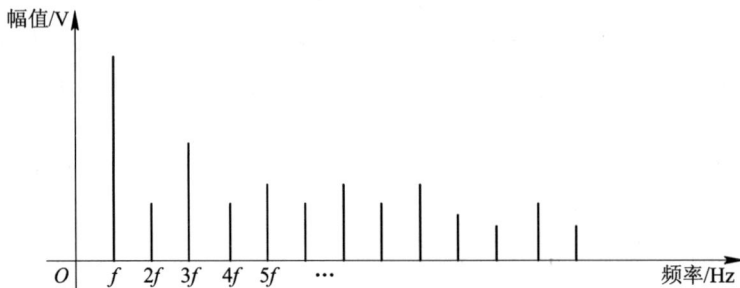

图 2.7 周期信号的功率谱线

点处有一个直流分量,在 f 处有一个基波分量,在 nf 处有一个谐波(其中 n 是整数)。这种表示也称为功率谱,因为每个谐波中的功率之和等于时域信号中的时间平均功率。

有时间限制的信号(即在有限时间内仅为非零)由连续频谱表示,如图 2.8 所示。这种表示也称为能谱,因为该波形中能量密度随频率变化的积分之和等于时域信号中的总能量。

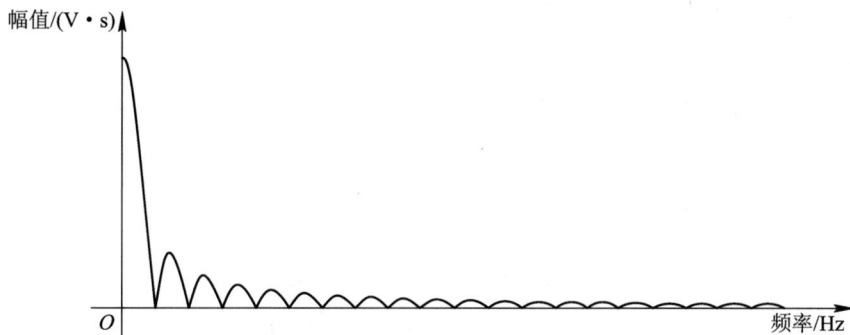

图 2.8　有时间限制(瞬态)的信号能谱

大多数电路工程师习惯使用示波器来查看波形,但在电磁兼容技术中,更常用的是频谱分析,因为它能直观展示信号的频率分量及其幅值。

在 EMC 领域,频域分析尤为重要,其原因如下:

(1)EMC 标准对电磁发射的限值是基于频域定义的,因此采用频域分析可以直接对照标准。

(2)解决 EMC 问题时,首先需要了解干扰信号随频率的能量分布,确定在哪些频率上超标。

(3)实施抗电磁干扰技术时,频谱分析能够为滤波器设计提供参数依据,如滤波器的带宽、截止频率和阻抗值等。

(4)常见的干扰信号多由脉冲信号产生。由于脉冲信号通常是非正弦波,它包含丰富的谐波,这些谐波通过耦合形成干扰频谱。周期性脉冲信号的频谱是离散谱线,相邻谱线的间隔是基波的整数倍;而非周期性脉冲信号则产生连续谱,频谱密度由傅里叶变换计算得出。频域分析可以为脉冲信号的干扰机制提供理论支持。

在频域,任何波形都可以用频谱来描述或测量。频谱分析仪是主要的测量工具,它能够揭示信号在不同频率下的相对强度。用于将时域信号转化为频域频谱的数学工具是傅里叶变换,这一转换为深入理解波形的频率分量提供了基础。

2.2.2　线性系统的频域分析

线性系统理论在电子、电气和机械系统的工程分析中起着关键作用。工程师常用线性变换模型来描述各种现象,包括电路行为、信号传播、耦合以及辐射等。频域表示在分析线性系统时尤其有用。线性系统具有独特的特性,即任何正弦输入都会以完全相同的频率产生正弦输出。换言之,如果输入的形式如下:

$$x(t) = A_{in} \cos(\omega_0 t + \varphi_{in}) \tag{2-31}$$

那么输出将具有以下形式：

$$y(t) = A_{out} \cos(\omega_0 t + \varphi_{out}) \tag{2-32}$$

一般来说，正弦信号的幅度和相位可能会发生变化，但频率是恒定的，这提供了一个便利的分析工具来分析线性系统。如果将输入信号表示为其在频域中的分量之和，那么可以将输出表示为这些分量的幅度和相位偏移的简单缩放。

1. 相量表示法

为了便于分析线性系统对正弦输入的响应，可以方便地用一种称为相量的缩写形式来表示信号：

$$x(t) = A \cos(\omega t + \varphi) \tag{2-33}$$

这可以表示为

$$x(t) = \mathrm{Re}\{A \mathrm{e}^{\mathrm{j}(\omega t + \varphi)}\} = A \mathrm{Re}\{\mathrm{e}^{\mathrm{j}\omega t} \mathrm{e}^{\mathrm{j}\varphi}\} \tag{2-34}$$

其中，$\mathrm{Re}\{*\}$ 表示复数的实部。整个系统的频率 ω 是相同的。

这样，信号就能够简单地用正弦信号的幅度和相位来表示：

$$x = A \mathrm{e}^{\mathrm{j}\varphi} \text{ 或 } A \angle \varphi \tag{2-35}$$

当然，要分析的许多输入系统都不是正弦波。在这种情况下，更多的任意信号波形表示为正弦频率分量之和。然后对每个分量进行分析，并应用叠加理论来重建输出信号。

2. 傅里叶级数

连续周期信号可以表示为周期为 T 的周期信号，其角频率 $\omega_0 = 2\pi f_0$，如下：

$$x(t) = \sum_{n=-\infty}^{+\infty} a_n \mathrm{e}^{\mathrm{j}n\omega_0 t} \tag{2-36}$$

其中，a_n 为傅里叶级数系数，并且

$$a_n = \frac{1}{T} \int_{t_0}^{T+t_0} x(t) \mathrm{e}^{-\mathrm{j}n\omega_0 t} \mathrm{d}t \tag{2-37}$$

如果 $x(t)$ 是实时域信号，则系数 a_n 和 a_{-n} 是共轭复数（即 $a_n = a_{-n}^*$），可以将式(2-37)改写为以下形式：

$$
\begin{aligned}
x(t) &= a_0 + \sum_{n=1}^{+\infty} (a_n \mathrm{e}^{\mathrm{j}n2\pi f_0 t} + a_n^* \mathrm{e}^{-\mathrm{j}n2\pi f_0 t}) \\
&= a_0 + \sum_{n=1}^{+\infty} (|a_n| \mathrm{e}^{\mathrm{j}n2\pi f_0 t + \varphi_n} + |a_n| \mathrm{e}^{-(\mathrm{j}n2\pi f_0 t + \varphi_n)}) \\
&= a_0 + \sum_{n=1}^{+\infty} 2|a_n| \cos(n2\pi f_0 + \varphi_n)
\end{aligned}
\tag{2-38}
$$

在这种形式中，傅里叶级数系数由一个直流分量 a_0 和正的谐波频率 $n2\pi f_0$（$n=1$，2，3，…）组成。这是一个单侧傅里叶级数，系数 $2|a_n|$ 表示每个谐波的峰值。将峰值除以 $\sqrt{2}$ 得到均方根值。在频谱分析仪或 EMI 测试接收机上测得的信号谐波是单侧傅里叶级数系数的均方根值。换言之，每个测得谐波的幅度为 $\sqrt{2}|a_n|$。

图 2.9 所示为一些周期信号及其时域和频域表示。

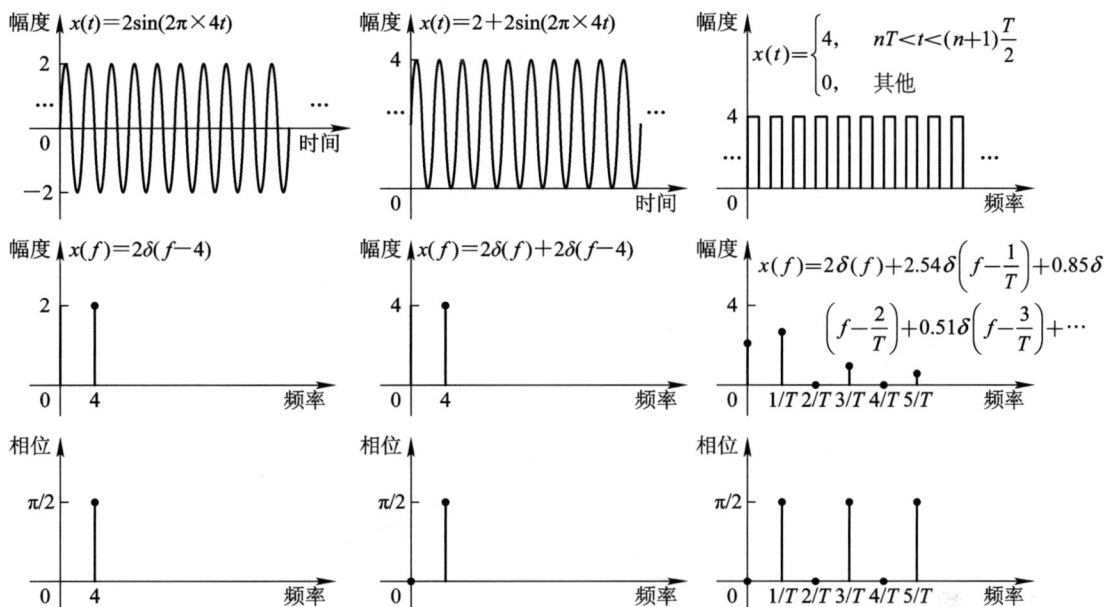

图 2.9　时域和频域中的周期信号

周期信号的频域表示是线谱，它只在直流、基频和基波谐波处具有非零值。因为周期信号没有开始或结束，所以非零周期信号具有无限的能量，但通常具有有限的功率。时域信号中的总功率如下：

$$P_{总} = \frac{1}{T} \int_{t_0}^{t_0+T} x^2(t) \, dt \tag{2-39}$$

$$P_{总} = \sum_{n=-\infty}^{+\infty} |a_n|^2 \tag{2-40}$$

3. 傅里叶变换

瞬态信号（即在特定时刻开始和结束的信号）也可以使用傅里叶变换在频域中表示。式(2-41)给出了瞬态信号 $x(t)$ 的傅里叶变换表示：

$$x(f) = \int_{-\infty}^{+\infty} x(t) e^{-j2\pi ft} \, dt \tag{2-41}$$

傅里叶反变换可用于将信号的频域表示转换回时域表示：

$$x(t) = \frac{1}{2\pi} \int_{-\infty}^{+\infty} x(f) e^{j2\pi ft} \, df \tag{2-42}$$

两个瞬态时域信号及其傅里叶变换如图 2.10 所示。需要注意的是，瞬态信号的平均功率为零（在所有时间内取平均值），但它们的能量有限。瞬态时域信号中的总能量由下式给出：

$$E = \int_{-\infty}^{+\infty} x^2(t) \, dt \tag{2-43}$$

这一定等于信号频域表示中的总能量：

$$E = \int_{-\infty}^{+\infty} |x(f)|^2 \, dt \tag{2-44}$$

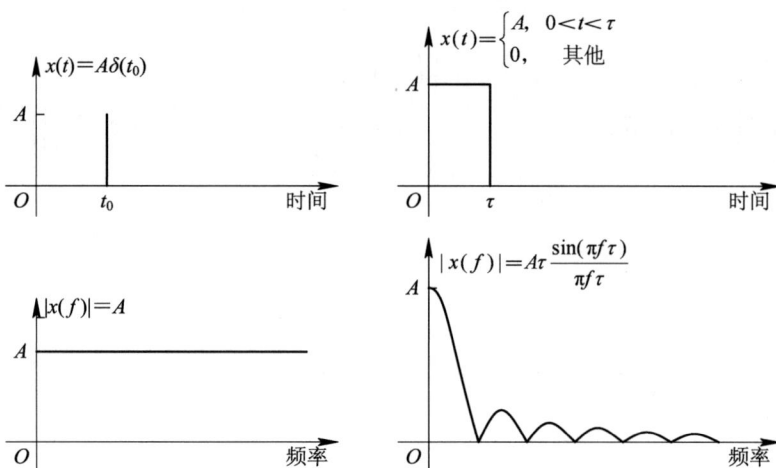

图 2.10　时域和频域中的瞬态信号

2.2.3　梯形信号的频域表示

在数字电路中，信号是脉冲形式的，即数字信号为脉冲信号，持续时间短暂。最常见的数字信号是方波。实际的方波上升沿和下降沿并不是完全垂直的，如图 2.11 所示，通常用梯形波近似。研究该波形的行为有助于深入了解时域和频域表示之间的关系。此外，分析该梯形波在研究数字系统的 EMC 或信号完整性问题时非常有用。

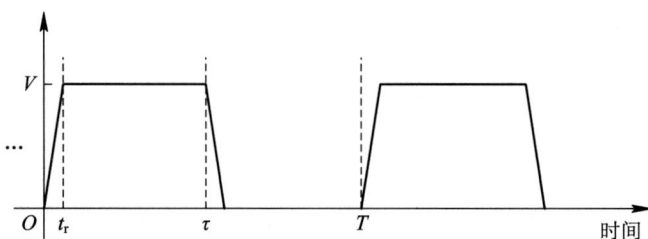

图 2.11　梯形波

如图 2.11 所示，信号周期为 T，假设脉冲的上升沿和下降沿相等，都为 t_r。使用单侧傅里叶级数，可以将该信号表示为其频率分量之和：

$$x(t) = \frac{c_0}{2} + \sum_{n=0}^{\infty} |c_n| \cos(n 2\pi f_0 t + \varphi_n) \tag{2-45}$$

此时，

$$|c_n| = \frac{2A\tau}{T} \left| \frac{\sin\left(\frac{n\pi\tau}{T}\right)}{\frac{n\pi\tau}{T}} \right| \left| \frac{\sin\left(\frac{n\pi t_r}{T}\right)}{\frac{n\pi t_r}{T}} \right| \tag{2-46}$$

$$\frac{c_0}{2} = \frac{A\tau}{T} \tag{2-47}$$

其中，$|c_n|$ 是第 n 个谐波的峰值幅度。

对于 $\dfrac{\sin(x)}{x}$ 函数而言，在 x 足够小时，$\sin(x) \approx x$，有

$$\left| \frac{\sin(x)}{x} \right| = \begin{cases} 1, & x \text{ 很小} \\ \left| \dfrac{1}{x} \right|, & x \text{ 很大} \end{cases} \tag{2-48}$$

对于式(2-48)，可以画出两条包络线，如图 2.12 所示。

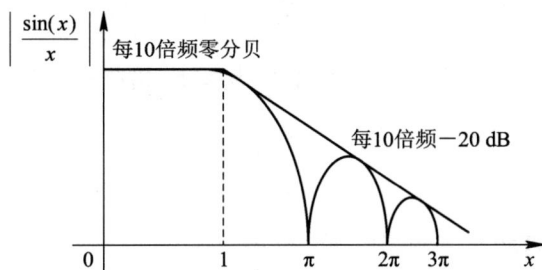

图 2.12　函数 $\dfrac{\sin(x)}{x}$ 的包络

当 x 很小时(图中以 1 为界)，$\left| \dfrac{\sin(x)}{x} \right| = 1$ 取对数后为 0，即没有斜率变化。引入 10 倍频程的概念，当 $|x|$ 相差 10 倍时，对 $\left| \dfrac{1}{x} \right|$ 取对数得到 -20 dB，即第二条曲线以每 10 倍频程 -20 dB 的斜率线性减小。

可以将 $\left| \dfrac{\sin(x)}{x} \right|$ 函数的包络图谱引入式(2-46)，首先将式(2-46)转化为频率的函数，即 $f = n/T$，可得：

$$|c_n|(f) = \frac{2A\tau}{T} \left| \frac{\sin(f\pi\tau)}{f\pi\tau} \right| \left| \frac{\sin(f\pi t_r)}{f\pi t_r} \right| \tag{2-49}$$

对上式取对数：

$$20\lg|c_n|(f) = 20\lg\frac{2A\tau}{T} + 20\lg\left| \frac{\sin(f\pi\tau)}{f\pi\tau} \right| + 20\lg\left| \frac{\sin(f\pi t_r)}{f\pi t_r} \right| \tag{2-50}$$

以下分三种情况讨论式(2-50)的包络图谱。

(1) 当 $f \ll \dfrac{1}{\pi\tau}$ 时，$\left| \dfrac{\sin(f\pi\tau)}{f\pi\tau} \right| = 1$，$\left| \dfrac{\sin(f\pi t_r)}{f\pi t_r} \right| = 1$，则

$$20\lg|c_n|(f) = 20\lg\frac{2A\tau}{T} \tag{2-51}$$

此时，函数值与频率 f 无关，斜率为 0，是一条水平线。这是梯形波的第一条包络线。

(2) 当 $\dfrac{1}{\pi\tau} \ll f \ll \dfrac{1}{\pi t_r}$ 时，$\left| \dfrac{\sin(f\pi\tau)}{f\pi\tau} \right| = \dfrac{1}{f\pi\tau}$，$\left| \dfrac{\sin(f\pi t_r)}{f\pi t_r} \right| = 1$，则

$$20\lg|c_n|(f) = 20\lg\frac{2A\tau}{T} + 20\lg\frac{1}{f\pi\tau} \tag{2-52}$$

此时，当频率 f 变化 10 倍频时，幅度变化为每 10 倍频程 -20 dB，如式(2-53)所示，得到梯形波的第二条包络线。

$$\left(20\lg\frac{2A\tau}{T}+20\lg\frac{1}{10f\pi\tau}\right)-\left(20\lg\frac{2A\tau}{T}+20\lg\frac{1}{f\pi\tau}\right)=-20 \text{ dB} \qquad (2-53)$$

(3) 当 $f\gg\dfrac{1}{\pi t_r}$ 时，$\left|\dfrac{\sin(f\pi\tau)}{f\pi\tau}\right|=\dfrac{1}{f\pi\tau}$，$\left|\dfrac{\sin(f\pi t_r)}{f\pi t_r}\right|=\dfrac{1}{f\pi t_r}$，则

$$20\lg|c_n|(f)=20\lg\frac{2A\tau}{T}+20\lg\frac{1}{f\pi\tau}+20\lg\frac{1}{f\pi t_r}$$

$$=20\lg\frac{2A\tau}{T}+20\lg\frac{1}{f^2\pi^2\tau t_r} \qquad (2-54)$$

此时，当频率 f 变化 10 倍频时，幅度变化为每 10 倍频程 -40 dB，如式(2-55)所示，得到第三条包络线。

$$\left(20\lg\frac{2A\tau}{T}+20\lg\frac{1}{(10f)^2\pi^2\tau t_r}\right)-\left(20\lg\frac{2A\tau}{T}+20\lg\frac{1}{f^2\pi^2\tau t_r}\right)=-40 \text{ dB} \quad (2-55)$$

至此可以得出梯形波频谱的包络特征，如图 2.13 所示，虚线为梯形波的包络。

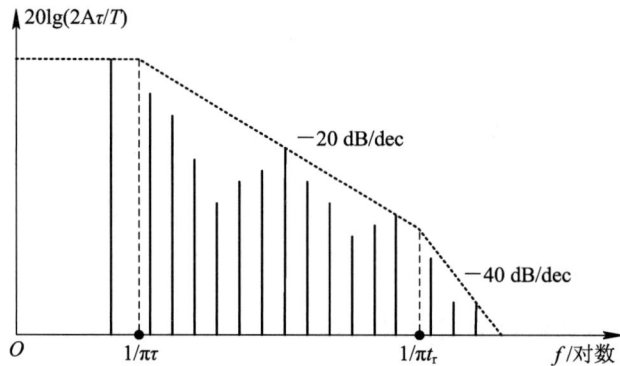

图 2.13　梯形波频谱最大值包络

这个包络线中的两个拐点分别在 $1/\pi\tau$ 和 $1/\pi t_r$ 处。在 $1/\pi\tau$ 以下，包络线为水平线；在 $1/\pi\tau$ 和 $1/\pi t_r$ 之间，包络线以每 10 倍频程 20 dB 速率下降；在 $1/\pi t_r$ 以上，包络线以每 10 倍频程 40 dB 的速率下降。脉冲信号 90% 以上的能量分布在 $0\sim 1/\pi t_r$ 的频率范围内，因此 $1/\pi t_r$ 称为脉冲信号的带宽。脉冲信号的上升时间越短，它的带宽越宽。

由图 2.13 还可知，改变上升时间可以显著影响高次谐波的幅值，而不会显著改变信号在时域中的表现形式。通过增加数字信号波形的上升时间，常常可以解决数字信号在高次谐波频率下的辐射干扰或串扰问题。一般来说，若上升时间等于比特(bit)长度的 10% 或更多，就可以产生一个良好的数字信号，同时有效限制第十次谐波以上频率的信号幅值。

2.3　频谱工程

为了加强对电气电子设备在时间、空间和频谱使用上的管理和控制，特别是频谱的利用和保护方面，"频谱工程"已发展成电磁兼容学科的一个重要分支。频谱工程是研究和应用电磁频谱管理和优化的一个重要领域，特别是在现代无线通信、雷达、卫星通信、广播和

电子战中占有重要地位。频谱工程的核心任务是对电磁频谱资源进行合理的分配、利用和保护，以保证各种设备和系统能够高效、无干扰地工作。

无线电频谱是一种有限的自然资源，随着社会的发展和科学技术的进步，各种射频设备大量增加，每一种设备都要占用一个频率或频段，对频谱的需求越来越多，使用的频率越来越拥挤。目前可利用的频谱大约在 3 Hz(极低频)～3000 GHz(至高频)，但最拥挤的频段是中频(300～3000 kHz)、高频(3～30 MHz)、甚高频(30～300 MHz)和特高频(300～3000 MHz)。如果不对频谱进行合理的分配与管理，就会出现电磁干扰、电磁污染问题。频谱管理机构在国际上有国际电信联盟(ITU)；在国内有国家无线电管理委员会、各省市无线电管理委员会、中国人民解放军无线电管理委员会。

国际无线电波的波段、频段划分如表 2.1 所示。这种划分由国际电信联盟制定，将整个无线电频谱按照频率范围进行分类，以便合理、有效地分配和使用无线电资源，用于全球范围内管理无线电通信。这些频段被广泛用于不同的无线通信服务，例如广播、电视、卫星通信、移动电话、Wi-Fi、军事通信等。通过这种频段划分，国际电信联盟及各国政府能够协调频率使用，确保全球无线通信网络的高效运作。

表 2.1　国际无线电波的波段、频段划分

波段名称		波长范围/m	频段名称	频率范围	主要传播方式
超长波(SLW)		10 000～100 000	甚低频(VLF)	3～30 kHz	地波(双线对电缆)
长波(LW)		1000～10 000	低频(LF)	30～300 kHz	地波(双线对电缆)
中波(MW)		100～1000	中频(MF)	0.3～3 MHz	地波、天波(同轴电缆)
短波(SW)		10～100	高频(HF)	3～30 MHz	地波、天波(同轴电缆)
超短波(VSW)		1～10	甚高频(VHF)	30～300 MHz	天波、直线传播(同轴电缆)
微波	分米波(USW)	0.1～1	特高频(UHF)	0.3～3 GHz	天波、直线传播
	厘米波(SSW)	0.01～0.1	超高频(SHF)	3～30 GHz	直线传播
	毫米波(ESW)	0.001～0.01	极高频(EHF)	30～300 GHz	直线传播
光波		0.8×10^6～0.1×10^{-3}	—	—	光纤

移动通信中常见的名词 3G、4G 和 5G 代表了移动通信技术的不同代际演进，其频段和频率分别如下：

3G 的四种标准和频段：CDMA2000、WCDMA、TD-SCDMA、WiMAX，1880～1900 MHz 和 2010～2025 MHz。

4G 的频率范围：1880～1900 MHz、2320～2370 MHz、2575～2635 MHz。

5G 使用的频段：FR1(低于 6 GHz 频段)和 FR2(毫米波频段)。FR1 频段的频率范围是 450～6000 MHz，其中较低频段(如 700 MHz、800 MHz)可以提供良好的覆盖范围，适合广域覆盖；FR2 频段是 24.25～52.6 GHz，毫米波频段能够提供极高的数据传输速率，但传播损耗较大，覆盖范围相对较小，主要用于热点区域的高速数据传输。

此外，433 M 和 2.4 G 也是两种常见的无线通信频段，433M 的频率范围是433.05～434.79 MHz，2.4G 的频率范围是 2.4～2.5 GHz，属于国内免许可的 ISM（工业、科学和医学）开放频段，使用这些频段是不需要向当地的无线电管理部门申请授权的，因此这两个频段得到了广泛使用。

2.4　电　尺　寸

在 EMC 领域，最需要掌握的是电路或者电磁辐射结构的电尺寸，而非其实际物理尺寸。在判断辐射结构辐射电磁能量的能力时，天线等辐射结构的物理尺寸并不重要，而用波长表示的电尺寸更为重要。

电尺寸是一个表示物体在电磁波作用下相对尺寸的概念。它通常用来描述物体，例如天线、导体、屏蔽体等与电磁波波长的关系。电尺寸用波长来衡量。波长代表了为使相位改变 360°正弦电磁波必须走过的距离。严格地讲，这只适用于一类电磁波：均匀平面波。但是其他类型的电磁波也有类似的特性，因此这个概念也是通用的。

电尺寸通常用以下公式表示：

$$l_\lambda = \frac{L}{\lambda} = \frac{Lf}{v} \tag{2-56}$$

其中，λ 是电磁波的波长，f 为电磁波的频率，v 为电磁波的速度，L 为物体的物理尺寸，其可以是长度、直径或其他相关的几何参数。

$$\varphi = \frac{2\pi L}{\lambda} = 2\pi l_\lambda \tag{2-57}$$

由上式可知，当电流沿连接线传播一个波长的距离 $L=\lambda$ 时，它经历的相移为 360°，即流入连接线的电流和流出连接线的电流是同相的；如果连接线的总长度为半波长，那么电流的相移为 180°，流入连接线的电流和流出连接线的电流完全反向；如果连接线的总长度为 1/10 波长，那么电流的相移为 36°；如果连接线的总长度为 1/20 波长，那么电流的相移为 18°；如果连接线的总长度为 1/100 波长，那么电流的相移为 3.6°。如果电路要用集总参数电路模型描述，即连接线的影响不重要，那么连接线的长度必须使相移可忽略不计。对此，不存在固定准则，但如果长度小于信号激励频率所对应波长的 1/10，就可以假定相移忽略不计。因此，电小尺寸和电大尺寸的区分方式如下。

（1）电小尺寸。当物体的物理尺寸小于电磁波波长的 1/10 时，称为电小尺寸。在这种情况下，物体的电磁响应特性相对较弱，那么电路的集总参数电路模型足以用来代表实际电路。

（2）电大尺寸。当物体的物理尺寸大于电磁波波长的 1/10 时，物体会有显著的电磁响应。在这种情况下，物体的尺寸对其电磁特性（如辐射、反射等）有明显影响。天线设计常常基于电尺寸来确保在特定频率下能够有效辐射或接收电磁波。

虽然麦克斯韦方程可以解释所有的电磁现象，但从数学上来讲它们是相当复杂的。因此，在可能的情况下，就使用较简单的近似方法，如集总参数电路模型和基尔霍夫定律。然而存在一个问题：何时可以用简单的集总参数电路模型和基尔霍夫定律来代替麦克斯韦方程？基本的回答是，当电路的最大尺寸为电小尺寸时，即当电路的最大尺寸远小于电源激励频率所对应的波长时，通常的准则就是，即当电路的最大尺寸小于波长的 1/10 时，则可以用简单的集总参数电路模型和基尔霍夫定律来代替麦克斯韦方程的近似方法来解释电现象。如果电路是电大尺寸，那么只能运用麦克斯韦方程组（或一些可接受的方程的近似简化）来描述电磁现象。

从广义上讲，除自由空间外，在非导电介质中波的传播速度由介质的介电常数 ε 和磁导率 μ 决定，ε 的单位是 F/m，或者说是电容值/距离；μ 的单位是 H/m，或者说是电感值/距离。在自由空间中，它们用 ε_0 和 μ_0 表示，其中，$\varepsilon_0 = \dfrac{1}{36\pi} \times 10^{-9}$ F/m，$\mu_0 = 4\pi \times 10^{-7}$ H/m。用 ε_0 和 μ_0 来表示电磁波在自由空间（空气）中的传播速度如下：

$$v_0 = \frac{1}{\sqrt{\varepsilon_0 \mu_0}} \approx 3 \times 10^8 \text{ m/s} \tag{2-58}$$

电磁波在其他介质中的传播特性用相对于自由空间的介电常数 ε_r 和磁导率 μ_r 来描述，$\varepsilon = \varepsilon_r \varepsilon_0$，$\mu = \mu_r \mu_0$。如聚四氟乙烯具有 $\varepsilon_r = 2.1$ 和 $\mu_r = 1$。对于除自由空间以外的非导电介质而言，电磁波的传播速度如下：

$$v = \frac{1}{\sqrt{\varepsilon \mu}} = \frac{v_0}{\sqrt{\varepsilon_r \mu_r}} \tag{2-59}$$

例如，在聚四氟乙烯中电磁波的传播速度为

$$v = \frac{1}{\sqrt{\varepsilon \mu}} = \frac{v_0}{\sqrt{\varepsilon_r \mu_r}} \approx 0.69 v_0 \tag{2-60}$$

例题：最大物理尺寸为 3.6 m，工作频率为 86 MHz 的电路或辐射结构的电尺寸为 3.6/3.49＝1.03 个波长，因为自由空间中 86 MHz 的波长是 300/86＝3.49 m。如果将此结构置于聚氯乙烯（PVC）介质中（$\varepsilon_r = 3.5$ 和 $\mu_r = 1$），求其电尺寸的变化。

解：

$$\lambda = \frac{v}{f} = \frac{v_0}{f \sqrt{\varepsilon_r \mu_r}} = \frac{300}{86 \times \sqrt{3.5 \times 1}} = 1.865 \text{ m}$$

$$l_\lambda = \frac{L}{\lambda} = \frac{3.6}{1.865} = 1.93$$

2.5　分贝与电磁兼容的常用单位

在电磁兼容分析中，很多物理量都与分贝（dB）有关，例如辐射发射的限值为 dBμV/m，传导发射的限值为 dBμV 或 dBμA，屏蔽体的屏蔽效能和滤波器的插入损耗都用分贝度量，频谱分析仪的幅度显示刻度一般也是按照 dB 标示。

dB 是英文"decibel"的简写，其中，deci 表示十分之一，bel 表示"贝"。decibel（分贝）就是十分之一贝。"贝"是"贝尔"的简称，是以杰出科学家 Alexander Graham Bell 的名字来命名的单位。贝尔在 1876 年获得了电话发明的专利，并在电话的应用和发展上做出了巨大的突破。"贝"并不是国际单位制的单位，但是受国际单位制的规则影响，用人名表示的单位符号的首字母要大写，所以我们看到 dB 中 B 为大写。由于"贝"这个单位比较大，使用不方便，更常用的是十分之一贝，即分贝。分贝是以对数的形式表示某个参量相对于基准参量的倍率关系，使用分贝的概念可以很方便地表示出变化范围很大的对应关系。

在有关电磁兼容的问题中，存在很多物理量，例如电场、磁场、电流和电压。在电磁兼容测试中往往会遇到量值相差非常悬殊的信号，就拿电场举例，电场值可以从 1 μV/m 变化到 200 V/m。这就意味着动态范围达到 10^8。在这种情况下，采用分贝可以方便地表达、叙述和计算。

功率的基本单位为瓦(W)，对于功率的分贝计算公式：

$$P_{dB} = 10\lg\frac{P_2}{P_1} \tag{2-61}$$

以上为功率相关分贝(dB)的定义式。根据定义式容易推导出电压和电流的分贝计算公式：

$$P_{dB} = 10\lg\frac{P_2}{P_1} = 10\lg\frac{V_2^2/R_2}{V_1^2/R_1} = 20\lg\frac{V_2}{V_1} - 10\lg\frac{R_2}{R_1} \tag{2-62}$$

令 $R_2 = R_1$，可以得到电压的分贝计算公式：

$$P_{dBV} = 20\lg\frac{V_2}{V_1} \tag{2-63}$$

同理，可得电流的分贝计算公式：

$$P_{dBA} = 20\lg\frac{I_2}{I_1} \tag{2-64}$$

掌握分贝的定义式非常重要，对于电磁场理论，使用分贝量值可更加快速地理解所表述的意义。应该明确 dB 仅为两个量之间比值的对数，本身没有单位。随着 dB 表示式中的参考量的单位不同，dB 在形式上也可带有某种量纲。一般将参考量的单位以后缀的方式表示出来，例如 dBμV 表示以 1 μV 为参考电平，而 dBmW 则是以 1 mW 为参考能量。

以图 2.14 为例，传输到负载上的功率增益为

$$A_W = \frac{P_{out}}{P_{in}} \tag{2-65}$$

图 2.14　放大电路

如果以分贝的形式表示，则功率增益为

$$A_{dBW} = 10\lg\frac{P_{out}}{P_{in}} \tag{2-66}$$

同理，电流增益与电压增益为

$$A_{\mathrm{dB\mu A}} = 20\lg \frac{I_{\mathrm{out}}}{I_{\mathrm{in}}} \qquad (2-67)$$

$$A_{\mathrm{dB\mu V}} = 20\lg \frac{V_{\mathrm{out}}}{V_{\mathrm{in}}} \qquad (2-68)$$

例子中对增益的分贝化处理，给出了分贝的一些通用公式，基于此，就可以将一些数据直接分贝化。首先是功率。如果以 1 W 为参考功率，那么

$$P_{\mathrm{dBW}} = 10\lg \frac{P_{\mathrm{W}}}{1\ \mathrm{W}} \qquad (2-69)$$

若以 1 mW 为参考功率，此时的测量值 P_2 也要以 mW 为单位，并表示成 dBmW，dBmW 一般简单表示成 dBm，那么

$$P_{\mathrm{dBmW}} = 10\lg \frac{P_{\mathrm{mW}}}{1\ \mathrm{mW}} \qquad (2-70)$$

利用表达式可以找出 dBW 和 dBmW 二者的换算关系：

$$10\lg \frac{P_{\mathrm{W}}}{1\ \mathrm{W}}(\mathrm{dBW}) = 10\lg \frac{P_{\mathrm{mW}}}{10^3\ \mathrm{mW}} = -30 + 10\lg \frac{P_{\mathrm{mW}}}{1\ \mathrm{mW}}(\mathrm{dBmW}) \qquad (2-71)$$

或者简写为

$$\mathrm{dBW} = -30 + \mathrm{dBmW} \qquad (2-72)$$

其次是电压，参照功率的分贝化公式，如果电压以 1 V 为参考电压，那么

$$V_{\mathrm{dBV}} = 20\lg \frac{V(\mathrm{V})}{1\ \mathrm{V}}(\mathrm{dBV}) \qquad (2-73)$$

在 EMC 测量中，由于 dBV 太大，常用 dBμV 为单位，所以

$$V_{\mathrm{dB\mu V}} = 20\lg \frac{V(\mu\mathrm{V})}{1\ \mu\mathrm{V}}(\mathrm{dB\mu V}) \qquad (2-74)$$

利用表达式可以找出 dBV 和 dBμV 的换算关系：

$$V_{\mathrm{dBV}} = 20\lg \frac{V(\mathrm{V})}{1\ \mathrm{V}}(\mathrm{dBV}) = 20\lg \frac{V(\mu\mathrm{V})}{10^6\ \mu\mathrm{V}}(\mathrm{dB\mu V})$$

$$= -120 + 20\lg \frac{V(\mu\mathrm{V})}{1\ \mu\mathrm{V}}(\mathrm{dB\mu V}) \qquad (2-75)$$

或者简写为

$$\mathrm{dBV} = -120 + \mathrm{dB\mu V} \qquad (2-76)$$

最后就是电流，常以 dBμA 为单位：

$$I_{\mathrm{dB\mu A}} = 20\lg \frac{I(\mu\mathrm{A})}{1\mu\mathrm{A}}(\mathrm{dB\mu A}) \qquad (2-77)$$

$$\mathrm{dBA} = -120 + \mathrm{dB\mu A} \qquad (2-78)$$

在辐射电磁场中的物理量，用电场强度来描述，单位为伏特每米（V/m），或者用磁场强度来描述，单位是安培每米（A/m）。在 EMC 中，电场强度参考量可选为 1V/m、1mV/m、1μV/m，则对应测量电场的分贝值表示为 dBV/m、dBmV/m、dBμV/m。对于磁场强度，参考量选为 1A/m、1mA/m、1μA/m，则对应测量电流的分贝值表示为 dBA/m、dBmA/m、 dBμA/m。

EMC 测量常用参考量及其测量值分贝数的计算公式如表 2.2 所示。

表 2.2　EMC 测量常用参考量及其测量值分贝数的计算公式

物理量	参考量	相应的分贝量	分贝量的名称	测量值分贝数计算公式
电压	$1\mu V$	$0\ dB\mu V$	微伏分贝	$dB\mu V = 20lg($测量值$/1\mu V)$
电流	$1\mu A$	$0\ dB\mu A$	微安分贝	$dB\mu A = 20lg($测量值$/1\mu A)$
电场强度	$1\mu V/m$	$0\ dB\mu V/m$	微伏每米分贝	$dB\mu V/m = 20lg($测量值$/1\mu V/m)$
磁场强度	$1\mu A/m$	$0\ dB\mu A/m$	微安每米分贝	$dB\mu A/m = 20lg($测量值$/1\mu A/m)$
辐射功率	$1pW$	$0\ dBpW$	皮瓦分贝	$dBpW = 10lg($测量值$/1pW)$

习　　题

一、简答题

2.1　数字信号的频谱有什么特点？如何确定其带宽？

2.2　辐射产生的必要条件是什么？影响辐射强弱的原因有哪些？

2.3　电偶极子辐射场与磁偶极子辐射场有哪些不同？

二、计算题

2.4　印制电路板(PCB)采用环氧玻璃纤维布基板(FR-4)，其 $\varepsilon_r = 4.2$，$\mu_r = 1$，求该 PCB 上发射频率为 2 GHz 的 5 cm 连接线的电尺寸。

2.5　完成以下与分贝相关的计算：

(1) 将物理量 2V 用 dBmV 来表示。

(2) 一个 50 Ω 负载上的输出电压为 120 μV，求传送到这个负载上的功率，并用 dBmW 表示。

(3) 将下列各量用绝对单位表示：60 dBμV/m，120 dBμV/m

2.6　求下列各物理量以 dB 表示的比值：

(1) $P_1 = 1$ mW，$P_2 = 20$ W。

(2) $i_1 = 2$ mA，$i_2 = 0.5$ A；

(3) $v_1 = 10$ mV，$v_2 = 20$ μV。

第 3 章

电磁干扰的分类与特征

电磁干扰(EMI)是指电磁场对电子、电气设备或系统的正常运行产生不良影响的现象。它通常表现为设备或系统中的电信号被外部的电磁噪声或不需要的电磁信号干扰,从而导致设备功能异常、性能下降,甚至失效。本章主要从理论分析的角度介绍形成 EMI 的三要素,即电磁干扰源、耦合途径,以及敏感设备。此外,共模干扰和差模干扰是 EMC 领域中必须重点分析和处理的两种干扰形式。通过理解它们的特点、耦合路径和影响,工程师可以采取有效的设计和防护措施,确保电子设备在复杂电磁环境中的稳定性和可靠性。

3.1 形成 EMI 的三要素

电磁兼容(EMC)包括两方面的内容:一是设备向外界发射的电磁干扰(EMI),二是设备自身对外界电磁干扰的敏感性(EMS)。形成 EMI 的三要素包括电磁干扰源、耦合途径以及敏感设备。这三者相互作用,共同构成了电磁兼容问题的根源。

1. 电磁干扰源

电磁干扰源是产生电磁干扰的起点,有时也称为发射设备。它可以是自然现象,如雷电、太阳风暴,也可以是人为因素,如电子元器件、设备或系统的运行。无论是高频开关电源、电机驱动器,还是无线电发射器,它们都可能成为电磁干扰源,通过各种途径影响其他电子设备的正常运行。

2. 耦合途径

耦合途径是指电磁干扰从干扰源传播到敏感设备的路径。根据传播方式的不同,耦合途径可分为传导耦合和辐射耦合两种。传导耦合是指干扰信号通过导电介质(如电缆、公共地线)传播到其他设备,而辐射耦合则是指干扰信号以电磁波的形式通过空间传播到其他设备。这两种耦合途径决定了电磁干扰的传播范围和影响程度。

3. 敏感设备

在电磁兼容领域中,被干扰对象通常被称为敏感设备。敏感设备是指那些容易受电磁干扰影响,导致其性能下降或功能失效的设备。这些设备可能包括低电压、小信号的设备,或者是对电磁环境要求较高的精密仪器等。在电磁兼容设计中,需要特别关注敏感设备,并采取有效的防护措施来减少电磁干扰对其影响。

　　显然，形成 EMI 的三要素缺一不可，只有当干扰源、耦合途径和敏感设备同时存在时，才可能造成电磁兼容问题。因此，在电磁兼容设计中，必须从这三方面入手，全面考虑各种因素，并采取相应的对策，以降低电磁干扰的影响，确保设备或系统在预期的电磁环境中能够稳定、正常地工作。图 3.1 展示了形成 EMI 的三要素之间的关系。

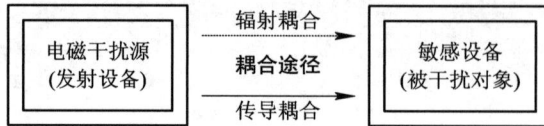

图 3.1　形成 EMI 的三要素

3.2　电磁干扰源

3.2.1　常见的自然干扰源和人为干扰源

　　电磁干扰源种类繁多，可按不同的方法进行分类。按来源可分为自然干扰源和人为干扰源，以下介绍一些常见的自然干扰源和人为干扰源。

1. 自然干扰源

1) 雷电

雷电是常见的最强烈的自然干扰源之一。在雷暴天气时，雷电放电会产生强大的电磁脉冲，这种脉冲可以通过空间传播，影响数公里范围内的电子设备。雷电产生的电磁场会通过传导或辐射途径，导致电力线路、电信系统等设备出现电压突升、电流过载等现象，从而引发设备故障或损坏。

2) 太阳风暴

太阳风暴是太阳活动周期中的一种现象，通常发生在太阳黑子活动的高峰期。太阳风暴会释放大量带电粒子，这些粒子在到达地球磁场时，会引发地磁扰动。强烈的地磁扰动有可能会影响卫星通信、导航等系统，甚至对电网造成威胁，引起大范围的停电等现象。

3) 宇宙噪声

宇宙噪声是来自太阳系外的高能粒子流。这些粒子在进入地球大气层时，与空气分子发生碰撞，会产生二次粒子流。这些粒子流可以影响高空飞行的航空器设备，导致电子元器件产生电位变化，进而影响设备的正常功能。

4) 地球的地磁场变化

地球的地磁场并非静止不变，而是随着时间不断变化。这种变化可以是长期的地磁场漂移，也可以是短期的地磁暴。这些变化会影响无线电波的传播，尤其是在极地和赤道地区，导致通信信号的衰减或中断。

5）静电放电

人体或设备上积累的静电电压在放电时也会产生电磁干扰。这种放电过程属于瞬态放电，其电磁干扰特性与放电的具体情况有关。

2. 人为干扰源

人为干扰源是指由人类活动和人工设备产生的电磁干扰，这些干扰可能会影响其他电子设备或系统的正常运行。它与自然干扰不同，属于人为的、可预见的干扰源。人为干扰可以通过各种电子、电气设备或系统产生，并通过传导、辐射等途径传播，导致电磁兼容问题。以下列举一些常见的人为干扰源。

1）无线电发射设备

移动通信系统、广播、电视、雷达、导航及无线电通信系统，这些设备在发射无线信号时，也会发出不希望的干扰信号。如微波中继通信、卫星通信等，因发射的功率大，其基波信号可产生功能性干扰；而谐波及乱真发射构成非功能性的无用信号干扰。

2）工业、科学、医疗（ISM）设备

在工业、科学和医疗设备领域中，电磁干扰的来源广泛而复杂。常见的干扰源包括开关电源，这类设备在能量转换过程中会产生高频开关噪声，通过电源线或辐射形式传播到周围环境。数据处理设备如计算机和服务器，由于内部高频处理器和时钟电路的运作，也容易成为辐射干扰的来源。无线通信设备，如 Wi-Fi 路由器、蓝牙设备及手机，由于天线辐射高频信号，可能引发广泛的电磁干扰问题。此外，激光设备和超声波设备在科学和医疗领域的广泛应用也可能产生高频噪声，这些设备通过其驱动电路或发射元器件产生干扰。电力系统中的非线性负载，包括伺服电机、电钻、继电器、电梯等设备在使用过程中会产生高频电磁波，这些电磁波可以干扰周围的通信设备或其他敏感电子设备，其通断产生的电流剧变及伴随的电火花也会成为干扰源。

医疗设备中的高频治疗仪器，如射频消融设备和高频电刀，通过其工作原理产生的高频电流会干扰其他电子设备。磁共振成像设备和 CT 扫描仪则由于其强大的磁场和无线电波发射系统，可能引发极强的电磁干扰。甚至日常使用的 LED 照明和显示设备，由于其内部的脉宽调制驱动器，也成了低频段至中频段的干扰源。

3）电网干扰

电网干扰是指由 50 Hz 交流电网强大的电磁场和大地漏电流产生的干扰。高压输电线的电晕、绝缘断裂等接触不良产生的电弧和受污染导体表面的电火花等，也都是电网干扰的主要来源。

4）汽车、内燃机点火系统

汽车、内燃机点火系统在工作时会产生宽带干扰，频率范围从几百千赫兹到几百兆赫兹，对无线电通信和电子设备造成干扰。

3.2.2　常见的辐射干扰源

在电磁兼容中，干扰源由辐射或传导进入敏感设备，以下对常见的辐射干扰源和传导干扰源做一个简单介绍。

辐射干扰的能量是由干扰源辐射出来的,通过介质(包括自由空间)以电磁波特性和规律传播。电磁辐射场区一般分为远场区和近场区。通常,对于一个固定可以产生一定强度的电磁辐射源来说,近场区辐射的电磁场强度较大,因此,应该格外注意电磁辐射近场区的防护。

在自然干扰源中,像银河系无线电辐射、太阳无线电辐射、闪电和雷暴的电场、大气中的电流电场、大地表面的电场、大地内部的电场、大地表面磁场等都会成为辐射干扰源。

信息辐射干扰源指的是带有信息的无用信号通过辐射对敏感设备进行干扰。雷达系统、电视和广播发射系统、通信发射台站、卫星地球通信站、射频感应及介质加热设备、射频及微波医疗设备等都是可以产生不同形式、不同频率、不同强度的电磁辐射源。

表3.1是常见的电磁辐射频谱。一般情况下,在这些频谱中的主要干扰能量来源于人为干扰源。这些干扰源产生的电磁波在空气中传播,在其传播区域内的任何金属环路都有可能因此感应出电压和电流。一般情况下,电子设备内部存在许许多多的金属环路,不同的金属环路感应出的电压与电流的大小,因这些金属环路的空间位置、结构等的不同而不同。当这些电压与电流较大时,就会对所在的电子设备的工作产生影响。

表 3.1　常见电磁辐射频谱

频　　率	波　　长	频段名称	用　　途
300 GHz～30 GHz	1 mm～10 mm	极高频	雷达,空间通信
30 GHz～3 GHz	10 mm～100 mm	超高频	雷达,空间通信
3 GHz～300 MHz	100 mm～1 m	特高频	视距无线通信与广播
300 MHz～30 MHz	1 m～10 m	甚高频	视距无线通信与广播
30 MHz～3 MHz	10 m～100 m	高频	短波通信,广播
3 MHz～300 kHz	100 m～1 km	中频	无线通信与广播
300 kHz～30 kHz	1 km～10 km	低频	无线电导航
30 kHz～3 kHz	10 km～100 km	甚低频	无线电导航
3 kHz～300 Hz	100 km～1 Mm	极低频	海底通信
300 Hz～30 Hz	1 Mm～10 Mm	工频	输电

晶体振荡器和本地振荡器也会产生辐射干扰。在多数设备中,主要的发射源是印制电路板(PCB)上电路的时钟、视频和数据驱动器,以及从其他振荡器中流出来的电流。来自PCB的辐射发射可用载有干扰电流的小环天线模型描述。在大多数情况下,这些由本地设备的振荡电路产生的辐射干扰的总功率往往不是太大,但因为这些干扰源的距离较短,且与被干扰者处于相同的电磁环境,它们的影响往往不容忽视。在电子设备的设计与施工过程中,人们一般比较重视外来的电磁干扰对设备工作的影响,采取的措施也比较得当,但对本设备内部的干扰源往往重视不够。下面以计算机的电磁辐射干扰源为例来分析现代电子设备的本地辐射干扰源的严重程度。

计算机的两个主要部件是CPU和显示器。计算机运行在由内部晶振决定的特定时钟频率上。目前 CPU 的时钟频率已达到几吉赫兹以上，将来还会有更高的时钟频率出现。计算机内部各个单元电路也有自己的时钟，因此会包含几个晶振。因为计算机是一个数字系统，这些信号的特征波形是方波，而方波含有大量的谐波，从而产生射频干扰。显示器也是一种主要射频干扰源。由于像素数据的速率相当高，处于高频区域，所以显示器也易产生射频干扰，且功率比较大。显示器对其他设备的干扰非常明显，以至于可以不借助专门的仪器就能"感觉"到它们的辐射。例如，当收音机靠近显示器时，其收听效果就会大打折扣。

设备功能非线性也会产生辐射干扰。设备的非线性效应是指输入信号与输出信号之间的关系不是线性的。这种非线性可能由放大器、开关或其他电子组件引起。组成设备的导线、电感、电容在高频情况下都会出现非理想特性，这些元器件会表现出与设想情况不同的特性。非线性组件可能会生成谐波或互调产物（两个或多个信号频率的组合频率），这些频率分量可能以辐射的形式对周围设备产生干扰。当设备工作时，非线性特性产生的频率分量可以通过天线效应或其他方式辐射到空气中，被其他设备通过天线效应耦合进内部电路，从而影响设备的正常工作。干扰可能导致其他设备功能异常，数据传输错误，甚至设备故障。

还有一种辐射干扰是由电弧产生的。当开关、继电器触点开启和闭合时，触点间会产生电弧。特别是在驱动感性负载时，这种现象更为明显。一般环境条件下，在触点间加上超过 300V 电压时，将产生辉光放电。电弧通常发生在以下几种情况下：

（1）电压或电场迅速变化，例如，触点上的电压变化大于 $1\text{ V}/\mu\text{s}$；

（2）电压超过触点的额定值 V_{arc}；

（3）负载电流超过任一触点的额定电流 I_{arc}。

表 3.2 列出了触点普通材料的最低起弧条件。由表 3.2 不难看出，电弧产生的条件是非常容易满足的。电弧可以在 $5\sim200\text{ MHz}$ 的频率范围产生强烈的射频辐射。此辐射能量的峰值经常出现在 $25\sim75\text{ MHz}$。

表 3.2　触点普通材料的最低起弧条件

触点普通材料	V_{arc}/V
碳	15.5～20
铜	8.5～14
金	9～16
铁	8～13
钼	17
镍	8～14
钯	15～16
铂	13.5～17.5
铑	14
银	8～13
钨	10～16.5

电弧放电过程中会产生强烈的电磁辐射，包括紫外线、可见光和红外线等不同波长的电磁波。当电流通过气体或空气中的间隙时，产生的电弧不仅会带来高温，还会发出高强度的辐射能量。电弧辐射会对周围的电子设备产生电磁干扰，特别是在电力系统或高频率工作的场合，电弧辐射可能导致通信设备故障、信号丢失等问题，因此在电磁兼容设计中，如何控制和降低电弧辐射对电子系统的干扰是一项重要的挑战。

电力线路产生的辐射干扰主要有两种：一种是绝缘子两端局部放电所产生的脉冲，其频率在 100 MHz 以上，而且直接向空间辐射，这种干扰的特点是在电压低于 100 kV 的线路上，雨天、潮湿天干扰弱，而在有风天、干燥天干扰强；另一种则是输电线电晕放电效应，产生放电的原因是，在尖形电极的顶端附近，电位梯度大，可产生火花放电。这种干扰的频率在数兆赫兹以下，可以直接向空间辐射或者沿传输线传到较远的距离，这种干扰的特点是，在电压高于 100 kV 的线路上，雨天、潮湿天干扰强，而在有风天、干燥天干扰弱。电力线辐射干扰对电子设备的干扰可分为两方面，一方面电力线产生的辐射干扰在空间传输时遇到配电线路、有线广播线路、通信线路等传输系统，干扰通过耦合后沿着这些系统传输；另一方面则是干扰沿电力线传输，这会影响中波和长波的广播和通信。

核电磁脉冲(NEMP)辐射是由核武器在大气层中爆炸时产生的一种高强度电磁脉冲，它会以极快的速度在广泛的区域内传播，对现代电子设备、电力系统和通信网络造成严重影响。NEMP 中由核爆炸释放的伽马射线与地球大气层中的原子相互作用产生，尤其是高空核爆炸最具破坏性。NEMP 通常分为三个阶段：E1、E2 和 E3。E1 脉冲是持续时间极短、能量极高的脉冲，其主要影响是破坏敏感的电子设备，特别是半导体和微电子器件。E1 脉冲的电场强度能够瞬间引发电子设备失效，导致网络中断和设备损坏。E2 脉冲类似于雷击效应，其影响较为温和，但它仍能通过电力线和通信网络引入次级损害。如果没有足够的雷电防护措施，E2 脉冲仍然会对系统造成威胁。E3 脉冲是由核爆炸引起的地磁扰动效应，持续时间较长，类似于地磁风暴。这种效应主要影响长距离导线或电力系统，使其感应出电流，从而可能会导致电力系统的大规模失效和停电。NEMP 的潜在影响广泛且严重，因为它的破坏能力不仅局限于爆炸现场附近，甚至会对大面积区域的基础设施造成干扰和破坏。因此，在现代电磁兼容设计中，如何抵御 NEMP 辐射对电子设备和电力系统的干扰成为重要的防护课题之一。

3.2.3　常见的传导干扰源

常见的传导干扰源主要是指在电气设备和系统中产生的噪声，这些噪声通过电源线或信号线传导，进而影响其他设备的正常运行。表 3.3 是一些常见的传导干扰源。由表 3.3 不难看出，传导干扰源产生的电压或电流沿着地线网络、电源和信号线等路径传输，在其他电路或设备中产生相应的电流或电压。对电子设备来说，这些不受欢迎的由外部电路输入的能量会对设备正常工作产生或多或少的影响。传导干扰的强度与传导通路密切相关。

表 3.3　常见的传导干扰源

传导干扰源	产生传导干扰的原因
雷达发射机	发射能量泄漏到接收机回路电流产生的级间耦合
地线回路	地线回路中不平衡的电流引发电磁干扰
固定快速继电器	快速开关动作产生电磁干扰,传导至电源线
脉冲发生器重复频率交流声 时钟序列重复交流声 时钟重复频率交流声 扫描电路频率交流声	交流声进入系统以后,开始时电压很低还不能形成干扰,经过系统后逐级放大而形成干扰
电动机和变频器类产品	在电动机启动或停机时,通常会出现较大的瞬时电流变化。这种变化不仅会在电源线上产生干扰,还可能引发电压尖峰,进而影响周围其他设备的稳定性。变频器通过调整频率和电压来控制电动机的转速,但在切换频率时也会产生高频干扰
换向器(整流器) 断路器凸轮触点 转换开关 电源开关电路	在电源开关或继电器切换的瞬间,电流的突变会产生高频噪声,影响周围的电气设备。此外,电源线的走向、长度及其接地情况也会对传导干扰的程度产生影响
开关电源	开关电源因其高效和紧凑而广泛应用,但在工作过程中,切换操作可能会产生高频噪声和瞬态电压尖峰。这些高频分量可以通过电源线传播,干扰其他设备的正常工作。尤其是在电源线较长的情况下,干扰可能会被放大
荧光灯和放电灯	荧光灯在点亮和熄灭时会产生瞬间高压脉冲,这种脉冲可以通过电源线传播,影响周围的电子设备。此外,荧光灯的镇流器在工作过程中也会产生电磁噪声
雷击和电网波动	雷击产生的瞬态电流会导致电网电压快速变化,形成瞬时过电压。这种过电压会沿电力线传播,导致其他设备受损或产生误动作。电网的电压波动,如突然的负载变化,也会产生电流干扰
电焊机	电焊过程中,电流的快速变化会在电源系统中产生干扰,影响相邻设备的正常工作。电焊机在启动和停机时,瞬时电流会引发明显的电磁干扰

　　任何种类的干扰都与干扰源的功率、频率有关。表 3.4 是常见传导干扰源的干扰频谱。测量表明,传导频谱为最低可测的频率到 1 GHz 以上的频谱。目前,对电子设备影响最大的传导干扰要数通过供电系统传导的干扰。这些干扰源通过电网可以将干扰信号传播到非常广的范围。

表 3.4　常见传导干扰源的干扰频谱

传导干扰源	频　谱	传导干扰源	频　谱
真空吸尘器	0.1 MHz～1.0 MHz	计算机逻辑组件	50 kHz～200 MHz
断路器凸轮触点	10 MHz～20 MHz	镇定接触器线圈脉冲	1 MHz～25 MHz
转换开关	0.1 MHz～25 MHz	镇定接触器通断周期	50 kHz～25 MHz
电源开关电路	0.5 MHz～25 MHz	多路通信设备	1 MHz～100 MHz
指令程序装置电源线	1.0 MHz～25 MHz	功率转换控制器	50 kHz～25 MHz
指令程序装置信号线	0.1 MHz～25 MHz	功率转换控制器恒定噪声	10 MHz～25 MHz
荧光灯	0.1 MHz～3 MHz	功率转换控制器瞬态	50 kHz～25 MHz
高压汞灯	0.1 MHz～1.0 MHz	功率转换控制器磁铁电枢	2 MHz～4 MHz

　　值得注意的是，辐射干扰和传导干扰往往是相互伴随并共同影响电子设备的性能。例如，数字设备在运行时产生的脉冲信号，会通过辐射干扰方式影响邻近设备的正常工作，同时这些信号也可能通过电源线引起传导干扰，影响整个电源系统的稳定性。另外，辐射干扰和传导干扰之间的相互作用也可能导致更为复杂的干扰现象。当辐射干扰较强时，它不仅可能直接影响其他设备的性能，还可能通过感应方式影响电源线中的电流，进而在传导路径上产生额外的噪声。反之，传导干扰的增强也可能增加辐射干扰的强度，因为传导路径上的高频噪声会增强辐射场的强度。

3.2.4　电路中常见的电磁干扰源

　　数字电路因利用高频方波脉冲进行工作，其高频谐波分量可以延伸到数百兆赫兹以上。另外，微处理器系统是利用脉冲信号来工作的，因此，外来骚扰脉冲可能对电路误触发。低电平高速脉冲数字电路既是骚扰源，又容易受到骚扰。

1. 数字电路中的高次谐波

　　就辐射发射而言，电磁干扰问题绝大多数由具有快速上升沿或下降沿时间的开关边沿造成，因为快速的上升沿或下降沿会产生丰富的谐波分量。在逻辑器件选择过程中，使用能够满足工作要求而上升沿时间最慢的器件，能使高次谐波的幅值最小，最大程度地减少因高次谐波造成的辐射。图 3.2 给出了上升沿时间分别等于 5 ns、32 ns 的 8 MHz 方波信号的谐波包络。从图 3.2(b)可以看出，在频率 100 MHz 左右的频点上，32 ns 上升沿的幅值比 5 ns 上升沿的幅值降低 20 dB。

　　因此，在电路设计过程中，在能满足应用条件的基础上，应尽量使用慢速逻辑系列的器件。对于任何快速逻辑系列器件的替代则需要慎重考虑，例如用 74AC 器件替代 74HC 器件。只有在电路中的器件必须以更高的速率工作的条件下，才应用快速逻辑器件，并保证时钟信号的应用局部化。但是，随着时代的发展，电子、电气产品的处理速度、工作频率总是越来越高，这也对工程师提出了更多电磁兼容方面的要求。

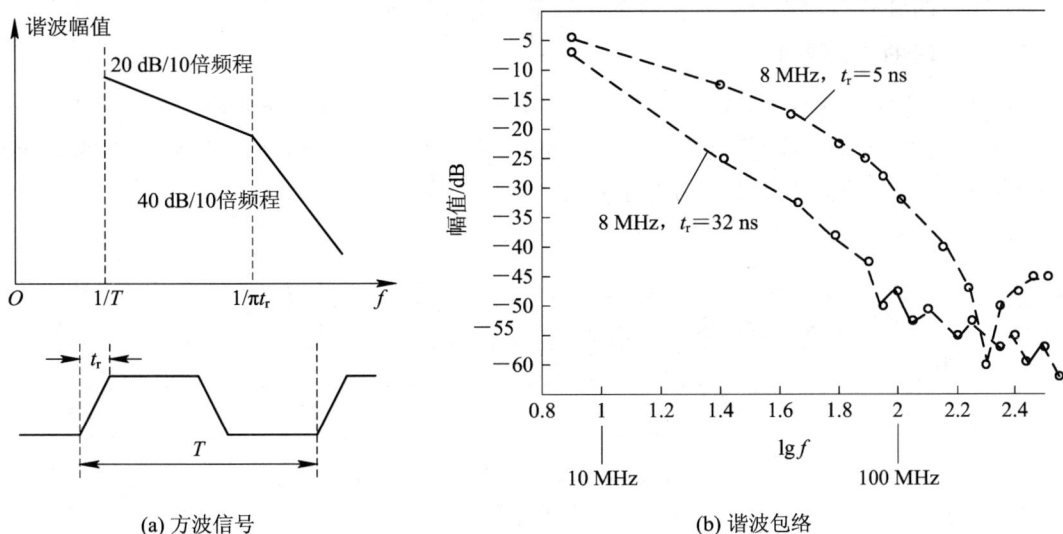

(a) 方波信号

(b) 谐波包络

图 3.2　方波信号及其谐波包络

2. ΔI 噪声电流的产生

在数字电路的信号完整性(signal integrity)问题中，一个很重要的组成部分是 ΔI 噪声电流问题，也称为地线跳跃(ground bounce)问题。

ΔI 噪声电流的产生和骚扰其他电路的基本机理如下：当数字集成电路在加电工作时，它内部的门电路将会发生"0"和"1"的变换，在实际电路中是输出高低电位之间的变换。在变换的过程中，该门电路中的晶体管(对于 TTL 电路是三极管，对于 CMOS 电路是场效应管)将发生导通和截止状态的转换，于是就会有电流从所接电源流入门电路，或从门电路流入地线，从而使电源线或地线上的电流产生不平衡，发生变化，这个变化的电流就是 ΔI 噪声的源，也称为 ΔI 噪声电流。由于电源线和地线存在一定的阻抗，其电流的变化将通过阻抗引起尖峰电压，并引发电源电压的波动，这个电源电压的变化就是 ΔI 噪声电压。由于在集成电路内，多个门电路共用一条电源线和地线，所以其他门电路将受电源电压变化的影响，严重时会使这些门电路工作异常，产生运作错误。这种 ΔI 噪声电流也可称为芯片级 ΔI 噪声电流。同时，在一块数字印制电路板上，常常是多个芯片共用同一条电源线和地线，而多层数字印制电路板则采用整个金属薄面作为电源线或地线，这样，一个芯片工作引发的 ΔI 噪声电流将通过电源线和地线骚扰其他芯片的正常工作，这就是电路板级 ΔI 噪声电流。

ΔI 噪声电压对数字电路有以下危害：

(1) 影响同一集成芯片内其他门电路的正常工作。如果 ΔI 噪声电压足够大，将使门电路的工作电源电压发生较大的偏移，从而使芯片工作异常，发生错误。

(2) 影响其他集成芯片的运行，一个芯片产生的 ΔI 噪声电压将沿着电源分配系统传导，从而使其他芯片工作异常，发生错误。

(3) 使门电路的输出发生波形扭曲变形，从而增加相连门电路的工作延迟时间，严重时可使整个电路的机器工作周期发生紊乱，导致工作错误。

随着集成电路运行速度日益提高，集成电路芯片和数字印制电路板的集成度日益增大，ΔI 噪声的骚扰日趋明显，对于目前广泛应用的 CMOS 电路更是如此。

3. 开关时的 I_{CC} 噪声

I_{CC} 噪声是数字电路中电源电流波动所引起的噪声，通常发生在高速开关电路中，特别是当集成电路内部多个晶体管同时开关时。此类噪声是电流的瞬时变化导致的电源电压扰动，主要表现为电源线或地线上的电流波动，如图 3.3 所示。

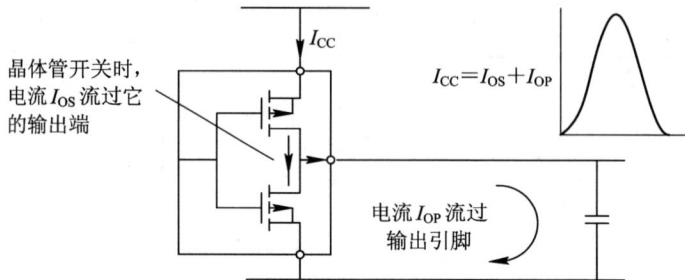

图 3.3 流过电源引脚的电流

当 IC 中大量逻辑门或晶体管同时从"关"状态切换到"开"状态时，瞬间的电流消耗会大幅增加。这种瞬时变化的电流被称为 I_{CC} 噪声，它与电路电源系统的阻抗有直接关系。由于电源线和地线存在不可避免的电感和电阻，电流的剧烈变化会在电源和地线中产生电压降，从而影响电路中的其他信号。

此外，开关频率越高，I_{CC} 噪声的影响就越显著。这是因为电流切换得越快，电路中的电感效应和寄生电容会导致更多的瞬态噪声。这些噪声不仅会引起电源电压波动，还可能在接地平面中产生电压偏移，影响整个系统的电源完整性(Power Integrity，PI)和信号完整性。

I_{CC} 噪声的存在会引发多种问题：

(1) 时钟抖动。高频噪声可能会影响时钟信号的准确性，导致时钟抖动，使得数字电路的同步性受到影响。

(2) 信号完整性下降。I_{CC} 噪声可能在信号传输线上产生不期望的干扰，导致信号失真，影响逻辑电路的可靠性。

(3) 逻辑错误。噪声可能会影响电路中的逻辑电平，引发逻辑判断错误，从而导致误触发或数据错误。

(4) 电源压降。在大电流的集成电路中，噪声可能导致瞬态电源压降，影响电路的稳定性。

I_{CC} 噪声与 ΔI 噪声相似，但通常更关注电路整体的电流消耗变化。这种噪声主要发生在芯片内部晶体管切换时，可能影响电源完整性，从而导致时钟抖动、信号退化、甚至可能引发逻辑错误。

为了减小 ΔI 噪声和 I_{CC} 噪声，工程师通常采取以下措施：

(1) 增加去耦电容。去耦电容用于滤除高频噪声，尤其是当数字电路中瞬时电流变化时。它们能够在噪声电流波动发生时提供瞬间电流，防止电源电压下跌。常见的方法是在电源和地之间添加多个去耦电容，不同容量的电容器组合可以滤除不同频率的噪声，电容值范围通常从纳法到微法。

（2）降低电源和地线阻抗。通过增大电源和地平面面积，减小它们之间的寄生电感和电阻，能够减少电流瞬变时产生的电压波动。优化 PCB 布局，在多层 PCB 设计中使用独立的电源和地平面，能显著降低 ΔI 噪声。

（3）使用低电感封装和布局。使用低电感封装的芯片和紧凑的 PCB 布局，能够减少电流瞬变时的电感效应，从而降低 I_{CC} 噪声。尽量缩短电源和地的连线长度、减小电源与负载之间的电感。

（4）优化电源分配网络（PDN）。优化电源分配网络是减少 ΔI 和 I_{CC} 噪声的关键方法之一。通过设计具有低阻抗的电源网络，可以降低噪声传播。采用均匀的电源分配和合理的电流路径设计，有助于减小噪声对电源网络的影响。

（5）采用滤波器。低通滤波器（如 LC 滤波器）用于消除电源上的高频噪声。滤波器的设计应针对系统中噪声的频率范围，以抑制 I_{CC} 噪声的高频分量。

（6）减小高频电流回路面积。在高速电路中，回路面积越大，感应出的噪声越多。因此，通过缩短高频信号的传输路径，优化回路面积，可以减小由电流变化产生的噪声。

（7）采用具有慢速上升/下降时间的驱动器。在开关频率较高的电路中，快速变化的电流会产生显著的 ΔI 噪声。采用上升或下降时间较慢的驱动器，或者限制驱动器的开关速度，能够有效减少瞬时电流变化，进而降低噪声。

（8）时钟优化。高速时钟信号是 I_{CC} 噪声的主要来源之一。通过减少时钟频率或使用更加稳定的时钟源，可以减小 I_{CC} 噪声。此外，屏蔽时钟信号线、减少时钟线长度、避免高频时钟的辐射等都是有效的设计手段。

（9）隔离敏感电路。对于敏感电路，将其与噪声源进行物理隔离，可以避免 ΔI 噪声和 I_{CC} 噪声的耦合。使用屏蔽、隔离电源和地平面，或将敏感电路和高噪声电路分离布置，能有效减小噪声干扰。

通过上述方法，可以显著减小 ΔI 和 I_{CC} 噪声对数字电路的干扰，确保电路的信号完整性和稳定性。

4. 时钟与宽带辐射

在数字电路中，主要的辐射源是处理器的时钟及其产生的谐波。在这些信号中，几乎所有的能量都集中在几个特定的频率上，因此，时钟信号的电平要比其他部分的数字电路的辐射高出 10～20 dB。因为在国际标委会发布的辐射发射标准中并不区分窄带还是宽带，所以首先应当尽量减少这些窄带发射，可以考虑使用合理的布局、接地或者时钟线的缓冲等方法；然后，重点考虑其他的宽带源，特别是数据总线/地址总线的背板、视频数据以及高速数据链路。

5. 传输线上的振铃

如果使用长线来传输数据或时钟，则必须对其进行端接来防止产生振铃。假若线路的阻抗和端接阻抗不匹配，就会使一部分信号沿着线路反射回去，在数字信号的过渡状态上产生振铃。若在驱动端仍有与此类似的不匹配，则进一步向接收器再次反射部分信号，如此往复。如果在严重振铃上产生的毛刺变化超过器件的输入噪声裕量，就会影响数据的准确传输。

除了对噪声裕量的影响之外，振铃本身也是一种辐射干扰源。振铃的幅度与线路任何一端的阻抗不匹配程度都有关；同时，振铃的频率依赖于线缆长度。在下列条件下，对于数字驱动器/接收器组合的情况，应当利用传输线理论来进行分析：

$$2 \times t_{PD} \times 线缆长度 > 过渡时间 \tag{3-1}$$

式中，t_{PD} 是线路的传输延迟，单位是纳秒/单位长度。

　　线路的传输延迟本身依赖于电路板材料的介电常数。走线的特性阻抗应当与源、负载的阻抗相匹配(相等)，对此，可能需要在走线任意一端增加元件来端接线路。大多数的数字电路数据与应用手册中都包括应用快速逻辑器件设计传输线系统的建议和公式。

3.3　耦　合　途　径

　　电磁干扰耦合途径可以简单分为辐射耦合和传导耦合。辐射耦合又可以分为天线与天线之间耦合、导线与场耦合和导线与导线耦合；传导耦合可以简单分为电容耦合、互感耦合和公共阻抗耦合，如图 3.4 所示。

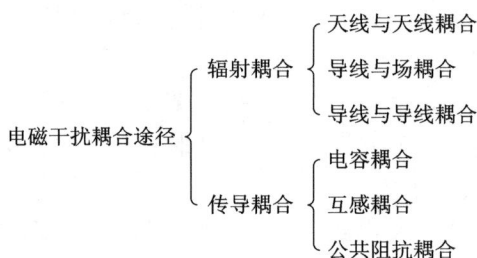

图 3.4　电磁干扰耦合途径分类

3.3.1　辐射耦合的三种方式

1. 天线耦合

　　天线与天线间的耦合，在这里简称为天线耦合，顾名思义，通过天线间的耦合达到传输，一端天线通过电磁波的形式传输信息，另一端天线接收。这种信号间的传输路径无论有意还是无意都被称为天线耦合。其中，对于无意的天线耦合必须给予足够的重视，因为这种耦合"天线"往往很难被发现，然而它却给高灵敏度电子设备和通信设备带来许多电磁干扰麻烦。

　　一个天线的信号可能会影响另一个天线的接收效果，导致信号混叠或失真，天线耦合的影响因素很多。距离越近，耦合效应越显著。天线间距离较近时，辐射耦合的效应会增加。不同类型的天线有不同的辐射模式和耦合特性。例如，指向性天线和全向性天线的耦合行为可能不同。

2. 场耦合

　　导线与场间的耦合，在这里简称为场耦合。当导线中有电流流过时，会产生电磁波，这些电磁波会以辐射的形式传播到周围环境中，在某些特定的条件下，即导线长度与传输电磁波信号的波长相匹配时，导线就作为天线，可以传输和接收电磁波信号。在接收信号后，这些电磁波可能会感应出电流，影响导线上的信号质量。

在这种耦合路径中，高频信号会导致更强的辐射耦合效应，因为高频信号的波长较短。导线的长度与形状也会在一定程度上影响辐射和信号接收能力，同时，导线周围的材料和结构（如金属屏蔽、绝缘体）也会影响耦合效应。

3. 导线耦合

导线与导线间的耦合，在这里简称为导线耦合。在电磁波信号波长与导线长度接近时，导线会发挥天线的作用，这种情况下，导线间的耦合就会发生。如果导线间有变化的电磁场，它可以在相邻的导线中感应出电流。这种感应效应通常在高频信号或长导线中更为明显。在这种情况下，导线之间的距离越近，辐射耦合效应越强。高频信号的波长较短，导致耦合效应更显著。导线的排列方式、长度和形状都会影响耦合程度。

3.3.2　传导耦合的三种方式

传导干扰是指干扰源距离比较近，干扰源经过耦合电容、耦合电感和公共阻抗的途径进入被干扰设备。传导耦合可以通过电源线、信号线、互连线、接地导体等进行。传导耦合主要分为电容耦合、互感耦合和公共阻抗耦合三种方式。

1. 电容耦合

近场区的感应场区内，也就是在 $r < \lambda/2\pi$ 的范围内，电磁干扰主要是通过传导耦合的途径发生作用的。电容耦合是由两平行导线的电场相互作用导致的，耦合模型和等效电路如图 3.5 所示。

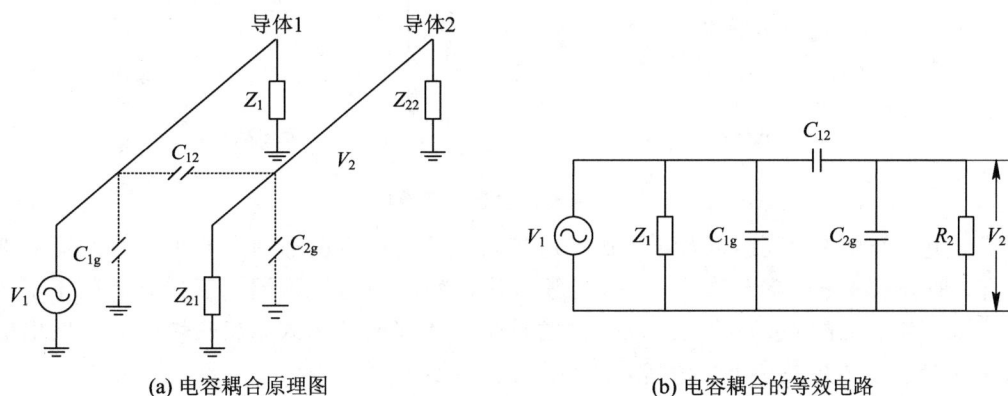

(a) 电容耦合原理图　　　　　　　　　　(b) 电容耦合的等效电路

图 3.5　电容耦合及其等效电路

导体 1 为干扰导体，在导体 1 上接有干扰源电压 V_1，导体 2 为被干扰设备，导体 2 两端分别接有负载 Z_{21} 和 Z_{22}。这种情形很普遍，例如导体 1 为高压输电线，而导体 2 为通信线；又如导体 1 为印制电路板上的时钟线，而导体 2 为印制电路板上的数据线。导体 1 对地平面有分布电容，单位长度的分布电容为 C_{1g}；导体 2 对地平面也有分布电容，单位长度的分布电容为 C_{2g}；同时，导体 1 和导体 2 之间也有分布电容，单位长度的分布电容为 C_{12}，C_{12} 称为耦合电容。显然，分布电容 C_{12} 把两个导体连在一个电路中，其等效电路如图 3.5(b) 所示。其中，$R_2 = Z_{21} /\!/ Z_{22}$。

当接收器输入阻抗 Z_1 一定时，V_2 和 $\frac{1}{j\omega C_{12}}$ 成反比；当 $\frac{1}{j\omega C_{12}}$ 一定时，V_2 和输入阻抗 Z_1 成正比。即 ω 大时 V_2 大；C_{12} 大时，V_2 也大。由此可以看出，减小电容耦合干扰电压的有效方法有三种：

(1) 减小传导干扰源的频率 ω，当频率 ω 很低时，传导干扰电容耦合可以忽略；

(2) 减小耦合电容 C_{12} 的电容值，当耦合电容 C_{12} 的电容值很小时，传导干扰电容耦合可以忽略；

(3) 减小接收器输入阻抗 Z_1 的值，当接收器输入阻抗很小时，传导干扰电容耦合可以忽略。

2. 互感耦合

互感耦合(有时也称为电感耦合)是由两电路的磁场相互作用导致的，互感耦合的形成过程是，干扰源的时变电流产生时变磁场，时变磁场产生时变磁通，这时变化的磁通在接收器的输入阻抗两端感应电压，这个感应电压就是干扰电压，耦合模型和等效电路如图 3.6 所示。

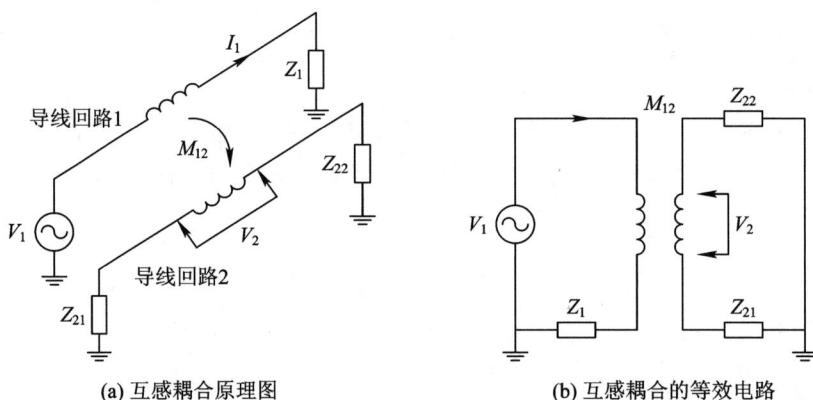

(a) 互感耦合原理图　　　　　(b) 互感耦合的等效电路

图 3.6　互感耦合及其等效电路

感应电压与频率、互感以及干扰源的电流成正比。互感耦合的主要形式有线圈和变压器耦合、平行双线间的耦合等。铁心损耗常常使得变压器的作用类似于抑制高频干扰的低通滤波器。因此，比较重要的互感耦合常常是平行双线间的形式。互感耦合的等效电路如图 3.6(b)所示。要想减小干扰电压，就必须尽量减少互感。

3. 公共阻抗耦合

公共阻抗耦合是指噪声源回路和受干扰回路之间存在着一个公共阻抗，噪声电流经过这个公共阻抗产生的噪声电压，传导给受干扰回路，公共阻抗耦合实质上是由地线存在阻抗导致的。每当源电路和被干扰电路共享各自电流路径的一部分时，都可能发生公共阻抗耦合，比如大型家用电器启动时灯光闪烁就是典型的公共阻抗耦合。

在如图 3.7 所示的两个简单电路中，每个电路都有自己的信号源、信号线和负载，但它们都共用一根线来接收信号返回电流。如果共用导线的阻抗为零，则每个电路负载电阻两端的电压将仅取决于该电路的源电压。然而，当电路 1 中有信号时，共用导线中的少量阻抗会导致 R_{L2} 上出现电压，反之亦然。

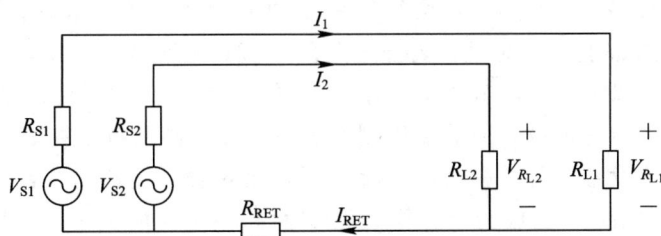

图 3.7　两个电路共享一个公共信号回路

　　这种现象称为串扰。串扰是一个术语，通常用于描述两个电路或系统之间的无意电磁耦合。虽然没有公认的串扰量化标准，但它通常表示为受害电路中的耦合电压与源极电路中的信号电压之比。在本例中，串扰计算公式如下：

$$串扰(dB) = \frac{电路 2 中接收器上出现的耦合电压}{电路 1 中的信号电压}$$

或者

$$X_{talk12} = 20\lg \left| \frac{R_{L2}}{R_{L1}} \right|_{\text{当} V_{S2}=0} \tag{3-2}$$

　　为了计算电路 2 中由于电路 1 中的信号而产生的串扰，设置 $V_{S2}=0$ 并确定比率 $V_{R_{L2}}/V_{R_{L1}}$。将基尔霍夫电压定律(KVL)应用于电路 2 的电流环路，有

$$V_{S2} + I_2 R_{S2} + I_2 R_{L2} + (I_1 + I_2) R_{RET} = 0 \tag{3-3}$$

设 $V_{S2}=0$，可以用 I_1 来表示 I_2，则

$$I_2 = \frac{-R_{RET}}{R_{S2} + R_{L2} + R_{RET}} I_1 \tag{3-4}$$

由于 $I_1 = V_{R_{L1}}/R_{L1}$，$I_2 = V_{R_{L2}}/R_{L2}$，所以可以用负载电阻两端的电压来表示公式：

$$\frac{V_{R_{L2}}}{R_{L2}} = \frac{-R_{RET}}{R_{S2} + R_{L2} + R_{RET}} \frac{V_{R_{L1}}}{R_{L1}} \tag{3-5}$$

此时，串扰可以表示为

$$20\lg \left| \frac{V_{R_{L2}}}{V_{R_{L1}}} \right| = 20\lg \left| \frac{-R_{RET}}{R_{S2} + R_{L2} + R_{RET}} \frac{R_{L2}}{R_{L1}} \right| \tag{3-6}$$

3.4　敏　感　设　备

　　在电磁兼容领域，被干扰对象通常被称为敏感设备。敏感设备是指那些容易受电磁干扰影响的电子和电气设备，这些干扰可能会导致设备性能下降或功能失效。常见的敏感设备包括计算机、通信设备、医疗仪器、精密仪器和低电压、小信号的电子元器件等。这些设备通常在高频、高速或低信号的工作环境中运行，对电磁环境的稳定性要求极高。敏感设备之所以容易受干扰，主要有几个原因。首先，许多敏感设备内部的电路对电压和电流的变化非常敏感，微小的波动都可能引起故障。其次，这些设备往往具有较高的增益和较宽的带宽，使得它们能够接收并放大周围的噪声信号。此外，许多敏感设备在设计时并没有充分考虑电磁兼容问题，因此在面对外部干扰时显得格外脆弱。

为了保护敏感设备，工程师通常会采取一系列的设计和防护措施。例如，使用适当的屏蔽材料可以减少外部电磁场对设备内部电路的干扰；设计良好的接地系统可以有效降低地回路引起的噪声；以及在电源输入端使用滤波器，以消除高频干扰信号。此外，对于某些特别敏感的设备，采用冗余设计或故障检测系统也可以提高其抗干扰能力。

总之，随着电子设备在各个领域的广泛应用，理解敏感设备的特性和潜在的电磁干扰源，采取有效的防护措施，已成为确保设备可靠性和稳定性的关键。尤其在高密度电路和复杂电磁环境中，工程师需要更加重视敏感设备的设计与保护，以保证它们在正常工作条件下的功能和性能。

3.5 共模干扰与差模干扰

在工程实践中，常用共模和差模干扰来分析、处理各种信号传输及干扰问题，这是因为它们可以帮助我们更好地理解、分析电路中的信号传输和干扰情况。通过分析共模和差模干扰，工程师可以更好地抑制干扰、优化信号传输和提高系统性能，确保电路的可靠性和稳定性。

3.5.1 共模干扰

共模干扰主要是指对地的干扰，如图3.8所示。共模干扰电流在电缆与大地之间形成的回路中流动。共模干扰电流既可以由设备外部因素在电缆上产生，也可以由设备自身因素在电缆上产生。由设备外部因素产生的共模电流是设备受干扰而出现故障或降级的原因；由设备内部因素产生的共模电流是设备传导发射或辐射发射超标的主要原因。

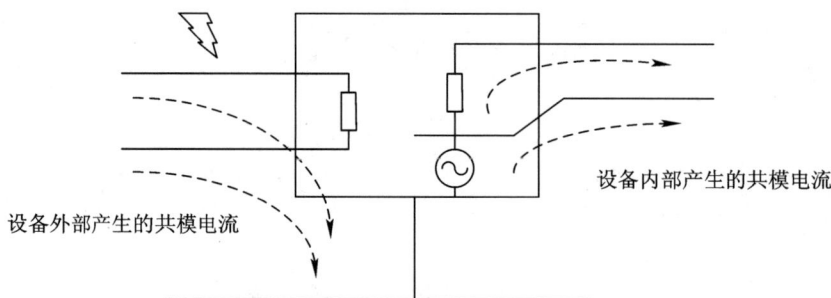

图3.8 共模干扰

1. 共模电流

本书将共模干扰电流定义为在导线与大地之间形成的回路中流动的电流，所有电流具有相同的幅度和相位。也有其他资料将共模电流定义为通过大地返回源的电流，而不要求它们必须等幅同相，也就是在导线中通过回流线返回源端以外的电流，都属于共模电流。

共模电流既可以基于设备外部因素在导线上产生，也可以基于设备自身因素在导线上产生。外部导致共模电流的因素主要是地线噪声电压和电磁场。除了这些因素以外，电磁波、雷电等空间干扰都会在电缆上感应出共模电压，从而产生共模电流，如图 3.9 所示。从图中可知，电磁场在两根导体上感应出的共模电压是相同的，但是由于两根导体对地之间的阻抗不同，所以就产生了不同的共模电流，不同的共模电流会导致差模电压，这就是电磁场对电路形成干扰的机理。

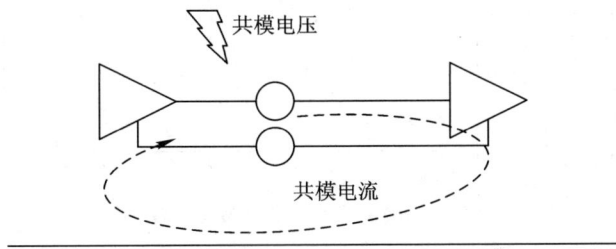

图 3.9　空间电磁波在电缆上引发的共模电流

2. 产生原因

产生共模电流的根本原因是导线与大地之间存在着共模电压，而产生共模干扰还有以下几点主要原因：

（1）外界电磁场在所有导线上感应出电压（这个电压在所有导线上相对于大地是等幅同相的），该电压会产生共模电流。例如，无线发射设备、雷电等空间干扰会在导线上感应出共模电压。

（2）导线两端设备的接地点电位不同，这个电位差就是共模电压，它会驱动共模电流在地环路中流动。这也就是常说的地环路问题。

（3）线路板上的信号地与大地之间有电位差，这就是共模电压。在这个电压的驱动下，电缆上产生共模电流。由于信号地线就是信号的回流路径，所以信号地线上的噪声电压较大，这种共模电压是电缆辐射的主要原因。

3. 共模干扰的特点

（1）外部因素在电缆上引发的共模电流本身并不会对电路产生影响，只有当共模电流转变为电路输入端的差模电压时，才会对电路产生影响。

（2）在电缆上产生共模电流时，电缆就会产生强烈的电磁辐射，造成设备不能满足电磁兼容标准中对辐射发射的限值要求，或者对其他设备造成干扰。

3.5.2　差模干扰

差模干扰就是差模干扰电流在信号线与信号地线之间（或电源线的火线和零线之间）流动。电缆中的差模电流主要以电路的工作电流为主。

1. 差模电流

差模电流就是电路工作所需的电流。在设计电路的时候，实际上就是对差模电流进行控制。从路径上定义，对于信号而言，差模电流就是在信号线与信号地线（回流线）之间流动的电流；对于直流电流而言，差模电流就是在电源线与电源地线之间流动的电流；对于交流电而言，差模电流就是在相线和中性线之间流动的电流。

差模电流也可以由外部因素导致，典型的情况如图 3.10 所示。外部电磁场在电缆中的导线形成的环路中感应出噪声电压,从而形成差模电流。但是,由于电缆中的导线之间的距离很近,形成的环路面积很小,所以感应出的电压一般很小。电磁感应电压与接收环路的面积成正比。

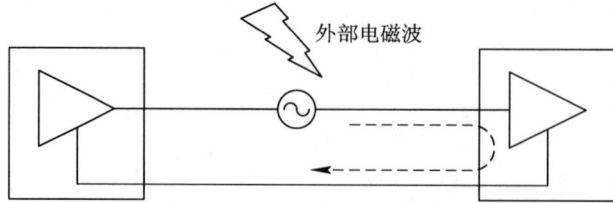

图 3.10   外部电磁场在电缆上引发的差模电流

2. 产生原因

(1)外部因素(地线电压、电容或电感耦合的共模电压等)在电缆上引发的共模电压,由于电缆所连接电路的不平衡性,导致了差模电流。

(2)为设备供电的电网连接了其他设备,这些设备产生的差模干扰电压导致了差模电流,典型的情况是感性负载通断时产生的脉冲干扰。

3. 差模干扰的特点

(1)外部因素在电缆上产生的差模干扰电流会直接影响设备的正常工作。

(2)设备内部电路在电缆中的导线之间产生的差模电流一般并不产生很强的辐射。

3.5.3   差模与共模之间的转换

电源线中的共模与差模干扰信号的区别如图 3.11 所示。

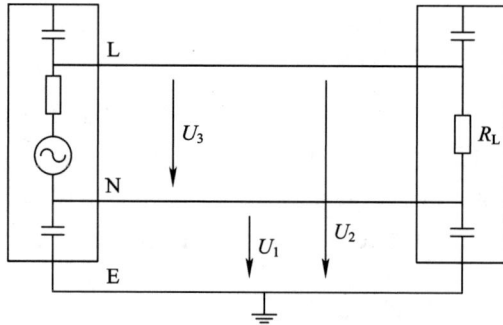

图 3.11   电源线中的共模和差模干扰信号

图 3.11 中,U_1 和 U_2 为共模干扰电压,U_3 在环路之间,为差模干扰电压。由电磁场对电路形成干扰的机理可知,当两根信号线对它们的环境呈现出不同的阻抗时,就会产生模式转换,如图 3.12 所示。

在图 3.12 中,差模电流 I_{DM} 流经负载 R_L,并产生期望的信号电压。共模电流 I_{CM} 不直接流经 R_L,而是经过阻抗 Z_A、Z_B,再经过外部地后流回来。阻抗 Z_A、Z_B 不是电路的元件,而是分布式寄生阻抗,通常为容性,但也并非总是如此,其取决于这样一些因素,例如 PCB 布线的表面积、元器件及它们与机架金属制品和设备其他部分的接近程度。如果

$Z_A = Z_B$，则共模电流 I_{CM} 不会在负载 R_L 上产生电压。但若它们不相等，则产生的电压与阻抗之差成正比，表示如下：

$$V_{\text{load\_CM}} = I_{CM} \times Z_A - I_{CM} \times Z_B = I_{CM} \times (Z_A - Z_B) \tag{3-7}$$

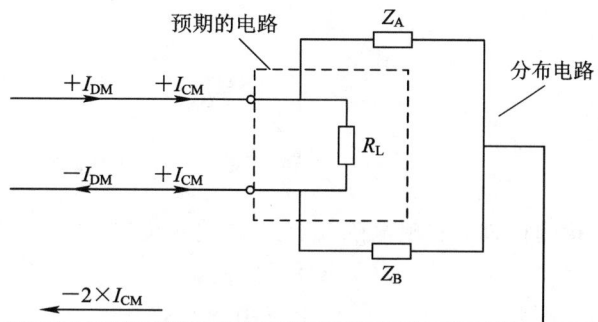

图 3.12　差模向共模转换

基于这一原因，携带高频干扰信号的电路，或对 RF 敏感的电路，最好以这种方式来设计：每一个导体的分布阻抗尽可能处于平衡；也可以使用共模扼流圈来阻止分布阻抗的不平衡及减小共模电流 I_{CM} 的大小。

3.5.4　差模与共模干扰的检测

目前有一种设备，在测量过程中可以将输入信号中的共模成分和差模成分有效地分离开来。这种设备被称为共模差模分离器，其作用在于通过特定的技术或算法，将共模信号与差模信号予以区分，使得干扰的成分和结果更加明确。使用示意图如图 3.13 所示。

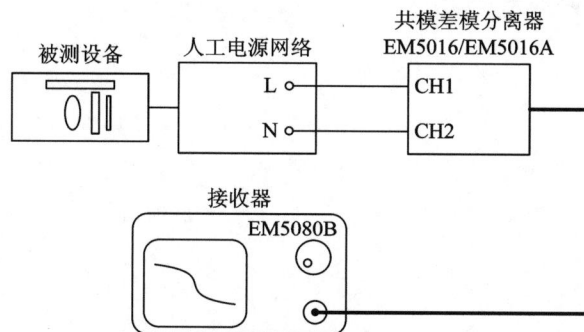

图 3.13　共模差模分离器使用示意图

当然，在产品设计中并非只有电磁兼容性需要考虑，还有一些更重要的因素，需要在电磁兼容设计时充分考虑。对于一个产品来说，成本是首要因素，因此，在电磁兼容设计时应当充分考虑价格因素，如对于线缆引起的辐射，应通过合理的结构布置以避免形成有效的天线结构，且尽量避免使用花费较高的抑制元器件。产品的外观和易用性也是一个重要因素，市场调查显示它是消费者选择购买某一产品的重要考虑，这在一定程度上限制了可采取的电磁兼容措施，如金属屏蔽机壳、尽可能减少开孔，这就需要采取一些替代措施。产品开发周期是又一个重要因素，新产品尽快投入市场对生产商是至关重要的，如果在开发后期突然发现产品有问题则可能延误工期，这时最重要的就是尽快找到问题的根源，以期采取补救措施,这就要求掌握有效的电磁兼容诊断分析技术。

总之,电磁兼容问题非常复杂,要想妥善地解决它,必须弄清其机理,进而采取合理的应对措施,而不能简单地把它看成一个黑箱。

习 题

一、单选题

3.1 根据电磁干扰的机理,实现电磁兼容的主要技术有( )。

A. 抑制干扰发射 　　　　　 B. 降低敏感度

C. 切断传导或辐射耦合 　　 D. 以上三项都有效

二、多选题

3.2 形成 EMI 的三要素是( )。

A. 发射设备 　　　　　 B. 敏感设备

C. 干扰耦合途径 　　　 D. 天线

三、简答题

3.3 什么是传导干扰,它有哪几种耦合方式?

3.4 请简述如何从形成 EMI 的三要素入手,解决电磁兼容问题。

3.5 请列举至少 5 种电磁干扰源,并阐述它们产生干扰的原理。

3.6 请简述什么是电弧。

3.7 请简述什么是振铃现象。

第4章

接地和搭接

在工程实践中，屏蔽、滤波、接地是实现电磁兼容的三大关键技术。这三者互为依存，密不可分。屏蔽技术通过物理屏障阻隔电磁干扰的传播，滤波技术则通过滤波器抑制或削减不需要的频率分量。然而，屏蔽和滤波效果的有效性都离不开良好的接地。接地技术不仅在电磁兼容中起到关键作用，也是确保电子、电气设备或系统能够正常工作、安全运行的基础手段。

接地不仅为设备和系统提供了一个稳定的零电位参考点，还有助于将积累的静电荷或雷电等瞬时过电压导入大地，从而保护设备和人身安全。同时，良好的接地还能有效降低电磁干扰，提高系统的抗干扰能力和稳定性。

本章将对接地和搭接技术进行详细探讨，涵盖其在各种电气环境中的应用，以及如何通过合理设计和施工来最大化接地效果，确保电子系统的可靠性和稳定性，实现产品的电磁兼容性。

4.1 接地的概念

接地是一项至关重要的措施，用于提高设备电路系统的稳定性，并防止电磁干扰对设备运行的影响。首先需要明确"地"的概念：它指的是电路或系统的电位基准面，即，相对电压零点。接地是指在系统与某个电位基准面之间建立低阻抗的导电通路。

地的含义通常有两种。一种是"大地"，也称为安全地。它以地球电位作为基准，将设备的金属外壳、电路基准点通过电缆、铜棒等导体与大地连接。这种接地主要提供一个放电通路，防止积累的电荷对设备造成损害，保护设备和人员安全。安全地必须与大地连接，以确保系统中的电荷能够安全释放。另一种是"系统基准地"，也称为参考地。例如设备外壳、金属底座、屏蔽罩、粗铜线、铜带等。这种接地主要为电路中的电压提供一个"零点"，类似于比较海拔高度时需要将海平面作为基准点一样。系统电路中的电压必须与基准点比较才有意义。例如，如果基准点电压为零，A 线路电压比基准点电压高 5 V，则 A 线路电压为 5 V；若基准点电压为 1 V，B 线路电压比基准点电压高 5 V，则 B 线路电压为 6 V。

这意味着参考地不一定要与大地连接，但通常，电子、电气设备参考地的接地面与大地往往是相连接的，主要基于以下三种原因：

(1) 为了使整个系统有一个公共的零电位基准面，并给干扰电压提供低阻抗通路，达到系统稳定工作的目的。

（2）为了使系统的屏蔽接地，取得良好的电磁屏蔽效果，达到抑制电磁干扰的目的。

（3）为了防止雷击危及系统和人体，防止电荷累积引起火花放电，以及防止高电压与外壳相接引起的风险。

正确的接地设计不仅能显著提高设备的电磁抗扰度，还能抑制电子、电气设备向外部发射电磁波。相反，错误的接地往往会产生相反的效果，甚至使设备无法正常工作。因此，接地设计是一个复杂且关键的设计任务。将接地设计纳入电磁兼容设计的初期，是应对电磁干扰问题最有效、最经济的方法。

4.2 地的常见分类

在实际设计接地时，根据具体情况的不同有许多接地方式。设计电路时，不同功能的电路之间的电位基准点各不相同，为防止它们互相干扰，且能相互兼容地有效工作，需要根据情况，根据电路的性质，将电路中"零电位"，即"地"，分为不同的种类，如图 4.1 所示。比如按目的分为安全地和信号地；按交直流分为直流地、交流地；按参考信号分为数字地（逻辑地）、模拟地；按功率分为信号地、功率地、电源地等；按与地的连接方式分为系统地、机壳地（屏蔽地）、浮地。对于不同的接地方式，在电路中应用、设计和考虑也不相同，应根据具体电路分别进行设置。

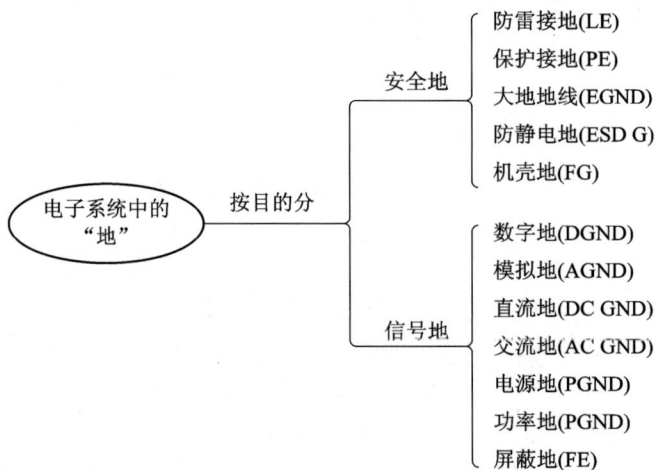

图 4.1 地的分类

4.2.1 安全接地

1. 安全接地的概念

安全接地是指使用低阻抗导体将系统的设备外壳与大地连接，以保护设备和人身安全。其主要目的是确保安全，因此这种接地必须通过接地点将地线真正连接到大地。理想情况下，接地面阻抗应为零；实际上，大地通常被视为理想接地面，其电位被视为零，以便多余的电流能够顺利流入大地，而不是在系统中积压。

2. 安全接地原理

许多家用电器，如冰箱、空调等大功率电器的电源插头都具有三个端子。插线板上三个孔分别对应火线、零线和地线。火线与零线间的标称电压为 220 V，零线和地线都与大地连接，但其功能有所不同。零线作为电源电流的回流线，与火线形成闭合回路；而地线在正常情况下不承载电流，仅用于安全接地。小功率电器的电源插头通常只有两个端子(零线和火线)，而未单独设置地线，这是出于成本考虑而省略了与大地的直接连接，零线同时承担了信号地和安全地的功能。

有些电气设备规定接地电阻必须小于一定值，这里的"地"具体指的是什么？为什么要求接地电阻要非常小？要全面理解接地的概念，需要先解答以上问题。实际上，这里的"地"指的是"安全地"，接地电阻必须足够小，以确保安全地能够有效地提供保护。以下通过图 4.2 来说明安全地的工作原理，其中，R_g 为电源线和机壳间的绝缘层电阻；R_H 为人体电阻；r 为机壳与大地的接地电阻。

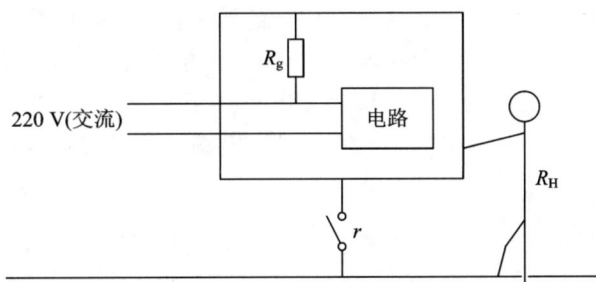

图 4.2　金属机箱的安全接地

在图 4.2 中，在机壳与电源间绝缘层良好的情况下，R_g 非常大，机壳上无电流，机壳产生的感应电压为

$$U = \frac{r}{r + R_g} V \tag{4-1}$$

式中，U 为机壳感应电压，r 为接地电阻，V 为电源电压。

可以看出在 R_g 很大的情况下($R_g \gg r$)，机壳感应电压 U 很小，即使人触碰机壳也不会有危险。但如果绝缘层老化或者破损，R_g 减小，在没有安全接地的情况下，即图中机壳的接地线断开，当人触摸机壳时，机壳-人体-大地就构成了一条电流路径。机壳上的感应电压 U 加到人体上，这时流过人体的电流大小取决于 R_H 的大小，如果人站在绝缘体上，R_H 很大，那么流经人体的电流 I 很小，就不会对人体造成伤害。但是如果人直接站在大地上，R_H 很小，流经人体的电流 I 就会很大，进而对人造成伤害。最危险的情况是机壳和电源短路，人体直接承受全部的电源电压，220 V 的电压会对人体造成严重的损害甚至危及生命。

而如果有安全接地，即使绝缘层破损，只要接地线电阻够小($r \to 0$)，机壳和大地可以视为同电位(机壳感应电压 $U \to 0$)，漏电电流可以直接通过安全地线流入大地而不经过人体，人体承受的电压和电流都大大减小，也就不会造成危险，从而保护了人员安全。因此，必须对金属外壳进行良好的安全接地，接地电阻越小越好，使机壳和大地尽可能等电位。

此外，安全接地还包括建筑物、输电线、高压电设备的接地，如图 4.3 所示。

图 4.3　高压电设备的防雷接地

　　此类接地也称为防雷接地，其目的是泄放雷击能量，防止雷电放电造成设施损坏和人身伤亡。例如建筑物上的避雷针就是这种应用，需要注意的是，当雷电击中避雷针时，避雷针的接地导体上流过很大的电流，会在周围产生很强的磁场，这个磁场会在附近设备的电缆上感应出很高的电压或很强的电流，导致设备工作不正常甚至损坏，通常称这种现象为浪涌现象。为了防止浪涌使设备损坏，在设备的电缆端口处一般都安装有浪涌抑制器件。

3. 安全接地的性能评价

　　人体的皮肤处于干燥洁净和无破损情况下，人体电阻可达 $40\sim100$ kΩ，当人体处于出汗、潮湿状态时，人体电阻可降到 1000 Ω 左右。通常，当人体流过 $0.2\sim1$ mA 的电流时，会感到麻电；流过 $5\sim20$ mA 电流时，会发生肌肉痉挛，不能自控脱离带电体；当电流大于几十毫安时，心肌则会停止收缩和扩张；如果电流与时间的乘积超过 50 mA·s，便会造成触电死亡。通常以电压表示安全界限，例如，一般家用电器的安全电压为 36 V，以保证万一触电时流经人体的电流小于 40 mA。

　　为了确保人身安全，必须将设备的金属外壳或机架与接大地的接地体相连。通常，接地体接大地的电阻要求不大于 4 Ω。万一设备漏电，当人体接触带电外壳时，大部分漏电流将被接地电阻分流，使流过人体的电流大大减小，保障人身安全。

　　安全接地的质量好坏关乎人身安全和设施安全，因此必须检验接地的有效性。接地的目的是使设备与大地有一条低阻抗的电流通路，方便漏电流散入大地，因此接地的性能评价主要取决于接地电阻的大小。而影响接地电阻的因素有很多，主要与接地装置、接地土壤状况以及环境有关。

　　接地装置也称为接地体，常见的有接地桩、接地网和地下水管等，通常把它们分为自然接地体和人工接地体两大类型。埋设在地下的水管、金属管道、电缆外皮以及建筑物埋设在地下或水泥中的金属结构等都属于自然接地体。一般来说，自然接地体与大地的接触面积更大，长度更长，接地电阻较小，往往比专门设计的接地体性能更好，但是表面腐蚀等使得自然接地体的电阻难以降低，无法精确控制其电阻值，因此现在多采用人工接地体，如图 4.4 所示。人工接地体是人工埋入地下的金属导体，常用的形式有垂直埋入地下的钢管、角钢和平放的圆钢、扁钢等。接地棒表面镀铜或锌，以防止金属生锈增大接地电阻。接地棒上端与地面上的金属结构件（如机箱、机柜或机房）相连，下端埋入地下 $3\sim4$ m。

图 4.4　人工接地体

　　为了减小接地电阻，有时将几个接地体连接起来构成组合接地体。例如接地栅网是由接地棒和电导网络组成的，接地棒与地面上的金属构件相连，同时和接地栅网连接在一起。如图 4.5 和图 4.6 所示，现代建筑在建造过程中就要考虑到接地线和接地网络的铺设，要先在地下铺设好接地网络，然后引出接地点以供建筑内电力系统接地。铺设接地网络时需要经过沟槽开挖及钻孔、铺设接地网、接地网连接引出线和回填等一系列流程。铺设好接地网络后，建筑的电力系统、避雷针通过接地点接入地下的网络，大电流经过网络的分散再进入大地，从而保护地面上的用电设备和人员安全。

图 4.5　铺设接地网络示意图

图 4.6　正在铺设的接地网络

4.2.2　信号接地

设备的信号接地，就是采用低阻抗的导线（或地平面）为各种电路提供具有共同参考电位的信号返回通路，使流经该地线的各电路信号电流互不影响，它为设备中的所有信号提供了一个公共参考电位。而信号接地中的"地"根据不同情况有不同的选择，有如下几种。

（1）模拟地。主要是用在模拟电路部分，如模拟传感器的 ADC 采集电路、运算放大比例电路等。在这些模拟电路中，由于信号是模拟信号，是微弱信号，很容易受其他电路的大电流影响。如果不加以区分，大电流会在模拟电路中产生大的压降，使得模拟信号失真，严重时可能会造成模拟电路功能失效。

（2）数字地。主要是用于数字电路部分，比如按键检测电路、USB 通信电路、单片机电路等。之所以设立数字地，是因为数字电路具有一个共同的特点，它们的信号都是离散型，只有高低电平之分，不像模拟信号有一个具体的大小，数字信号通常用数字"0"表示低电平，用数字"1"表示高电平，当然，实际情况中也可能反过来，如图 4.7 所示。

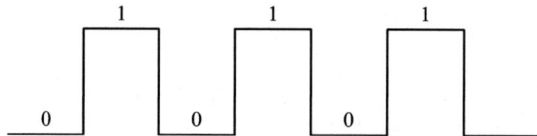

图 4.7　数字信号示意图

数字电路工作时，数字"0"电压跳变成数字"1"电压的过程中（或者由数字"1"电压跳变成数字"0"电压的过程中）电压产生了一个瞬间的变化，根据麦克斯韦电磁理论，变化的电流周围会产生磁场，也就形成了电路的 EMI 辐射。为了降低电路的 EMI 辐射影响，必须使用一个单独的数字地，防止数字电路干扰其他电路。

（3）功率地。无论是模拟地还是数字地，它们都是小功率电路，如果把它们和大功率电路，如电机驱动电路、电磁阀驱动电路等，接同一个地，则会出现地偏移现象。由于大功率电路中流入地线的电流较高，会导致地线的电压发生变化，即基准点发生变化，所以会导致小功率电路的电压也发生变化，比如参考点电压从零变成 1 V，那么原来 5 V 的电压会被识别成 6 V，有可能会造成小功率电路无法正常工作。因此，为了保证各个电路互不干扰，会给大功率电路一条单独的地，叫作功率地。

（4）电源地。电源地、模拟地、数字地和功率地都被归类为直流地。这些不同种类的地，最后都要汇集在一起，作为整个电路的零电压参考地，这个参考地叫作电源地。电源是所有电路的能量来源。所有电路工作需要的电压电流均来自电源。因此电源的地线，是所有电路的零电压参考点。电源地是系统电源零电位的公共基准地。由于电源往往同时供电给系统中的各个单元，而各个单元要求的供电性质和参数可能有很大差别，所以既要保证电源稳定可靠地工作，又要保证其他单元稳定可靠地工作。这就是为什么其他类型的地，无论是模拟地、数字地还是功率地，最后都需要与电源地汇集在一起。

（5）交流地。交流地一般存在于含有交流电源的电路系统中，如 AC-DC（交流转直流）电源电路。AC-DC 电源电路分为两个部分。电路中的前级是 AC 交流部分，电路中的后级是 DC 直流部分，这就被迫形成了两个地，一个是交流地，另一个是直流地。交流地作为交流电路部分的零电压参考点，直流地作为直流电路部分的零电压参考点。通常为了在电路中统一成一个地，工程师会将交流地通过一个耦合电容或者电感与直流地连接在一起。

（6）屏蔽地。屏蔽地也叫机壳地，是为防止静电感应和磁场感应而设计的，指将系统的可导电外壳接入地，避免设备受到外界电磁环境的干扰，造成设备工作的不稳定。如屏蔽电缆的屏蔽层通过接地与大地建立电气连接，形成一条无限大的接地回路，从而起到屏蔽的作用。屏蔽地主要是为了保证设备的信号传输质量，防止电磁辐射干扰。

4.2.3 地阻抗问题

信号地的种类无论再怎么变，其作用永远是不变的：提供电路基准。但是基准点这个定义与其说是信号地的定义，不如说是对地电位的一种假设。这个定义实际上并没有反映地的真实情况。也就是说，假设地上的电位是一定的，就以这个假设的基准电位作为整个电路的电位参考点。但是，实际电路中各个地上的电位并不是一定的，这就是地所导致的电磁干扰问题。

先思考这样一个问题：从信号源发送到负载的信号电流最终消失在哪里了呢？根据电流连续性定律，流进一个节点的电流总量总是等于流出这个节点的电流总量。但是，流进负载的电流，从哪里流出了呢？从信号源流出的电流又从哪里流回信号源呢？实际上，这些电流的路径就是地。只不过在画电路图的时候，没有专门画出地线，而是用一个地线符号来表示，所有的地线符号，即信号源地线与负载地线，在电路设计时都需要连接在一起，这自然构成了一个电流的回路。因此，信号地线更客观的定义应该是，地线电流流回信号源的低阻抗路径。在 4.2.1 节里提到的零线是电源电流回流线就是这个意思。

这个定义突出了电流的流动，反映了信号地线的真实情况。实际情况中，地线也是有阻抗的导体，当电流流过有限阻抗时，必然会在地线上产生电压降，因此地线上的电位不会相同，地线上靠近负载一端的电压一般会高于靠近信号源一端的电压。

这个事实反映了实际地线上的电位情况，这与电路设计中对地线电位的假设完全不同，从而揭开了地线干扰问题的面纱。另外，这个定义强调的是低阻抗路径。因为电流的一个特性就是总是选择阻抗最小的通路，地线电流也是如此。通常在设计线路板或进行系统组装时，只是随便地将所有的地线符号连接起来，可是需要思考的是，这种连接是否真正提供了一条阻抗最小的路径呢？实际上，我们所连接的地线并不一定是阻抗最小的路径，不同系统的地线长度不同，宽度不同，阻抗自然也不可能相同，把所有的地线随便接在一起可能会导致连接的地线不再是电路阻抗最小的通路了，也就是说，真正的地线并不一定是实际所连接的那样。

很多工程师并不知道地线电流的真实情况，一旦遇到地线导致的干扰问题，往往会感到莫名其妙，也很难找出一个方案来解决。这是因为，在没有认真进行地线设计的情况下，地线电流实际是处于一种不可控的状态，地线电流会自己打通一条阻抗最小的路径流回信号源，如图 4.8 所示。

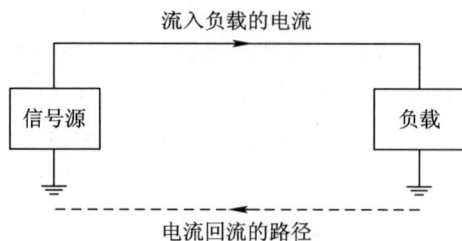

图 4.8　地线电流示意图

综上所述，地线是电流的回流路径，所以其对电磁干扰来说是相当重要的。地线导致的电磁干扰问题的实质如下：

(1) 地线电流及地线阻抗导致地线各点的电位不同，这与地线电位是一定的假设相矛盾，导致电路工作异常；

(2) 由于地线设计不当导致信号电流回路面积较大，这种面积较大的电流回路会产生很强的电磁辐射，导致辐射干扰的问题；

(3) 较大的信号电流回路面积会令电路之间的互感耦合增加，导致电路工作异常。

另外，较大的信号电流回路面积还会增加电路对外界电磁场的敏感性。因此，在电路设计时，要精心设计地线，做到"两小"：**地线阻抗要尽量小，地线环路面积尽量小**。地线阻抗要尽量小的目的是保证作为参考电位的地线电位尽量符合电位一致的假设。地线环路面积尽量小的目的是控制信号电流回路面积，从而减小天线效应。

4.2.4　接地方式

接地方式是指系统中各电路参考电位与接地点的连接关系。对于接地方式，要根据电路系统的功能和特点、干扰源的种类和分布情况来采用某种接地方式或多种接地方式的综合应用。不正确的接地方式不但不能改善系统的电磁兼容性，反而会导致系统不能正常工作，因此在进行电子产品系统设计时，要根据实际情况选择合适的接地方式。

1. 单点接地

工作频率低(小于 1 MHz)的电路通常采用单点接地式，把整个电路系统中的一个结构点看作接地参考点，所有对地连接都接到这一点上，并设置一个安全接地螺栓，以防止两点接地产生共地阻抗的电路性耦合。多个电路的单点接地方式又分为串联和并联两种。

1) 串联单点接地

串联单点接地是将一条公共接地线接到电位基准点，需要接地的部分就近接到该公共接地线上，如图 4.9 所示。通常，地线的直流电阻不为零，特别是在高频情况下，地线的交流阻抗比其直流电阻大，因此公用地线上 A、B、C 点的电位不为零，并且各接点电位受所有电路注入地线电流的影响。各接地点电位如下：

$$U_A = (I_1 + I_2 + I_3)R_1 \tag{4-2}$$

$$U_B = (I_2 + I_3)R_2 + U_A \tag{4-3}$$

$$U_C = I_3 R_3 + U_B \tag{4-4}$$

从抑制干扰的角度考虑，串联单点接地是性能最差的接地方式。但是这种接地方式的结构比较简单，各个电路的接地引线比较短，其电阻相对小，因此这种接地方式常用于设备机柜中的接地。如果各个电路的接地电平差别不大，也可以采用这种接地方式。

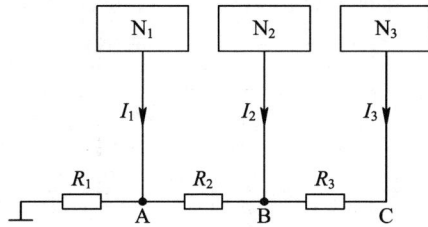

图 4.9　串联单点接地

多级电路采用串联单点接地时，接地点位置的选择是十分重要的。接地点应选在低电平电路的输入端，使该端最接近于基准电位。这样输入级的接地线也可缩短，使电路受干扰的可能性尽量减小。反之，若把接地点选在高电平端，则会使输入级的地相对于基准电位有大的电位差，接地线也最长，电路就容易受到干扰。

2）并联单点接地

并联单点接地是将需要接地的各部分分别以接地导线直接连到电位基准点，一般是直流电源的负极或零电压点，如图 4.10 所示。则三个接地点的电压如下：

$$U_A = I_1 R_1 \tag{4-5}$$

$$U_B = I_2 R_2 \tag{4-6}$$

$$U_C = I_3 R_3 \tag{4-7}$$

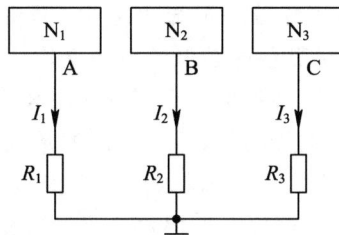

图 4.10　并联单点接地

可见，因各电路间的地电流互不干扰，各接地点的电位也不受其他接地点电位的影响。因此，并联式单点接地是低频电路最佳的接地方法。

并联单点接地方式在低频时能有效地避免各电路单元间的地阻抗干扰，其缺点是接地线又多又长，会导致设备体积增大，重量增加，成本提高。而且在高频时，相邻地线间的电感性耦合和电容性耦合增强，易造成各单元间的相互干扰。

2. 多点接地

随着电磁干扰或信号的频率提高，即使较短的一段地线也有较大的阻抗，而且由于分布电容的作用，实际上也很难实现"单点接地"。若系统的工作频率很高，以致工作波长缩短到与系统的接地平面的尺寸或接地引线的长度可相比拟时，就不能再采用单点接地方式了。因为当地线的长度接近四分之一波长时，它就像一根终端短路的传输线，地线上的电流、电压呈驻波分布，地线变成了辐射天线，而不能起到"地"的作用。因此，在高频（大于

10 MHz)时应该采用多点接地。

多点接地是指电子设备或系统中各个接地点都直接接到距它最近的接地平面上,以使接地引线的长度最短。高频电路的多点接地如图 4.11 所示。

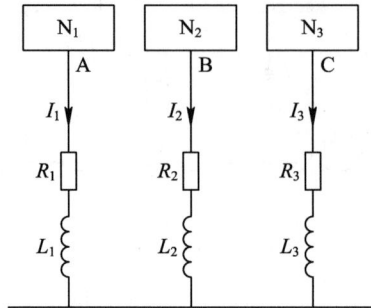

图 4.11   多点接地

各个接地点的电位如下:

$$U_A = I_1(R_1 + j\omega L_1) \tag{4-8}$$

$$U_B = I_2(R_2 + j\omega L_2) \tag{4-9}$$

$$U_C = I_3(R_3 + j\omega L_3) \tag{4-10}$$

这里所说的接地平面可以是设备的底板,也可以是贯通整个系统的接地母线。在比较大型的系统中,还可以是设备的结构框架。在高频时应尽可能减小接地线的长度,使其高频阻抗减至最小。另外,高频电子设备往往以镀银底板作为接地母线,以减小表面阻抗,便于设备内各级电路就近直接与它相接,达到低阻抗要求。

多点接地可使可能出现的高频驻波现象显著减少。但是,采用多点接地以后,设备内部就形成了许多地线回路,它们对设备内较低的频率会产生不良影响。

对任何给定的设备或分系统,上述的低频和高频如何区分呢?若在所关心的最高频率上,即在由 $\lambda(m) = 300/f(MHz)$ 决定的最短波长上,所需的最长连接线的长度 $L > \lambda/20(m)$ 时,则属于高频,应采用多点接地方法。反之,则采用单点接地方法。或者是采用经验法则:频率低于 1 MHz 时,采用单点接地较好;频率高于 10 MHz 时,应采用多点接地。对于 1~10 MHz 的频率而言,只要最长接地线的长度小于 $\lambda/20$,则可采用单点接地方案以避免公共阻抗耦合。

3. 混合接地

有时,利用电容、电感等元件在不同频率下具有不同阻抗的特性,可构成混合接地系统。这样,可以使系统对于不同频率的信号具有不同的接地结构。

当采用电感接地时,由于电感低频时阻抗很小,高频时阻抗很大,所以这种地线在低频时相当于是连通的,在高频时相当于是断开的。

当采用电容接地时,由于电容低频时阻抗很大,高频时阻抗很小,所以这种地线在低频时相当于是断开的,在高频时相当于是连通的。

例如,一个系统在受地环路电流的干扰时,将设备的安全地断开,切断了地线环路,可以解决地线环路电流干扰,但是为了防止金属机箱带电,机箱必须接到安全地上。图 4.12 所示的接地系统解决了这个问题。对于频率较高的地环路电流,由于感抗很大,地线相当于是断开的；而对于 50 Hz 的交流电，电感的感抗很小，机箱都是可靠接地的。采用这种方式时，要注意接地电感的电流容量要大于熔断器或漏电保护器的动作电流，以防止电流过大烧毁地线电感。

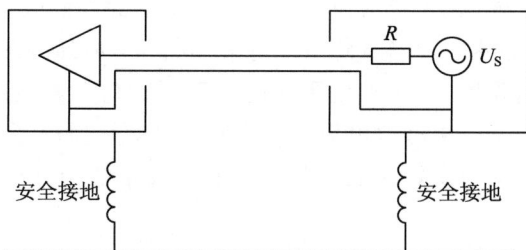

图 4.12　低频多点接地、高频单点接地

再如，当一个系统工作在低频状态时，为了避免地线环路干扰问题，需要系统串联单点接地。为了避免系统暴露在高频强电场中时，电缆受到电场的干扰，可以使用屏蔽电缆，并将屏蔽电缆多点接地，屏蔽电场的屏蔽电缆必须将屏蔽层接地，并且当电场频率较高时，需要多点接地。图 4.13 所示的接地结构解决了这个问题。

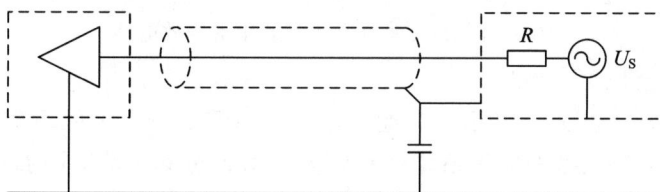

图 4.13　低频单点接地、高频多点接地

在实际工程中，利用电感和电容在不同频率下阻抗不同的特点，实现不同接地结构的例子很多。例如，将电路板的信号地与机箱用小电容连接起来，则线路板与机箱之间对于直流是断开的，而对于高频干扰电流相当于是连通的。

4. 悬浮接地

悬浮接地简称为浮地，是指系统的地与大地不直接连接，而通过变压器耦合或者直接不连接，处于悬浮状态，即，设备的地线系统在电气上与大地相绝缘。这样可以减小由地电流引发的电磁干扰。图 4.14 所示为系统地悬浮的情形，各个电路与系统地连通，但与大地绝缘。

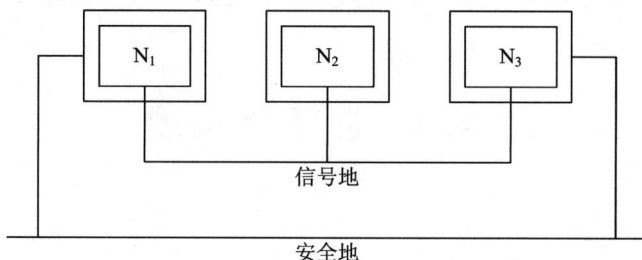

图 4.14　悬浮接地

使用悬浮接地方式时应尽量提高浮地系统的对地电阻，确保系统地和大地之间没有导电通路，从而有利于降低进入浮地系统中的共模干扰电流，保证系统的可靠性。具体原理如下：若浮地系统对地电阻很大，对地分布电容很小，则由外部共模干扰引起的流过电子线路的干扰电流就很小。图 4.15 所示为共模干扰作用下的等效电路，来自电源等的外部干扰电压 U_N，通过表示电磁感应和静电感应的等效阻抗 Z_1 加到电源变压器、电缆屏蔽层或外壳上，在受干扰部分的阻抗 Z_3 上产生干扰电压 U_0，此电压经线路间的分布电容 C_d 耦合到电子线路，经对地电阻 R_G 和对地电容 C_G 流回大地，并使电子线路的对地电位发生波动。若 R_G 很大、C_G 很小，即良好浮地，则流过电子线路的干扰电流就很小，其影响可以忽略。

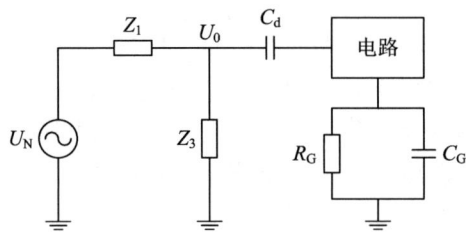

图 4.15　悬浮地在共模干扰下的等效电路

悬浮接地应注意以下几点：

（1）浮地的有效性取决于实际的对地悬浮程度，浮地方式不能适应复杂的电磁环境。研究结果表明，一个较大型的电子系统因有较大的对地分布电容，因而很难保证真正的悬浮；当系统基准电位因受干扰而不稳定时，对地分布电容上会出现位移电流，使设备不能正常工作。

（2）低频、小型电子设备容易做到真正的绝缘，随着绝缘材料的发展和绝缘技术的提高，普遍采用浮地方式。大型及高频电子设备则不宜采用浮地方式。

（3）浮地系统地和大地之间会构成一个"大电容"，即系统地充当一极板，大地充当另一极板，此电容叫作寄生电容，高频干扰信号通过寄生电容仍然可能耦合到浮地系统之中，在设计时需要注意。

（4）悬浮接地必须与屏蔽、隔离等电磁兼容性技术相互结合应用，才能达到更好的预期效果。

（5）采用悬浮接地时，系统容易积累静电，当发生雷击或静电感应时，在电路与金属箱体之间会产生很高的电位差，可能击穿绝缘较差的部位，甚至引起电弧放电。

4.3　地环路问题

4.3.1　地环路的概念

当两台设备通过较长的电缆连接时，就可能会引发地线环路干扰现象，简称为"地环路干扰"。地环路干扰会造成设备的工作异常，严重时，甚至会造成整个系统瘫痪。顾名思义，地环路就是一个物理环路，产生于电路之间的多个接地路径，如图 4.16 所示。

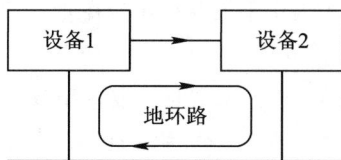

图 4.16　地环路：设备 1—连接电缆—设备 2—地线

两个不同的接地点之间有一定的电位差，地环路的存在会促使接地电流与地电压产生，如果两台设备间的地线过长，那么地电压会过大，且变成直接加到电路上的共模电压，进而形成地环路干扰，如图 4.17 和式（4-11）所示。

$$U_G = I_G Z_G = (I_S + I_G)Z_1 + (I_S - I_G)Z_2 \qquad (4-11)$$

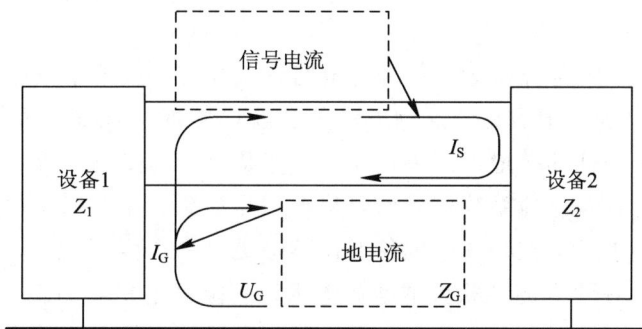

图 4.17　地环路干扰模型

形成地环路问题的原因，通常有如下 3 个：

（1）设备 1 和设备 2 的接地点不同。如果两个设备的接地点的电位不同，那么就会在两个设备的接地点之间形成电压。在这个电压的驱使下，在设备 1—连接电缆—设备 2—地环路中产生电流。在地线设计不良的建筑物中，通常会发生这种情况。由于它的地线阻抗较大，当电流流过地线时，就会产生电压降。

（2）当一个设备的地线上电压较大时，这个电压就会驱动地环路电流。这也是一种比较常见的情况，产生这种情况的原因，有如下 3 个：

① 电路的地线电流。假如，在应用开关电源的设备中，一般都接有电源线滤波器，开关电源的干扰电流会通过滤波电容流进安全地。由于开关电源的工作频率比较高，如 40 kHz，在这个频率上，地线呈现较大的阻抗，这个电流就会在这段地线上产生电压降。当地线的长度为 10 m 时，它的内电感约为 10 μH，对于 40 kHz，地线的阻抗约为 2.5 Ω，如果电流为 10 mA，则地线电压为 25 mV。这个电压就能够让一个灵敏度比较高的模拟系统产生干扰问题。

② 静电泄放电流。当机壳上产生静电放电时，放电电流会流过安全地线。由于静电放电的瞬间电压极高，且放电时间极短，尽管电流值不大，其高频特性和瞬时能量仍然能够对敏感电子设备产生严重的干扰或损坏。

③ 浪涌泄放电流。当电源线上出线浪涌电压时，浪涌抑制器就会发生放电，将浪涌能量旁路到大地，浪涌电流(最高可达几千安培)就会在地线上产生电压。由于这种电压可能很高，严重时可对电路造成干扰。

(3) 当互联设备工作在较强的交变磁场时。根据电磁感应理论，交变磁场会在这个回路中产生感应电压 $U=L(\mathrm{d}\varPhi/\mathrm{d}t)$，其中，$\varPhi$ 为磁通量，L 为回路的电感。由于这个感应电压的作用，在图 4.16 所示的环路中就会感应出环路电流。

4.3.2 抑制地环路干扰的技术手段

抑制地环路干扰和接地点位置及接地点个数有直接关系，因此在进行接地设计时，必须选择合适的接地方式，同时应尽量减小公共地阻抗，除了这些通用方法外，还可采用专门的技术手段，进一步抑制地环路干扰。

1. 悬浮接地

根据 4.2.4 节可知，悬浮接地是一种将电路设备与公共接地平面或可能引起回路电流的公共导线进行隔离的接地方法，这种方法能让各电路的接地面互相隔离而无公共地平面，进而消除各级电路间的接地电压差的干扰。但是对于大型系统而言，想要做到完全的隔离是很难实现的，而且浮地系统容易出现静电积累现象，静电积累过多会产生具有强大放电电流的静电击穿现象，这种放电现象不仅危险更是一个强干扰源，因此通常会在浮地系统和大地之间接入一个电阻值很大的泄放电阻以消除静电积累的影响。这种方法只适用于低频电路，当频率升高时，由于分布电容的存在会导致系统和大地之间不再隔离，所以这种方法不适用于高频。

2. 使用差分放大器

差分平衡电路是通过检测加在电路两输入端的电压差值来工作的，这种特性使其对共模电压干扰不敏感。这种电路设计有效地避免了共模干扰的传播，尤其是由地环路引起的噪声干扰。地环路通常是不同设备的地电位差导致的电流循环，而差分放大器通过只处理差模信号而完全屏蔽了这种干扰效应，从而确保电路的稳定性和可靠性。

3. 切断两电路的电气连接

通过切断两电路之间的直接电气连接，可以有效消除地环路问题。常用的方法包括使用隔离变压器或光耦隔离器等隔离手段。隔离变压器通过磁场的方式传递信号，而光耦隔离器则通过光信号实现两电路之间的隔离。两者的共同特点是使电路两端没有物理导电连接，从而彻底消除了地环路路径，避免因地电位差引发的共模干扰。如图 4.18 所示，差模信号通过隔离变压器的磁信号或光耦隔离器的光信号传递到另一端，确保信号完整性。

当利用隔离变压器进行两个设备之间的连接时，地线上的干扰电压会形成于变压器的初级、次级之间，而不是在电路 2 的输入端。用变压器隔离的缺点是体积大、成本高，并且还不能传输直流。另外，由于变压器的初级、次级之间有分布电容，所以高频时的隔离效果不是很理想。设初级、次级之间的分布电容是 C_{P}，则 R_{L} 上的噪声电压为

$$U_N = U_G \left[\frac{R_L}{\left(R_L + \dfrac{1}{j\omega C_P} \right)} \right] = U_G \left[\frac{j\omega C_P R_L}{(1 + j\omega C_P R_L)} \right] \qquad (4-12)$$

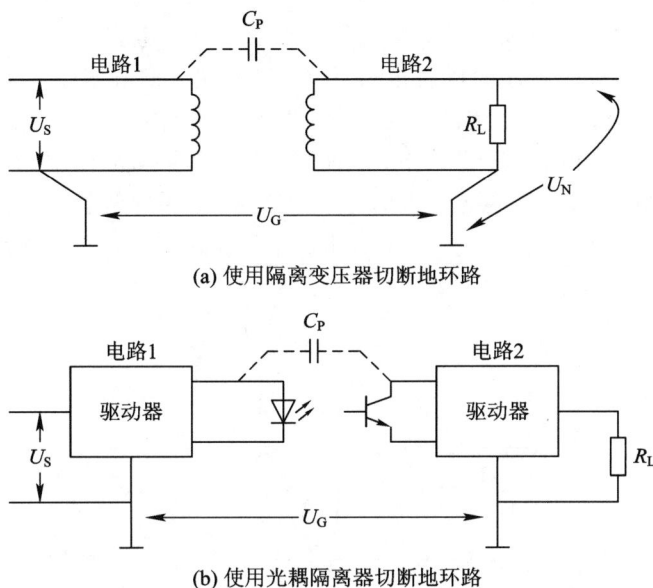

(a) 使用隔离变压器切断地环路

(b) 使用光耦隔离器切断地环路

图 4.18　使用隔离变压器或光耦隔离器切断地环路

4.4　常见的系统接地

4.4.1　屏蔽电缆的接地

　　屏蔽电缆是使用金属网状编织层把信号线包裹起来的传输线，通常由绝缘层、屏蔽层、信号导线组成，是为了减少外电磁场对电源或通信线路的影响，而专门采用的一种带金属编织物外壳的导线，如图 4.19 所示。这种屏蔽电缆也能防止线路向外辐射电磁能。

图 4.19　屏蔽电缆

　　屏蔽电缆的屏蔽层主要由铜、铝等非磁性材料制成，并且厚度很薄，远小于使用频率上金属材料的集肤深度，屏蔽层的效果主要不是由金属导体本身对电场、磁场的反射、吸收产生的，而是由屏蔽层的接地产生的，接地的形式不同将直接影响屏蔽效果。

1. 屏蔽电缆对电场干扰的屏蔽

由于两根平行导线之间的电场耦合会产生串扰，如图 4.20 所示，设其中一根为屏蔽电缆，并接在敏感电路中。设导体 2 对屏蔽电缆屏蔽层的耦合电容为 C_{2S}，而屏蔽层对内导线的耦合电容为 C_{1S}，屏蔽层对地的耦合电容为 C_{SE}。可见，源导线上的骚扰电压 V 会通过 C_{2S} 耦合到屏蔽层上，再通过 C_{1S} 耦合到芯线上。如果屏蔽层接地，C_{SE} 被短路，则 V 通过 C_{2S} 被屏蔽层短路至地，不能再耦合到芯线上，从而起到了电场屏蔽的作用。屏蔽层的接地点通常选在屏蔽电缆的一端，称为单端接地，也称为单点接地。如果屏蔽层不接地，其面积比普通导线大，耦合电容也大，产生的耦合量大，那么将比不用屏蔽电缆时产生更大的电场耦合。

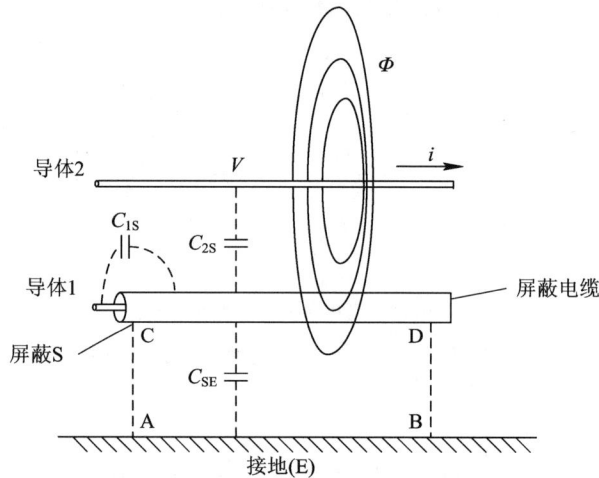

图 4.20 导体 2 对导体 1 屏蔽电缆的耦合

2. 屏蔽电缆单点接地原则

考虑两个导体间产生的电磁感应，导体 2 通过电流 i 会产生磁通 Φ。如图 4.20 所示，将 A 点与 C 点、B 点以及 D 点分别用线连接起来，这样就构成 ACDB 回路。磁通 Φ 感应到该回路，产生电压 e：

$$e = \frac{\mathrm{d}\Phi'}{\mathrm{d}t} \tag{4-13}$$

式中，Φ' 为与回路连接的磁通，AB 越长或 AC、BD 的长度越长，Φ' 就越大，e 也随之变大。因此，环路中将存在共模电压。再者，若 A 点与 B 点不等电位，也会形成共模电压。这就是 4.3 节所述的典型地环路问题。为了避免屏蔽电缆两点接地引起的地环路问题，就应该避免形成回路。就图 4.20 而言，断开 AC 或 BD 其中的一方，就能避免形成回路。若不形成回路，也就不存在共模噪声的耦合。这就是屏蔽电缆的"单点(端)接地原则"。

3. 屏蔽电缆对磁场干扰的屏蔽

设屏蔽层中流有均匀的轴向电流 I_S，产生的磁通为 Φ，则屏蔽层电感可表示为

$$L_S = \frac{\Phi}{I_S} \tag{4-14}$$

由于屏蔽层上电流产生的磁通 Φ 全部包围着芯线，所以屏蔽层与芯线之间的互感等于

屏蔽层的自感,因此,

$$M = L_{\mathrm{S}} \tag{4-15}$$

设 U_{S} 是骚扰电压源,电流 I_1 流过芯线,如图 4.21 所示,L_{S} 和 r_{S} 分别为屏蔽层的电感和电阻。如果屏蔽层不接地或只有一端接地,屏蔽层与地无电流环路,电流经地返回。当屏蔽层两端接地,接地点为 A 点和 B 点,I_1 在 A 点将分两路到达 B 点,即 I_{S} 和 I_{G},再回到源端。

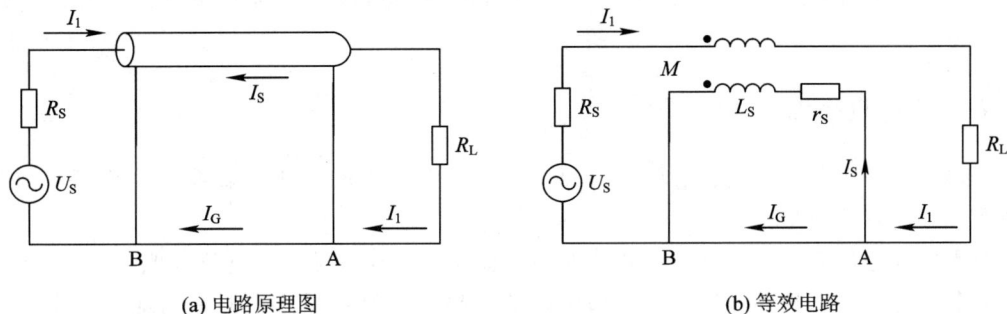

(a) 电路原理图　　　　　　　　　　　(b) 等效电路

图 4.21　屏蔽电缆的磁场屏蔽

屏蔽层中的电流 I_{S} 为

$$I_{\mathrm{S}} = \frac{\mathrm{j}\omega M I_1}{\mathrm{j}\omega L_{\mathrm{S}} + r_{\mathrm{S}}} \tag{4-16}$$

若上式中 $M = L_{\mathrm{S}}$,则有

$$I_{\mathrm{S}} = \frac{\mathrm{j}\omega L_{\mathrm{S}} I_1}{\mathrm{j}\omega L_{\mathrm{S}} + r_{\mathrm{S}}} = \frac{\mathrm{j}\omega I_1}{\mathrm{j}\omega + \omega_0} \tag{4-17}$$

式中,$\omega_0 = r_{\mathrm{S}}/L_{\mathrm{S}}$ 为屏蔽层截止频率。当 $\omega \gg \omega_0$ 时,$I_{\mathrm{S}} \approx I_1$,$I_{\mathrm{G}} \approx 0$,$I_1$ 几乎全部经由屏蔽层流回源端,屏蔽层外由 I_1 和回流产生的磁场大小相等,方向相反,因而互相抵消,抑制了骚扰源的向外辐射。类似地,当干扰源为外部磁场时,根据楞次定律,外部变化的磁场会引起图 4.20 中 ACDB 回路磁通量的变化。为了阻碍这种磁通量的变化,屏蔽层中会产生感生电流。这个感生电流产生的磁场方向与外部磁场的变化方向相反,从而起到抵消外部磁场的作用,减少外部磁场对芯线的影响。

因此,屏蔽电缆需要对高频磁场干扰进行屏蔽时,须采用两点或多点接地。

对于低频磁场而言,即当频率没有远大于屏蔽层截止频率时,由式(4-17)可知,一部分电流将作为 I_{G} 流过。假如把电路一端的接地去除,屏蔽电缆的另一端接地,如图 4.22 所示,那么所有的返回电流全部流经屏蔽层,效果将会优于两点接地或多点接地。

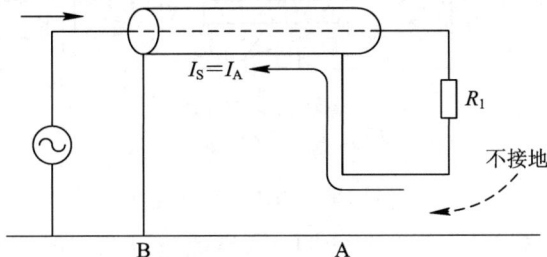

图 4.22　屏蔽电缆单端接地

4. 三轴式屏蔽电缆

屏蔽电缆单点接地可以解决地环路问题，然而，这会使电缆充当高频天线并容易受到射频干扰。

三轴式屏蔽电缆是拥有双层屏蔽层的电缆。在芯线外有两个互相绝缘的屏蔽层，内屏蔽层用作信号回流线，采用单点接地，以防止地环路干扰；外屏蔽层两点接地，流过地环路电流，不会影响信号回路。因此，采用三轴式屏蔽电缆可以完美弥补单点接地和两点接地存在的不足。

4.4.2　电源的接地

电源为整个电路提供电流，堪称电路的心脏，电源受的干扰会影响整个电路，因此电源必须进行良好的接地。

电源接地通常有两种方法：公共接地，即通过接地网络或设备机壳接地；单点接地，即单独为电源铺设一条地线。公共接地法可以节省导线和铺线成本，但是当地线上电流较大时，会导致地线上产生电压差，地线不再是标准的零电位，会对电路系统中的电平信号产生影响，产生潜在的干扰问题，因此此方法通常用在对电平信号精度要求不高的大型电力系统中。在对信号精度要求高的信号电路中，将电源单点接地，不构成复杂的接地网络，尽可能避免引起电磁不兼容的接地环路和公共阻抗，减少干扰风险。

4.4.3　继电器的接地

继电器是一种当输入量到达某一定值时，其输出即接通或断开的控制回路。数学表述为：当输入量 X 到达阈值 a 之前，输出量 Y 一直是 0；当 X 增大到 a 后，Y 变为 1；此后无论 X 再怎么增大，Y 的输出量一直不变；当 X 下降到小于 a 时，Y 就变回 0。这叫作继电器的继电特性。

如图 4.23 所示，继电器通常接在电源处以控制整个电路的导通和切断。继电器一般由铁芯、线圈、衔铁、触点簧片等组成。原理是使用电磁效应实现衔铁和铁芯的接触和断开，从而控制电路的导通和切断。

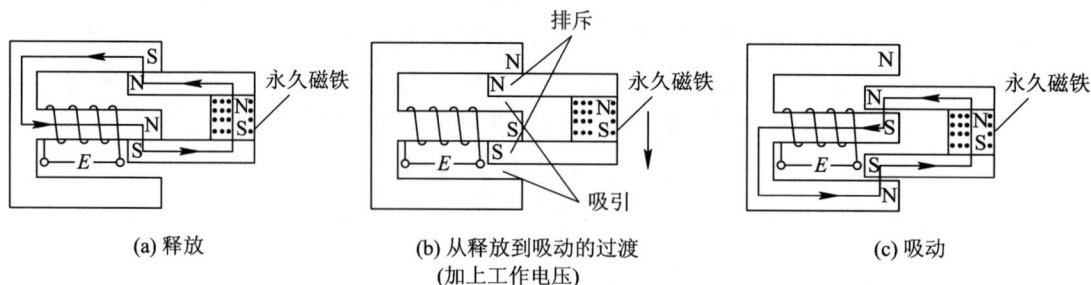

图 4.23　继电器工作原理示意图

继电器通常接在电源处，内部又有线圈，大电流流过线圈时极易产生电磁干扰，对电路造成影响，因此必须进行良好的接地。通常对继电器使用单点接地法，即单独拉一条地线，并且在单点接地的基础上，应该将其接地线和电源接地线紧密缠绕在一起，以尽可能减少地回路面积。

4.5　搭　　接

4.5.1　搭接的概念

对搭接的概念最简单的理解就是把两个金属物体连接起来。

搭接的目的在于为电流的流动安排一个电气上连续的结构面，以避免在相互连接的两金属之间形成电位差，因为这种电位差会产生电磁干扰。

从一个设备的机壳到另一个设备的机壳、从设备的机壳到接地平面，在信号回线和地线之间、在电缆屏蔽层与地线之间、在接地平面与连接大地的地网或地桩之间，以及在静电屏蔽层与地之间，都可以进行搭接。通过搭接可保证系统电气性能的稳定，有效防止由雷电、静电放电和电冲激造成的危害，实现对射频干扰的抑制。可以这样说，搭接使屏蔽、滤波等设计目标得以实现。

搭接分类为直接搭接和间接搭接。

（1）直接搭接：两个金属物体表面直接接触，建立一条导电良好的导电通路，适用于电路信号为高频的情况下。

（2）间接搭接：两个导电部件不是通过直接的物理接触来实现电气连接，而是通过中间的导电通路或者其他方式来建立电气连接，如采用搭接条（见图 4.24）或者其他辅助导体将两个金属物体连接起来，适用于设备需要移动或者抗冲击的情况。

图 4.24　搭接条

4.5.2　搭接面的处理和材料的选择

搭接方法可分为两种：① 永久性搭接：利用铆接、熔焊、压接等工艺方法，将两个金属物体固定为一体，搭接后两者不可拆卸分离；② 半永久性搭接：利用螺栓、螺钉、夹具等辅助器件将两个金属物体连接起来，两者可以拆卸分离。

搭接导体有导电胶、金属导体等多种材料，导体材料通常选择和外壳金属相同的金属材料或是和外壳金属电化序电位差不超过 0.6 V 的金属材料,以尽可能减小电化学腐蚀的影响。此外,搭接表面必须进行防腐蚀处理,要在接缝处表面进行涂覆(油漆、电镀等),防止灰尘和有机物(油脂)危害搭接。

4.5.3　搭接的有效性

良好搭接的好处有许多,比如:

(1) 可以避免或减小设备间的电压差;

(2) 可以减小接地阻抗,降低地环路干扰等问题;

(3) 防止设备运行期间的静电电荷积累,避免静电放电骚扰;

(4) 防止雷电放电的危害,保护设备和人员安全。

不良搭接实例

图 4.25 中 π 型滤波器本应在干扰源和敏感设备之间起隔离作用,但由于搭接不良,地线上形成高阻抗,使得传导干扰电流不是像预期那样沿预期干扰电流路径①流入地,而是沿实际干扰电流路径②流到负载 R_L(图中的敏感设备的阻抗)。设滤波器的元件是 L 和 C,因搭接不良而形成的阻抗为 $Z_B = R_B + j\omega L_B$,式中的 R_B 是搭接条的电阻、L_B 是搭接条的电感。不难看出,电流沿路径①流动的条件是

$$| R_B + j\omega L_B | \ll | R_L + \frac{1}{j\omega C} | \qquad (4-18)$$

可见,要实现良好搭接,就要想办法减小搭接条本身的阻抗和搭接条与所接触金属面之间的接触电阻。

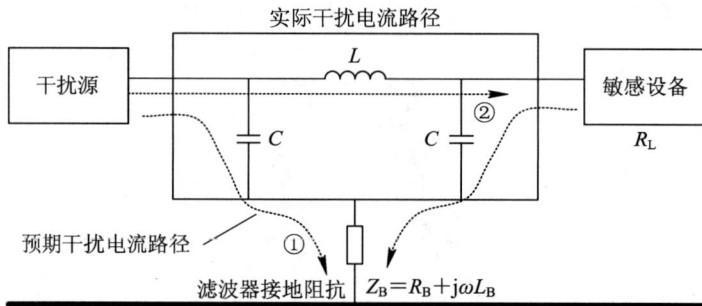

图 4.25　滤波器和地不良搭接示意图

4.5.4　实现良好搭接的一般原则

(1) 良好搭接的关键在于金属表面之间的紧密接触,为电流提供良好的导电通路。被搭接表面的接触区应光滑、清洁、没有非导电物质。紧固方法应保证有足够的压力将搭接处压紧,以保证即使在面对机械扭曲、冲击和振动时搭接表面仍接触良好。

(2) 尽可能采用相同的金属材料进行搭接。若必须使用两种不同金属搭接时,应选用在电化序表中位置相距较近的两种金属进行搭接,减小电化学腐蚀,以免不同的金属搭接后在电流作用下发生电化学腐蚀,破坏搭接效果。此外,可在两种不同种类金属搭接的中间插入可更换的垫片,一旦受腐蚀可定期更换。

（3）要保证搭接处或搭接条（片）能够承受预料的电流，以免因出现过载而熔断。

（4）搭接条（片）应尽量短、粗（宽）、直，以保证搭接低电阻和小电感。

（5）对搭接处应采取防潮、防腐蚀、防松动等保护措施。例如，对搭接处涂上环氧树脂、填缝剂、密封混合剂等。

4.6　实际案例：开关电源电路的接地设计

在开关电源设计中，接地策略直接影响电磁兼容性性能。不合理的接地可能导致传导发射、辐射发射超标，或使系统易受外部干扰。

开关电源电路设计中，常把地分为如下几类：

（1）功率地（PGND）：用于高频大电流路径，例如开关管、整流二极管的回流路径。

（2）信号地（SGND）：用于控制 IC、反馈电路等低噪声区域的回流路径。

（3）机壳地（Frame Ground，FG）：用于安全接地和屏蔽，通常通过 Y 电容连接至功率地。

开关电源的接地问题主要来源于电流回路的阻抗控制和噪声的路径管理。具体而言，主要有三类典型问题：首先是地环路问题，由多点接地导致的电位差可能引发严重的共模干扰；其次是高频噪声耦合，开关器件快速切换产生的 $\mathrm{d}i/\mathrm{d}t$ 和 $\mathrm{d}v/\mathrm{d}t$ 效应会通过寄生参数影响整个系统；最后是噪声模式的相互转化，不当的接地设计会使差模噪声转化为更难处理的共模噪声。

图 4.26 所示为杭州电子科技大学"开关电源与 EMC 实验"课程中使用的 60 W 开关电源实验板。信号地与功率地采用光耦器件进行隔离，最后再用一根细导线引入整流滤波后的大电容接地引脚，这样可以尽量减少功率地对信号地产生的影响。由于功率地承载着高频、大电流的开关噪声（如 MOSFET 开关时的 $\mathrm{d}i/\mathrm{d}t$ 噪声），如果不与信号地分开走线，这些噪声会通过公共地阻抗耦合到敏感信号回路中。例如，用于反馈控制的电压采样信号会受干扰，导致输出电压纹波增大或控制环路不稳定。此外，大电流瞬变会在功率地路径上产生电压波动（$\Delta V = L \cdot \mathrm{d}i/\mathrm{d}t$），如果信号地与之共享路径，该波动会直接叠加在信号的参

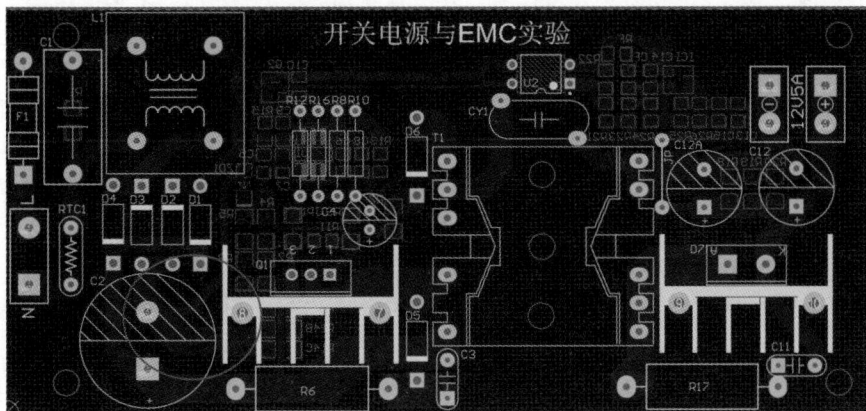

图 4.26　60 W 开关电源实验板

考电平上，导致逻辑误判或 ADC 采样误差，形成地弹(ground bounce)问题。总之，功率地与信号地直接混合连接会形成所谓的"噪声高速公路"，导致系统可靠性显著下降。合理的接地方式应该遵循"分区布局、单点汇接、高频隔离"原则，必要时辅以磁珠或 RC 滤波电路。

习　题

一、单选题

4.1　单点接地适用于(　　)。

A. 高频电路　　　　　　　B. 低频电路

C. 都适用　　　　　　　　D. 都不适用

4.2　对于接地方式，当系统的工作频率很高，为 $f > 10\,\text{MHz}$ 时，应选(　　)。

A. 单点接地　　　　　　　B. 多点接地

C. 悬浮接地　　　　　　　D. 都不是

二、简答题

4.3　分析安全接地和信号接地的区别，并思考它们的作用。

4.4　信号接地的种类有哪些？

4.5　接地线的长度与信号波长的关系是什么？为什么？

4.6　产生低电感结构最基本的接地布局是什么？

4.7　为什么说大地是理想接地面？

4.8　为什么一个高频工作的电子设备的机壳上会用多个接地带状线？

第 5 章
屏　蔽

5.1　概　述

抑制辐射干扰，对电磁兼容工程师来说要求是比较高的，也是比较难实现的。因为干扰源和接收器种类繁多，功能不同，其控制技术已延伸到其他学科领域。对于电磁兼容工程师来说主要是应用一些基本的、有效的措施来抑制电磁干扰，这就需要用到之前提到过的实现电磁兼容的基本技术之一：屏蔽技术。

如果问大部分普通工程师如何控制电磁干扰，他们的回答基本都会涉及屏蔽。大多数电子设备都采用了某种形式的屏蔽，其中计算机、手机、汽车和航空等电子系统通常采用金属或金属化外壳包装，或在其印制电路板上的特定组件上涂覆屏蔽层。正确设计和安装的屏蔽外壳可以成为衰减辐射发射和保护产品免受外部干扰的有效手段。通常，没有孔径、接缝或电缆贯穿的金属外壳可以减少辐射发射，并将辐射抗扰度提高 40 dB 或更多。也就是说，即使是设计不佳的电路板，如果密封在金属盒中，也可以满足电磁兼容要求。

屏蔽主要有两个目的：

(1) 防止电子设备产生的电磁辐射发射到设备以外，对其他电子设备造成干扰；

(2) 防止电子设备外面的电磁辐射发射耦合到设备内，导致电子设备内的干扰。

因此，屏蔽的作用是切断电磁能量在空间传播的路径。本章的主要内容是研究如何用屏蔽的方法来抑制辐射干扰。

5.2　电磁屏蔽的分类与作用

抑制以场的形式造成干扰的有效方法是电磁屏蔽，所谓电磁屏蔽就是以某种材料制成的屏蔽壳体（实体的或非实体的）将需要屏蔽的区域封闭起来，形成电磁隔离，即其内的电磁场不能超出这一区域，而外来的辐射电磁场不能进入这一区域，或者进出该区域的电磁能量将受到很大的衰减。屏蔽体可以是多种材料构成的阻挡层，包括导电材料、导磁材料、介电材料或带有非金属吸收填料的材料。这些屏蔽材料通过反射、吸收或引导电磁能量来减小其对设备的影响，从而有效提高设备的抗干扰能力。

电磁屏蔽的作用原理是利用屏蔽体对电磁能量的反射、吸收和引导作用。而这些作用是与屏蔽结构表面上和屏蔽体内感生的电荷、电流与极化现象密切相关的。按其屏蔽原理，可分为电场屏蔽(静电场屏蔽)、磁场屏蔽(直流磁场屏蔽)及电磁场屏蔽(同时存在电场及磁场的高频辐射电磁场的屏蔽)，本节将阐述各种屏蔽的工作原理。

5.2.1　电场屏蔽

电场屏蔽简称电屏蔽，其实质是为了防止由两个回路间的寄生电容耦合所形成的干扰。这种屏蔽主要用于高电压电场下高阻抗回路。电屏蔽体利用良导体制成，既可阻止屏蔽体内干扰源产生的电力线泄漏到外部去，也可阻止屏蔽体外的电力线进入屏蔽体内腔。

在讨论静电屏蔽时，涉及屏蔽体的接地问题。在电子设备中，电子电路的地线通常与设备的金属底座或机架、外壳相连接，作为电位基准，称之为"地"电位。当底座或机架、外壳等与大地连接时，这种设备内部的"地"电位就与大地等电位。

图 5.1 给出了电场屏蔽的原理。图 5.1(a)是孤立导体(或元件、组件等)A 在某一瞬间带有 $+q$ 电荷时的电力线情况。在这种情况下 $-q$ 电荷可以认为处于无限远的地方。

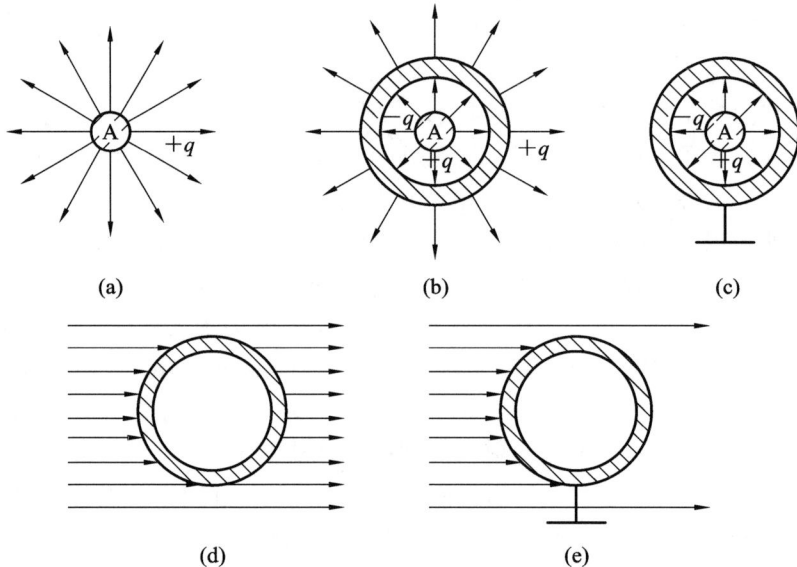

图 5.1　电场屏蔽原理

图 5.1(b)表示用屏蔽体包围导体 A 时外部电力线的情况。在这种情况下，屏蔽体内侧感应出 $-q$，外侧感应出 $+q$。因为屏蔽体孤立存在，所以壁中电荷虽然有移动，但从整体来看，$+q$ 与 $-q$ 之和等于零。这时电力线以屏蔽体外侧为始端，而终止于无限远处。可见仅用屏蔽体将 A 包围起来，实际上是起不到电屏蔽作用的。

图 5.1(c)是表示屏蔽体接地的情况。这时因屏蔽体的电位等于零，屏蔽体外部的电力线消失，即导体 A 产生的电力线被封闭在屏蔽体内部，屏蔽体才真正具有屏蔽作用。

以上电屏蔽是将电场封闭在屏蔽体内，这种屏蔽也叫作主动屏蔽。而将电场挡在屏蔽体以外的屏蔽叫作被动屏蔽。图(d)和图(e)表示被动屏蔽的电屏蔽原理。图 5.1(d)和图 5.1(e)说明屏蔽体对外界场的屏蔽作用。虽然外界场电力线不能进入屏蔽体内腔，但外界场的引入改变了屏蔽体的电势，它会影响被屏蔽电路的工作。欲使屏蔽体电势不变，就应把屏蔽体接地，使其始终保持地电位，以实现有效的屏蔽。

　　由此可知，在图 5.1(b)状态，屏蔽体外侧感应有＋q，从图 5.1(b)转向图 5.1(c)的过渡状态中，屏蔽体接地线中将有电流通过。如果导体 A 的电荷是静电荷，那么图 5.1(c)所示是稳态时的屏蔽效能。但是若导体 A 的电荷随时间而变化，则接地线中由于对应电荷的变化势必也要流过电流。此外，由于屏蔽体和接地线不是理想导体，在屏蔽体上将存在残留电荷，必然造成屏蔽体外部也残留静电场和感应电磁场，因此不可能达到完全屏蔽。

　　电子系统和电子设备所涉及的电场，一般均是随时间变化的，称之"时变场"。随着电场的变化，屏蔽体上的电场也在变化，因此接地线上就必然有电流通过。对屏蔽机理的分析，采用电路理论较为方便，这时干扰源与感受器之间的电场感应可用两者间分布电容的耦合来度量。

　　总而言之，静电屏蔽应具有两个基本要点，即完善的金属屏蔽体和良好的接地。

5.2.2　磁场屏蔽

　　在电子设备中，低频磁场干扰是一个棘手的问题，其原因是磁屏蔽体的屏蔽效能远不如电屏蔽和电磁屏蔽。对于低频磁场(包括恒定磁场)屏蔽，主要是依赖高磁导率材料所具有的低磁阻特性起到磁分路作用，形成低阻抗路径，从而减少外部磁场对敏感设备的干扰或防止内部磁场向外扩散。高导磁性材料(如铁、镍合金或软磁合金)提供了较低的磁阻，使磁力线优先通过这些材料，避免磁场进入需要保护的区域。屏蔽材料通过吸收磁通和分散磁力线来降低外部磁场的强度，从而减少对屏蔽体内部的磁场影响。

　　图 5.2 所示为一高磁导率材料制成的屏蔽体置于均匀磁场中的情况。由于屏蔽体壁的磁阻小，磁力线大部分沿着壁内通过，穿入屏蔽体内腔的磁力线很少。屏蔽体的磁导率越高，或壁层越厚，磁分路作用愈加明显，屏蔽效能愈好。

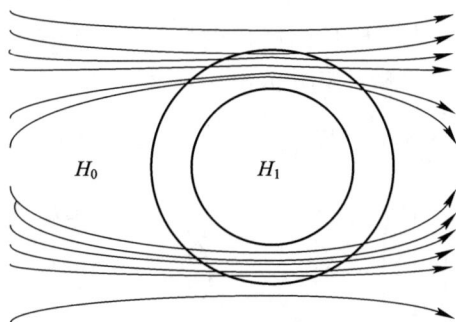

图 5.2　磁屏蔽原理

　　在磁路中，磁屏蔽体磁阻的值可按下式计算：

$$R_{\mathrm{m}} = \frac{l}{\mu S} \tag{5-1}$$

式中，R_{m} 为磁路的磁阻；μ 为材料的磁导率；S 为磁路的横截面积；l 为磁路的平均长度。

　　磁场屏蔽不同于电场屏蔽，屏蔽体不接地不会影响屏蔽效果，但是由于磁屏蔽体材料也对电场起一定的屏蔽作用，所以通常也接地。

　　磁屏蔽要求屏蔽体材料的磁导率要高，同时在聚集磁力线的通路上不能有断缺开口，要保证磁路连续畅通。如果屏蔽盒需要开缝，狭缝只能与磁通方向一致，不能垂直切断磁力线。否则将会影响屏蔽效果。当然，磁屏蔽也不能完全将磁场封闭在屏蔽体内，而总是会有泄漏磁通。为了解决泄漏问题，可采用多层屏蔽，即在某一空间可采用两层或两层以上的同心磁屏蔽体，这样可大大提高屏蔽效果。

在使用高磁导率材料时，由于其磁导率与外加磁场有关，当外加磁场适中的时候，磁导率最高。当外加磁场过强的时候，屏蔽材料会发生饱和。一旦发生饱和，磁导率迅速降低，而且，材料的磁导率越高，饱和磁场强度越低。因此，在对强磁场进行屏蔽时，通常是先用低磁导率的材料对磁场进行减弱，再用高磁导率的材料进行磁屏蔽。

5.2.3　电磁场屏蔽

电磁场屏蔽是防止交变电磁场感应和辐射干扰的有效方法。为了阐明屏蔽原理，首先必须对交变电磁场的传播特性进行分析。

干扰源产生的交变电磁场总是同时包含电场分量和磁场分量，而且这两个分量的大小随传播距离以及干扰源的不同特性会有所差别。第 2 章阐述了有关场域的知识，从第 2 章分析中可以得到简化结论。

当干扰源为高电压、小电流的电振荡发射(如垂直导体、拉杆天线等)时，如图 5.3(a)所示，场源为高阻抗。在近场区，电磁场特性以电场占主导，磁场分量可以忽略，波阻抗为

$$Z_e = \frac{1}{2\pi f \varepsilon_0 r} = 120\pi \frac{\lambda}{2\pi r} = 377 \frac{\lambda}{2\pi r} \tag{5-2}$$

当干扰源为低电压、大电流的磁振荡发射(如环形导体、环形天线等)时，场源为低阻抗，在近场区波阻抗与 r 成正比，随距离 r 增加而增大，其值为

$$Z_m = 2\pi f u_0 r = 120\pi \frac{2\pi r}{\lambda} = 377 \frac{2\pi r}{\lambda} \tag{5-3}$$

它远小于波阻抗常数 377 Ω，表明磁场强度比电场强度大得多，因此这种场源的近场区内以磁场为主导，电场分量可以忽略，如图 5.3(b)所示。

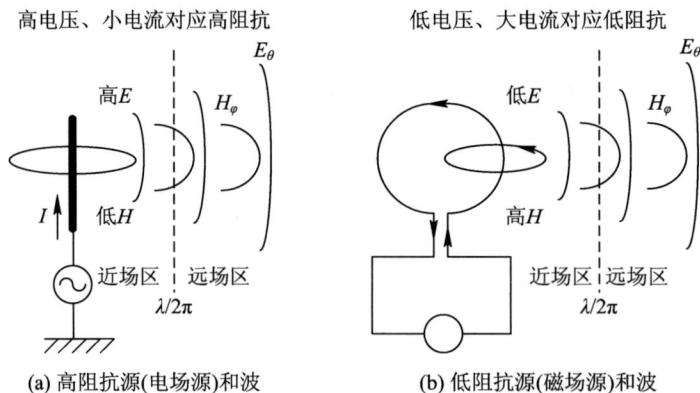

图 5.3　不同场源的近场区和远场区特性

不论干扰源的特性如何，在远场区波阻抗 Z 主要取决于传播介质，当介质为自由空间时，波阻抗等于 377 Ω，表明电场分量和磁场分量两者都不可忽略，电场矢量和磁场矢量在

时间上同相位而在方向正交。

电磁场分成交变电场、交变磁场和交变电磁场三种。由于这三种场的屏蔽原理和方法不同，所以分别予以阐述。

1. 交变电场屏蔽

交变电场屏蔽的原理采用电路理论加以解释较为直观。设干扰源 A 上有一交变电压 U_A，在其附近存在交变电场，电场中有一敏感电路 B，Z_B 是电路 B 对地的阻抗。干扰源 A 对电路 B 的电场感应作用可以等效为分布电容 C_e 的耦合，于是有了 C_A、C_e、Z_B 构成的耦合回路，如图 5.4(a)所示，在电路 B 上产生的干扰电压 U_B 的计算如下：

$$U_B = \frac{j\omega C_e Z_B}{1 + j\omega C_e Z_B} U_A \tag{5-4}$$

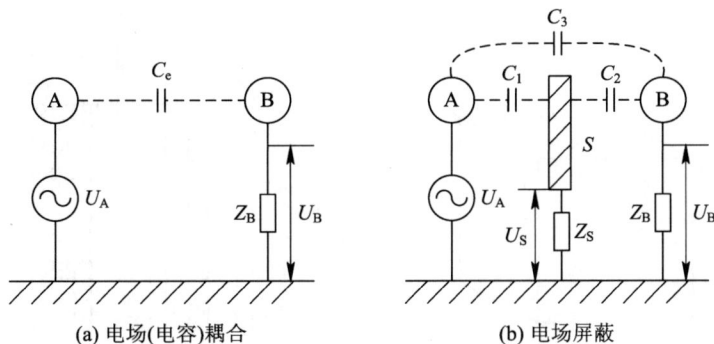

(a) 电场(电容)耦合　　(b) 电场屏蔽

图 5.4　交变电场屏蔽原理

由式可见，干扰电压 U_B 的大小与耦合电容 C_e 的大小有关。为了减小干扰，可使电路与干扰源的距离加大，从而减小 C_e，使 U_B 减小。如果 A 和 B 的距离受空间位置限制无法加大，则可采用屏蔽措施。

在 A 和 B 之间加入屏蔽体 S，使原来的耦合电容 C_e 分割成 C_1、C_2 和 C_3。如图 5.4(b)所示，由于 C_3 较小，可以忽略不计。设金属屏蔽体对地阻抗为 Z_S，则屏蔽体上感应的电压为

$$U_S = \frac{j\omega C_1 Z_S}{1 + j\omega C_1 Z_S} U_A \tag{5-5}$$

电路 B 上的干扰电压为

$$U_B = \frac{j\omega C_2 Z_B}{1 + j\omega C_2 Z_B} U_S \tag{5-6}$$

由此可见，欲使 U_B 减小，必须使 C_1、C_2 和 Z_S 减小。因为电容 C_1 和 C_2 的极板距离分别小于 C_e 的极板距离，因此 $C_1 > C_e$，$C_2 > C_e$。由式(5-5)知，只有 $Z_S = 0$，才能使 $U_S = 0$，进而 $U_B = 0$。也就是说，屏蔽体必须良好接地才能真正将干扰源产生的电场传播隔离阻断，保护电路 B 免受干扰。

如果屏蔽体不接地或者接地不良，即 $C_1 > C_e$，$C_2 > C_e$，由式(5-5)和式(5-6)可知，干扰电压比不加屏蔽时更为严重。

由此可见，交变电场屏蔽的原理是用接地良好的金属屏蔽体将场源产生的交变电场限制在一定空间内，从而阻断干扰源到敏感电路之间的电场传播路径。应该特别指出，电场

屏蔽的屏蔽体要在一定空间范围内感应电场，因此它必须是等位体，也就是要求它的材料必须有良好的导电率，如铜、铝、银等，同时接地必须良好。

2. 交变磁场屏蔽

交变磁场的屏蔽有高频磁屏蔽和低频磁屏蔽之分。低频磁屏蔽的原理和静磁屏蔽相同，利用高磁导率的材料(如铁、镍铁合金、坡莫合金等)构成磁力线的低磁阻通路，使大部分磁场"包封"在屏蔽体内，起到磁隔离作用。例如继电器的封装壳、电源变压器的外套盒、滤波器的封装壳等，它们一方面作为结构需要，另一方面也起到磁屏蔽作用。

高频磁屏蔽是利用屏蔽体产生的涡流的反磁场来抵消干扰磁场，从而实现屏蔽。因此，高频磁屏蔽采用高导电率的良导电材料，如铜、铝等。图 5.5 所示是收音机中常见的中频变压器(俗称中周变压器)的屏蔽原理。

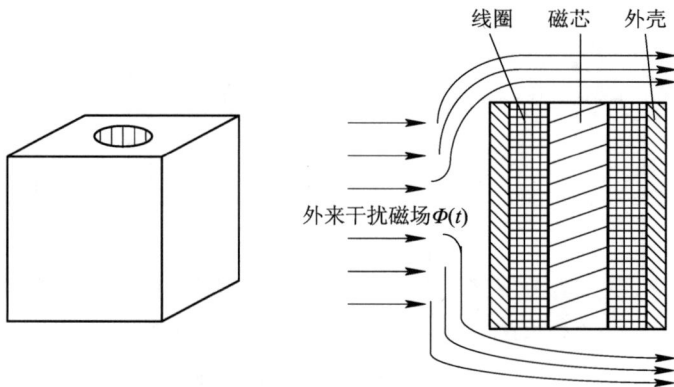

图 5.5　中频变压器的屏蔽原理

它由线圈、磁芯、外壳三部分组成，外壳通常是用铝或铜做成的，线圈的电感决定了放大器的选频特性，因此线圈电感对外来高频磁场干扰很敏感。屏蔽外壳可起防护作用。当外来干扰磁场 $\Phi(t)$ 作用于壳体表面时，导电壳体就会产生感应电势并形成涡流电流，涡流又产生磁场，根据楞次定律，这个涡流磁场的方向恒与干扰磁场的方向相反，由于它对干扰磁场的排斥作用，使干扰磁场不能进入壳内，起到了屏蔽作用。同样，壳内线圈产生的高频磁场也不能逸出屏蔽壳。

由上述分析可知，涡流是高频磁屏蔽机理的关键因素，涡流越大，屏蔽效果越好。因此屏蔽体必须用导电良好的材料。由于高频涡流的趋肤效应，它只在屏蔽壳的表面上产生，所以屏蔽材料可以很薄，甚至用金属银的镀层就能取得很好的效果。

3. 交变电磁场屏蔽

电磁屏蔽是用屏蔽体阻止高频辐射电磁波在空间传播的技术措施。屏蔽体起着切断或削弱电磁波传输的作用。对于远场区情况的交变电磁场，电场分量和磁场分量同时存在，交变电磁场屏蔽的机理有两种。

1) 涡流的屏蔽效应

涡流屏蔽原理和前面讲到的高频磁屏蔽机理是一样的。涡流越大，屏蔽作用越强。因此屏蔽材料的电导率越大、屏蔽性能越好。电磁场频率越高，屏蔽作用越强，图 5.6 为涡流屏蔽的原理图。图中心为电流环射频源，在其 $r > \lambda/2\pi$ 处存在辐射电磁场，为阻止它的传播，采用金属屏蔽盒将其隔离。设屏蔽盒壁有磁场 H_P 穿过，方向如图所示，同时在盒壁中产生高频感应涡流 i_e，涡流又产生磁场 H_e，其方向恒与 H_P 方向相反，这样就使盒体外面的磁场相互削弱和抵消，而盒体内壁附近的两种磁场互相加强，可见磁场大部分被包围在屏蔽盒内，外层空间得到磁屏蔽。

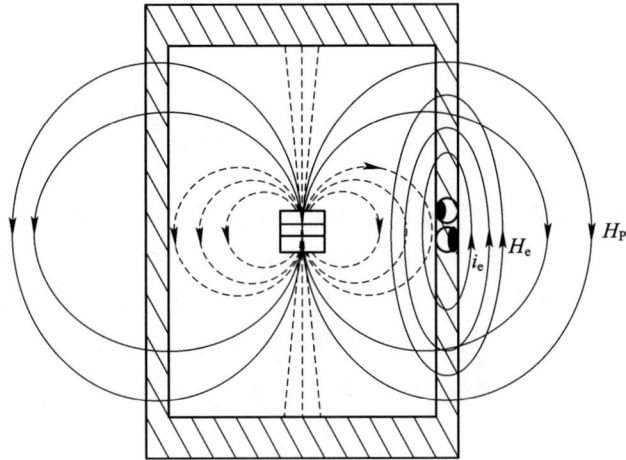

图 5.6　涡流屏蔽的原理图

2）电磁屏蔽的传输线理论

当电磁波入射厚度为 t 的金属板屏蔽体时，如图 5.7 所示。

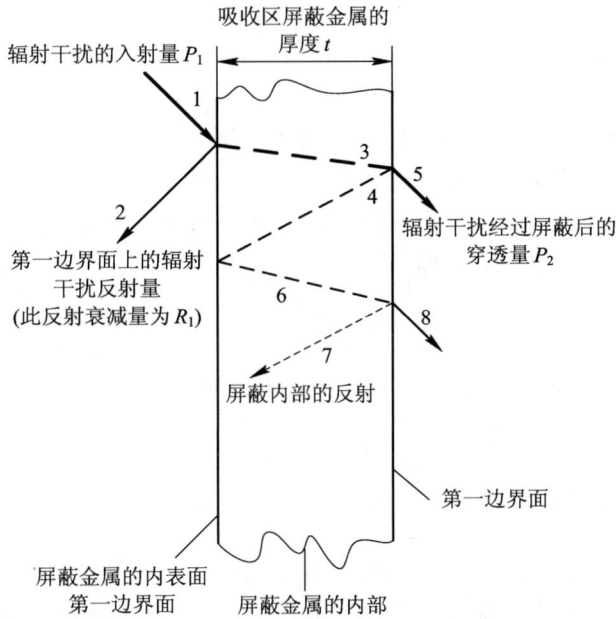

图 5.7　屏蔽体对入射电磁波的衰减

若金属板两侧的介质均为空气，在金属板的入射界面上，由于波阻抗的突然改变，电磁波一部分就被反射，其余部分透过界面进入金属板内，透射波在金属体中传播会产生一部分能量衰减。当透射波到达 t 界面时，又要产生反射和透射，能够进入金属板界面空间的电磁波只是一小部分。电磁屏蔽的原理，就是把电磁波刚进入金属板时被反射的电磁波能量称为反射损耗，透射波在金属屏蔽体内传播的衰减损耗称为吸收损耗。另外，电磁波在金属板内进行多次反射后，还会有一部分再透射到金属板右侧，在计算的时候称其为多次反射修正。基于传输线理论，屏蔽体的屏蔽效能计算由反射损耗、吸收损耗和多次反射修正因子三项构成。

5.3 屏 蔽 效 能

屏蔽体的屏蔽性能以屏蔽效能来度量，它是屏蔽分析与设计的重要步骤。从理论上获取屏蔽效能值，便于在进行屏蔽设计时预测屏蔽的性能和所能达到的指标。它与屏蔽材料的性质、骚扰源的频率、屏蔽体至骚扰源的距离以及屏蔽体上可能存在的各种不连续的形状和数量有关。屏蔽效能是无屏蔽体时空间某点的电场强度 E_0（或磁场强度 H_0）与有屏蔽体时该点电场强度 E_1（或磁场强度 H_1）的比值，可用下式表示：

$$SE = \frac{E_0}{E_1} = \frac{H_0}{H_1} \tag{5-7}$$

由于屏蔽效能 SE 的量值范围很宽，用上述倍数表达不够方便，因此用分贝（dB）来计量：

$$SE = 20\lg\frac{E_0}{E_1} = 20\lg\frac{H_0}{H_1}(dB) \tag{5-8}$$

5.3.1 静电屏蔽效能

静电屏蔽效能的定义是屏蔽前后同一点电场强度的比值，但在具体的静电屏蔽结构中电场强度是很难计算和准确测量的。在线性系统中，感受器上的感应电压正比于干扰电场强度。由前面的分析可知，场的问题可用电路方法来处理，因此屏蔽效能可用屏蔽前后感受器上的感应电压的比值来度量，即

$$SE = 20\lg\frac{U_B}{U_{BS}} \tag{5-9}$$

式中，SE 为电场屏蔽效能；U_B 为屏蔽前感受器上的感应电压；U_{BS} 为屏蔽后感受器上的感应电压。

5.3.2 电磁屏蔽效能

本节将基于等效传输线理论来分析电磁屏蔽效能，其结果将揭示电磁屏蔽体对干扰场量衰减的物理过程。具体将分别介绍实心型屏蔽和非实心型屏蔽的屏蔽效能计算。

1. 实心型屏蔽体的屏蔽效能

实心型屏蔽，是指把屏蔽体看成一个结构上完整的、电气上连续均匀的无限金属板或全封闭壳体的一种屏蔽。虽然这是一种理想情况，但对无限大金属板屏蔽体的研究易于揭开关于屏蔽的各种现象的物理实质，容易引出一些重要公式。而且，这种屏蔽的效能将作

为一个因子，被引入球形和圆柱形屏蔽效能的公式中。

　　根据传输线理论，当在一种材料中传播的电磁波遇到另一种具有不同电特性的材料时，电磁波中的一些能量被反射，其余的能量被传输到新材料中。例如，考虑入射到无限屏蔽材料板上的电磁平面波 E_{inc}，如图 5.8 所示。电磁平面波在自由空间中以 X 方向传播，直到它撞击上具有特性阻抗的屏蔽材料板 Z_S。

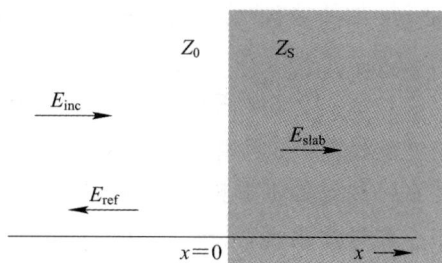

图 5.8　入射到无限屏蔽材料板上的平面波

　　平面波中的磁场垂直于电场，具有振幅：

$$|H_{inc}| = \frac{|E_{inc}|}{Z_0} \tag{5-10}$$

其中，Z_0 为自由空间的固有阻抗，$Z_0 = \sqrt{\frac{\mu_0}{\varepsilon_0}} = 120\pi = 377\ \Omega$，且 μ_0 为自由空间磁导率，$\mu_0 = 4\pi \times 10^{-7}$ H/m；ε_0 为自由空间介电常数，$\varepsilon_0 = \frac{1}{4\pi \times 9 \times 10^9} \approx 8.85 \times 10^{-12}$ F/m。

　　当平面波撞击屏蔽材料时，会产生反射波 E_{ref} 和透射波 E_{slab}。屏蔽材料中的磁场与电场有关：

$$|H_{slab}| = \frac{|E_{slab}|}{Z_S} \tag{5-11}$$

式中，Z_S 为屏蔽材料的特性阻抗，任何均匀材料的特性阻抗定义为

$$Z_S = \sqrt{\frac{j\omega\mu}{\sigma + j\omega\varepsilon}} \tag{5-12}$$

式中，$\omega = 2\pi f$，为角频率，f 为频率；$\mu = \mu_r\mu_0$，为材料的磁导率，u_r 为材料的相对磁导率，μ_0 为自由空间磁导率；$\sigma = \sigma_r\sigma_0$，为材料的导电率，$\sigma_0 = 5.8 \times 10^7$ S/m，为铜的导电率，σ_r 为相对于铜的金属导电率；$\varepsilon = \varepsilon_r\varepsilon_0$，为材料的介电常数，$\varepsilon_r$ 为材料的相对介电常数，ε_0 为自由空间介电常数。

　　此外，$x = 0$ 时曲面上的边界条件要求如下：

$$E_{x=0^-} = E_{x=0^+} \tag{5-13}$$
$$H_{x=0^-} = H_{x=0^+} \tag{5-14}$$

式中，下标 $x=0^-$ 和 $x=0^+$ 表示 $x=0$ 曲面右侧或左侧的极限。反射场的振幅满足关系式：

$$|E_{ref}| = |E_{inc}|R_E \tag{5-15}$$
$$R_E = \frac{Z_S - Z_0}{Z_S + Z_0} \tag{5-16}$$

式中，R_E 为反射系数。

　　透射场 E_{slab} 的振幅为

$$|E_{slab}| = |E_{inc}|T_{E_1} \tag{5-17}$$
$$T_{E_1} = \frac{2Z_S}{Z_S + Z_0} \tag{5-18}$$

式中，T_{E_1} 为透射系数。

当 Z_S 接近 Z_0 时，透射系数增加，反射系数减小。如果 $Z_\mathrm{S}=Z_0$，则传输所有场。如果图 5.8 中的材料是有损的(即 $\sigma\neq0$)，则透射波在传播时振幅会减小：

$$|E_\mathrm{slab}(x)|=|E_\mathrm{slab}(x=0)|\mathrm{e}^{-\gamma x} \tag{5-19}$$

式中，x 为传输距离；γ 为电磁波的传播常数，它描述了电磁波在介质中传播时的衰减和相位变化情况。γ 常用复数表示，$\gamma=\alpha+\mathrm{j}\beta=\sqrt{\mathrm{j}\omega\mu(\sigma+\mathrm{j}\omega\varepsilon)}$，其中，$\alpha$ 是衰减常数，表示电磁波在传播过程中振幅的衰减程度；β 是相位常数，表示电磁波在传播过程中相位的变化。对于金属导体来说，$\gamma=\alpha+\mathrm{j}\beta=\sqrt{\mathrm{j}\omega\mu\sigma}=\sqrt{\mathrm{j}2\pi f\mu\sigma}=(1+\mathrm{j})\sqrt{\pi f\mu\sigma}$。

现在考虑如图 5.9 所示的有限厚度屏蔽材料板。

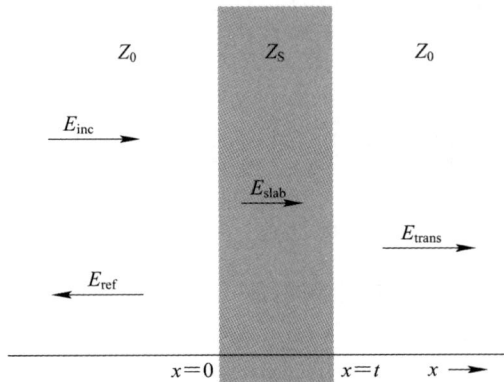

图 5.9　入射到有限厚度屏蔽材料板上的平面波

入射场 E_inc 在 $x=0$ 处撞击屏蔽体的表面。场中的一些能量被反射出来，一些继续进入屏蔽体。进入屏蔽体的部分在 $x=t$ 处撞击第二个表面之前在屏蔽体内有衰减，而传输到屏蔽体右侧自由空间区域的场由下式给出：

$$|E_\mathrm{trans}|=|E_\mathrm{slab}(x=t)|T_{\mathrm{E}_2} \tag{5-20}$$

$$T_{\mathrm{E}_2}=\frac{2Z_\mathrm{S}}{Z_\mathrm{S}+Z_0} \tag{5-21}$$

合并式(5-17)、式(5-19)和式(5-20)，可以得到透射到屏蔽体右侧的电场和入射场的关系表达式：

$$|E_\mathrm{trans}|=|E_\mathrm{inc}|\frac{2Z_\mathrm{S}}{Z_0+Z_\mathrm{S}}\left(\frac{2Z_0}{Z_0+Z_\mathrm{S}}\right)\mathrm{e}^{-\gamma t} \tag{5-22}$$

此表达式适用于任何比趋肤深度厚得多的屏蔽材料。典型的屏蔽材料是具有高导电率的良导体，即 $\sigma\gg\omega\varepsilon$。对于良导体，

$$Z_\mathrm{S}=\sqrt{\frac{\mathrm{j}\omega\mu}{\sigma+\mathrm{j}\omega\varepsilon}}\approx\sqrt{\frac{\mathrm{j}\omega\mu}{\sigma}}=\sqrt{\frac{\omega\mu}{\sigma}}\mathrm{e}^{\mathrm{j}\frac{\pi}{4}} \tag{5-23}$$

其模为

$$|Z_\mathrm{S}|=\sqrt{\frac{2\pi f\mu}{\sigma}}=3.69\times10^{-7}\sqrt{f}\sqrt{\frac{\mu_\mathrm{r}}{\sigma_\mathrm{r}}} \tag{5-24}$$

对于这些材料，$Z_\mathrm{S}\ll Z_0$，等式(5-22)简化为

$$|E_\mathrm{trans}|=|E_\mathrm{inc}|\frac{4Z_\mathrm{S}}{Z_0}\mathrm{e}^{-\gamma t} \tag{5-25}$$

如果将板的屏蔽效能定义为

$$SE = 20\lg \left| \frac{E_{inc}}{E_{trans}} \right| \qquad (5-26)$$

那么无限大良导体的屏蔽效能可以写成：

$$SE = 20\lg \frac{Z_0}{4Z_S} + 20\lg e^{\gamma t} = R(dB) + A(dB) \qquad (5-27)$$

由式(5-27)可知，屏蔽效能由两项组成：反射损耗 $R(dB)$——由于接口处功率反射而产生的衰减；吸收损耗 $A(dB)$——当波在材料中传播时功率转化为热量而产生的衰减。反射损耗与屏蔽层的厚度无关，完全取决于屏蔽层固有阻抗与自由空间固有阻抗之间的不匹配。吸收损耗与屏蔽层厚度 t 成正比。

由于在这里只讨论金属屏蔽体对电磁波的衰减作用，故 $\gamma = \alpha + j\beta$ 中只取衰减常数 α。对于金属导体 $\gamma = \alpha = \sqrt{\pi f \mu \sigma}$，可以推导吸收损耗的计算公式为

$$A = 20\lg e^{\gamma t} = 20\lg e^{\alpha t} = 20\lg e \cdot t \cdot \sqrt{\pi f \mu \sigma} \approx 0.131 t \sqrt{f \mu_r \sigma_r} \quad (dB) \qquad (5-28)$$

值得注意的，屏蔽壳体的厚度一般以毫米(mm)为单位。因此，式(5-28)中，金属屏蔽板的厚度 t 的单位是毫米。

分析反射损耗 $R(dB)$ 时需要考虑不同场域的波阻抗表达式是不同的，分别讨论如下。

(1) 金属屏蔽板处于远场区时，$Z_0 = 377\ \Omega$，而金属板特性阻抗 $Z_S = 3.69 \times 10^{-7} \sqrt{f} \sqrt{\dfrac{\mu_r}{\sigma_r}}$，故反射损耗为

$$R_w = \frac{377}{4 \times 3.69 \times 10^{-7} \sqrt{f}} \sqrt{\frac{\sigma_r}{\mu_r}} = 25.5 \times 10^7 \left(\frac{f \mu_r}{\sigma_r} \right)^{-\frac{1}{2}} \qquad (5-29)$$

用分贝(dB)表示金属板对平面波的反射损耗为

$$R_w = 168.1 - 10\lg \left(\frac{f \mu_r}{\sigma_r} \right) \quad (dB) \qquad (5-30)$$

(2) 金属板处于近场区，且以电场为主，此时的自由空间波阻抗为

$$|Z_{0e}| = \frac{1}{2\pi f \varepsilon_0 r} \qquad (5-31)$$

式中，r 为金属板至电场源的距离，故

$$R_e = \frac{Z_{0e}}{4Z_S} = \frac{\dfrac{1}{2\pi f \varepsilon_0 r}}{4 \times 3.69 \times 10^{-7} \sqrt{f} \sqrt{\dfrac{\mu_r}{\sigma_r}}} = 1.22 \times 10^{16} \left(f^3 \frac{\mu_r r^2}{\sigma_r} \right)^{-\frac{1}{2}} \qquad (5-32)$$

用分贝(dB)表示金属板对近场区电场的反射损耗为

$$R_e = 321.7 - 10\lg \left(\frac{f^3 r^2 \mu_r}{\sigma_r} \right) \quad (dB) \qquad (5-33)$$

(3) 金属板处于近场区，且以磁场为主，此时的自由空间波阻抗为

$$|Z_{0m}| = 2\pi f \mu_0 r \qquad (5-34)$$

故

$$R_m = \frac{Z_{0m}}{4Z_S} = \frac{2\pi f \mu_0 r}{4 \times 3.69 \times 10^{-7} \sqrt{f} \sqrt{\dfrac{\mu_r}{\sigma_r}}} = 5.35 \left(\frac{f r^2 \sigma_r}{\mu_r} \right)^{\frac{1}{2}} \qquad (5-35)$$

用分贝(dB)表示金属板对近场区磁场的反射损耗为

$$R_{\mathrm{m}} = 14.56 + 10\lg\left(\frac{fr^2\sigma_{\mathrm{r}}}{\mu_{\mathrm{r}}}\right) \quad (\mathrm{dB}) \qquad (5-36)$$

例题：计算铜箔的屏蔽效果。

计算一片 2 mil[①]铜箔在 100 MHz 下的屏蔽效能($\sigma = 5.7 \times 10^7$ S/m)。

解：首先计算 100 MHz 时以铜为单位的趋肤深度：

$$\delta_{\mathrm{cu}} = \frac{1}{\sqrt{\pi f \mu \sigma}} = \frac{1}{\sqrt{\pi (10^8)(4\pi \times 10^{-7})(5.7 \times 10^7)}} = 6.7 \ \mu\mathrm{m} \qquad (5-37)$$

实际上，$\delta_{\mathrm{cu}} = \dfrac{1}{\gamma} = \dfrac{1}{\sqrt{\pi f \mu \sigma}}$ 就是铜的趋肤深度，是指电磁波衰减为原始场强 1/e 或 37%

时所传输的距离，其中 μ 的值等同于自由空间磁导率的值。材料厚度($t = 2$ mil $= 50.8 \ \mu\mathrm{m}$)明显大于趋肤深度，因此式(5-27)可用于计算屏蔽效能。吸收损耗可以计算为

$$A(\mathrm{dB}) \approx 20\lg e \cdot \left(\frac{t}{\delta_{\mathrm{cu}}}\right) = 8.7 \times \left(\frac{50.8}{6.7}\right) = 66 \ \mathrm{dB} \qquad (5-38)$$

为了计算反射损耗，需要确定铜在 100 MHz 时的固有阻抗：

$$|\eta_{\mathrm{cu@100\,MHz}}| = 3.69 \times 10^{-7} \sqrt{f} \sqrt{\frac{\mu_{\mathrm{r}}}{\sigma_{\mathrm{r}}}} = 3.69 \times 10^{-7} \times \sqrt{10^8} \times 1 = 3.69 \times 10^{-3} \ \Omega$$

$$(5-39)$$

然后快速确定反射损耗为

$$R(\mathrm{dB}) = 20\lg \frac{\eta_0}{4\eta_{\mathrm{s}}} = 20\lg \frac{377}{4 \times (3.7 \times 10^{-3})} = 88 \ \mathrm{dB} \qquad (5-40)$$

整体屏蔽效能是反射损耗和吸收损耗的总和：

$$\mathrm{SE} = 88 \ \mathrm{dB} + 66 \ \mathrm{dB} = 154 \ \mathrm{dB} \qquad (5-41)$$

需要注意的是，几乎所有的入射功率都被屏蔽层反射和吸收了。154 dB 是一个非常大的值，表明发射功率是入射功率的 $1/10^{15}$。在实践中，这种程度的衰减既无法实现，也无法测量。最大可实现的场强(不引起空气电离)约为 10^6 V/m。最小的可检测场强(使用灵敏场探头)约为 10^{-6} V/m。这代表了可能的动态范围：

$$20\lg \frac{10^6}{10^{-6}} = 240 \ \mathrm{dB} \qquad (5-42)$$

实际上，大多数工程测试设备的最大动态范围约为 80~120 dB。任何计算出的远高于 100 dB 的衰减或屏蔽效能都意味着该材料基本上不可穿透。在工程上，计算出的屏蔽效能为 154 dB 的材料基本上不比计算值为 120 dB 的材料更好或更差。

如果图 5.9 中的屏蔽体相对不厚，则从第二个界面反射的一些能量(在 $x = t$ 时)会传播回屏蔽体中，并且在第一个界面内部($x = 0^+$)处反射。然后，该能量将再次撞击第二个界面，传输一些能量到屏蔽体右侧，从而增加传输的总能量并降低屏蔽效果。电磁波可能会来回反弹多次，最后衰减到不再对传输场有显著贡献的程度。如果式(5-28)中的吸收损耗项小于 10 dB，则屏蔽有效性估计的准确性会受这些多重反射的影响。对于薄(即 $t \ll \lambda$)的

————————————

① 1 mil $= 0.0254$ mm。

导电材料,可以通过添加第三项来修正屏蔽效果的表达式(5-27),从而得到平面波屏蔽效果的一般表达式:

$$\mathrm{SE} = 20\lg\frac{Z_0}{4Z_\mathrm{S}} + 20\lg\mathrm{e}^{\gamma t} + 20\lg\left|1 - \left(\frac{Z_0 - Z_\mathrm{S}}{Z_0 + Z_\mathrm{S}}\right)^2 \mathrm{e}^{-2\gamma t}\right|$$

$$= R(\mathrm{dB}) + A(\mathrm{dB}) + B(\mathrm{dB}) \tag{5-43}$$

从电磁屏蔽的作用看,电磁波在金属板的两个界面之间的多次反射现象,就是屏蔽体对电磁波衰减的第三种机理,称为多次反射修正。$B(\mathrm{dB})$具有负值,在计算中修正屏蔽效果的表达式(5-27),即在数值上降低了单纯由反射损耗和吸收损耗计算的数值。此外,B 还可以表示为式(5-44),具体推导公式在附录给出:

$$B = 20\lg\left\{1 - \left(\frac{Z_\mathrm{S} - Z_0}{Z_\mathrm{S} + Z_0}\right)^2 10^{-0.1A}\left[\cos(0.23A) - \mathrm{j}\sin(0.23A)\right]\right\} \tag{5-44}$$

式中,A 就是所计算的吸收损耗。值得注意的是,多次反射修正因子并不是任何时候都必须计入的。当频率较高或金属较厚时,吸收损耗较大。入射波能量进入屏蔽体后,在第一次到达金属板右边的界面之前已被大幅度衰减,多次反射现象不显著。一般只要 $A>10$ dB,就可不考虑多次反射的影响。

由式(5-43)可知,屏蔽效能的计算由三部分组成:反射损耗(R)、吸收损耗(A),以及多次反射修正因子(B),表 5.1 总结了具体计算公式。

表 5.1 单层金属板屏蔽效能计算公式汇总

类 别		计 算 公 式
		$\mathrm{SE} = R + A + B\,(\mathrm{dB})$
吸收损耗		$A(\mathrm{dB}) = 20\lg\mathrm{e}^{-\frac{t}{\delta}} \approx 0.131t\sqrt{f\mu_\mathrm{r}\sigma_\mathrm{r}}\quad(\mathrm{dB})$
反射损耗	平面波源	$R_\mathrm{w} = 168.1 - 10\lg\left(\frac{f\mu_\mathrm{r}}{\sigma_\mathrm{r}}\right)\quad(\mathrm{dB})$
	电场源	$R_\mathrm{e} = 321.7 - 10\lg\left(\frac{f^3 r^2 \mu_\mathrm{r}}{\sigma_\mathrm{r}}\right)\quad(\mathrm{dB})$
	磁场源	$R_\mathrm{m} = 14.56 + 10\lg\left(\frac{f r^2 \sigma_\mathrm{r}}{\mu_\mathrm{r}}\right)\quad(\mathrm{dB})$
多次反射修正因子		$B = 20\lg\left\{1 - \left(\frac{Z_\mathrm{S} - Z_0}{Z_\mathrm{S} + Z_0}\right)^2 10^{-0.1A}\left[\cos(0.23A) - \mathrm{j}\sin(0.23A)\right]\right\}$

例题:有一大功率线圈的工作频率为 20 kHz,在离该线圈 0.5 m 处置一铝板以屏蔽线圈对某敏感设备的影响,设铝板厚度为 0.5 mm,试计算铝板的屏蔽效能。

解:先判断屏蔽体处于哪个场区:

$$\lambda = \frac{C}{f} = \frac{3\times10^8}{20\times10^3} = 1.5\times10^4\ \mathrm{m}$$

$$\frac{\lambda}{2\pi} = \frac{1.5\times10^4}{2\pi} = 2.39\times10^3\ \mathrm{m}$$

可见,0.5 m$\ll\lambda/2\pi$,屏蔽板处于近场区。另外,干扰源是大功率线圈,干扰场以磁场为主。

查表 5.2 知铝的 $\mu_r = 1$，$\sigma_r = 0.61$，故反射损耗为

$$R_m = 14.56 + 10\lg\left(\frac{fr^2\sigma_r}{\mu_r}\right)$$

$$= 14.56 + 10\lg\left(\frac{20 \times 10^3 \times 0.5^2 \times 0.61}{1}\right)$$

$$= 14.56 + 34.84 = 49.4 \text{ dB}$$

吸收损耗为

$$A = 0.131t\sqrt{f\mu_r\sigma_r} = 0.131 \times 0.5 \times \sqrt{20 \times 10^3 \times 1 \times 0.61} = 7.235 \text{ dB}$$

此时应考虑多次反射修正因子，为此先计算出铝板的特性阻抗 Z_m 和近场区以磁场为主的自由空间波阻抗 Z_{Wm}。

$$Z_m = \sqrt{\frac{2\pi f\mu}{\sigma}} = 3.69 \times 10^{-7}\sqrt{f}\sqrt{\frac{\mu_r}{\sigma_r}} = 3.69 \times 10^{-7} \times \sqrt{20 \times 10^3} \times \sqrt{\frac{1}{0.61}} = 6.68 \times 10^{-5} \text{ }\Omega$$

$$Z_{Wm} = 2\pi f\mu_0 r = 2\pi \times 20 \times 10^3 \times 4\pi \times 10^{-7} \times 0.5 = 0.08 \text{ }\Omega$$

故多次反射修正因子为

$$B = 20\lg\left\{1 - \left(\frac{Z_{Wm} - Z_m}{Z_{Wm} + Z_m}\right)^2 10^{-0.1A}\left[\cos(0.23A) - j\sin(0.23A)\right]\right\}$$

$$= 20\lg\left\{1 - \left(\frac{0.08 - 6.68 \times 10^{-5}}{0.08 + 6.68 \times 10^{-5}}\right)^2 \times 10^{-0.1 \times 7.235} \times \left[\cos(0.23 \times 7.235) - j\sin(0.23 \times 7.235)\right]\right\}$$

$$= -1.81 \text{ dB}$$

则该金属屏蔽板总的屏蔽效能为

$$\text{SE} = R + A + B = 49.4 + 7.235 - 1.81 = 54.83 \text{ dB}$$

常用金属材料的相对电导率和磁导率如表 5.2 所示。

表 5.2　金属的相对电导率和磁导率

金属	相对电导率 σ_r	相对磁导率 μ_r	金属	相对电导率 σ_r	相对磁导率 μ_r
银	1.05	1	锡	0.15	1
铜	1	1	钽	0.12	1
金	0.7	1	铅	0.08	1
铝	0.61	1	锰	0.039	1
铬	0.664	1	钛	0.036	1
锌	0.32	1	汞(液态)	0.018	1
钨	0.314	1	镍	0.2	100
铍	0.28	1	坡莫合金	0.01~0.15	10 000~1 000 000
镉	0.20	1	纯铁	0.17	200~5000
铂	0.18	1	钢	0.1	50~1000

2. 非实心型屏蔽体的屏蔽效能

在电气上存在不连续的屏蔽体，称为非实心型屏蔽体。

前面的讨论是假设屏蔽材料是均匀的,不存在电气上的不连续性,且认为金属平面尺寸很大。因而既不存在泄漏,也不产生边缘效应。实际上,这种理想屏蔽体是不存在的。就以电子设备的机箱为例,由于电气连接电缆进出、通风散热、测试与观察以及电表安装等需要,总是需要在机箱上打孔。另外,构成箱体时总是存在金属面之间的接缝(如两金属板用铆接或螺钉紧固时残留缝隙)和两金属极间置入金属衬垫后形成的开口及缝隙。这样,电磁能量就会通过孔洞、缝隙泄漏,导致屏蔽效能的降低。

通常应用非均匀屏蔽理论来分析,该理论把影响总屏蔽效能的各种因素(例如孔、缝、形状等)考虑为与屏蔽传输平行的传输通道,称为等效屏蔽效能因子,表示为 SE_p 的形式(p 为序号,$p \geqslant 2$)。例如,SE_2 为孔洞因素(用来估计各种电气不连续孔洞对屏蔽效能的影响)、SE_3 为结构形状因素(用来估计高频时结构形状对屏蔽效能的影响)、SE_4 为结构尺寸因素(用来估计高频时是否发生谐振)、SE_5 为固定接缝因素(用来说明焊接、铆接和螺钉连接等固定接缝对屏蔽效能的影响)、SE_6 为活动接缝因素(用来说明接触簧片、各种电磁兼容性衬垫等活动接缝对屏蔽效能的影响)、SE_7 为混合屏蔽因素(用来说明屏蔽体不同部位采用了不同材料,或采用了不同屏蔽结构对屏蔽效能的影响)、SE_8 为天线效应因素(用来估计屏蔽体上的凸出物在高频时具有天线效应对屏蔽效能的影响)、SE_9 为滤波器因素(用来估计滤波器性能不佳或安装不当对屏蔽效能的影响),等等。

5.4　实际屏蔽体问题

5.4.1　概述

前面对屏蔽体屏蔽效能的讨论,均是针对完整屏蔽体而言的。计算表明,除了对低频磁场以外,要达到 90 dB 的屏蔽效能是毫不困难的。而事实并非如此,因为完整的屏蔽体是不存在的,如图 5.10 所示,屏蔽体上的门、盖、各种开孔、通风口、开关、仪表和铰链等,均不得不破坏屏蔽体的完整性,使实际屏蔽体的屏蔽效能降低。

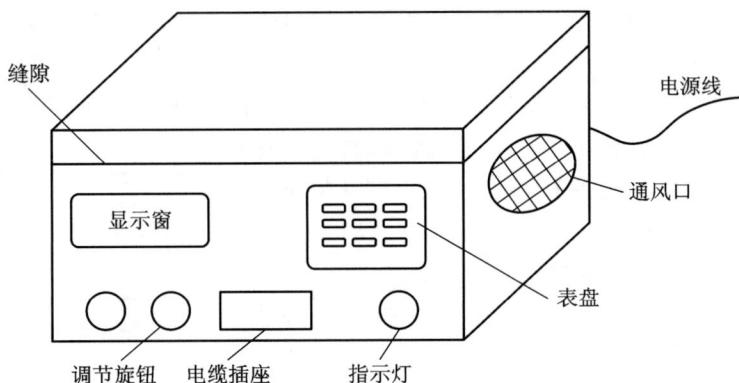

图 5.10　仪器的屏蔽机箱

5.4.2　接缝因素和孔洞因素

缝隙引起的泄漏很复杂，它不仅与缝隙的宽度、板的厚度有关，而且与其直线尺寸、缝隙的数目以及波长等有密切关系。频率越高，缝隙的泄漏越严重。而且在相同缝隙面积的情况下，缝隙的泄漏比孔洞的泄漏严重。特别是当缝隙的直线尺寸接近波长时，由于缝隙的天线效应，屏蔽壳体本身可能成为一个有效的电磁波辐射器，从而严重地破坏屏蔽体的屏蔽效果。所以，在设计屏蔽体结构时，尽量减少屏蔽缝隙是至关重要的。实践证明，当孔尺寸、缝尺寸等于半波长的整数倍时，电磁泄漏最大，一般要求缝长或孔径小于 $\lambda/10 \sim \lambda/100$。

屏蔽机箱上的永久性接缝应采用焊接工艺密封，目前采用的氩弧焊还可以保证焊接面的平整。针对非永久性配合面形成的接缝，如果用螺钉或铆钉紧固，如图 5.11(a)所示，可以提供良好的电接触，但这不一定改善紧固件之间的缝隙连接。降低接缝阻抗的一种技术是重叠板的两侧，如图 5.11(b)所示。还有就是用导电金属簧片或是导电衬垫，如图 5.11(c)和(d)所示。

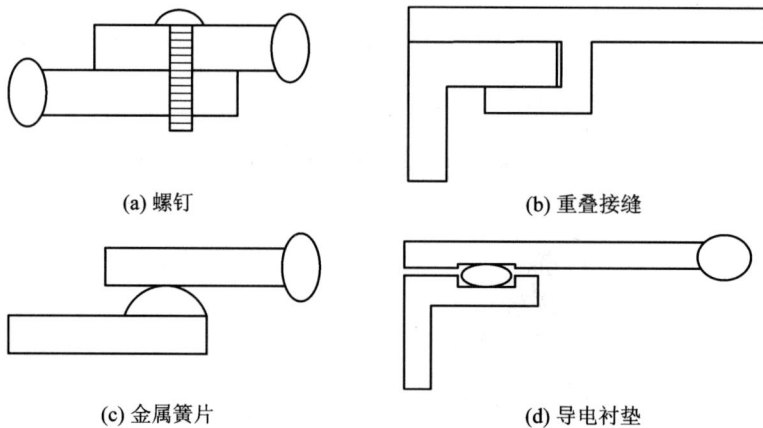

(a) 螺钉　　　　　　　　　　　(b) 重叠接缝

(c) 金属簧片　　　　　　　　　(d) 导电衬垫

图 5.11　屏蔽机箱上的接缝处理

导电衬垫是减小接缝不平整或变形的重要屏蔽材料，在屏蔽技术中被广泛应用。对导电衬垫的基本要求是：

(1) 应有足够的弹性和厚度，以补偿由于接缝在螺栓压紧时所出现的不均匀性。

(2) 所用材料应耐腐蚀，并与屏蔽机箱材料的电化序相容，即应选择电位接近的材料作接触面，以防止电化学腐蚀和"锈螺钉效应"。

(3) 转移阻抗尽可能低，如图 5.12 所示，在衬垫的一侧有电流 I，另一侧有电压 V，则转移阻抗越低，屏蔽效能越高，电磁泄漏越小。

(4) 压缩变形或寿命符合要求。

常用导电衬垫有：卷曲螺旋弹簧、卷曲螺旋屏蔽条、

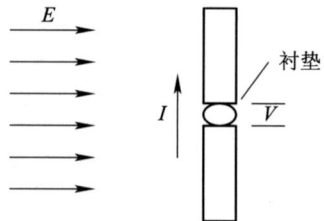

图 5.12　转移阻抗的定义：$z_T = V/I$

高性能型屏蔽条、硅橡胶芯屏蔽衬垫、多重密封条、指形簧片衬垫、金属编织网衬垫、导电

橡胶等。

5.4.3　通风口因素

为满足屏蔽机箱的通风散热要求，有时需要开设通风孔洞，如果直接开长条缝，有可能阻碍屏蔽导体的电流运动，从而导致屏蔽效能下降。屏蔽效能取决于辐射源的特性和频率、离辐射源的距离、孔洞面积和孔洞形状等。

穿孔金属板是直接在屏蔽体壁上开口，也是常见的通风口设计。穿孔金属板通常有两种结构形式，一是在屏蔽壁的适当部位直接打孔，二是将打好孔的金属板安装在通风口上。穿孔金属板的屏蔽性能稳定，它可以避免金属丝网的网栅交叉点接触电阻不稳定的缺陷。实际穿孔通风口对磁场的屏蔽效能与穿孔金属板的结构有关。打孔金属板的孔径越小、相邻孔间距越大、通风孔阵列的边长越长、板越厚，屏蔽效能就越好。

金属丝网具有结构简单、成本低、通风好等优点。在屏蔽要求不高时，覆盖在大面积的通风口上。金属丝网的屏蔽效能与网丝的直径、网孔的疏密程度以及网丝材料的电导率有关。网丝的直径越大、电导率越高，屏蔽性能越好。

但用穿孔金属板作通风口或在通风口上覆盖金属丝网在高频时屏蔽效能都要下降。为此，推荐使用截止波导式蜂窝板，它具有以下优点：

（1）工作频带宽，直到微波频段仍有较高的屏蔽效能；

（2）对空气的阻力小，风压损失少；

（3）机械强度高，工作可靠稳定。

蜂窝板有普通型和高性能两种。普通型在 1 GHz 时提供 60 dB 以上屏蔽效能，高性能型能满足军标要求及 TEMPEST、NEMP 等要求，并能满足湿热、盐雾、高低温、冲击振动等环境要求，屏蔽效能在 1 GHz 时可达到 120 dB。通风板的板芯与框架之间，以及框架与机箱之间均使用螺旋管衬垫，保证了低阻抗连接。图 5.13 所示为一些常见的截止波导式蜂窝板。

图 5.13　截止波导式蜂窝板

5.4.4　显示窗、监视器因素

显示窗、监视器等必须使用屏蔽窗以防止电磁穿透。屏蔽窗可由层压在两层聚丙烯或玻璃之间的细金属丝网制成，也可将金属薄膜真空沉积在光学基片上制成。屏蔽窗的透光度应保持在 60% 甚至 80% 以上。目前应用的柔性平面屏蔽窗、柔性弧度屏蔽窗和刚性平面屏蔽窗在 9 kHz 到 1.5 GHz 频率范围内，屏蔽效能可达 80 dB 以上。

屏蔽窗结构的设计要满足屏蔽效能，同时兼顾视线、通风或散热需求。以下是屏蔽窗常见的结构特点：

(1) 金属网格或导电网：屏蔽窗中常嵌有精细的金属网格，这些网格可以有效屏蔽高频电磁波。通常使用的材料包括铜、铝、镀银纤维等，这些金属网格有着良好的导电性，能够反射或吸收电磁波，减少其透过量。网格的孔径大小与屏蔽频率成反比，孔径越小，屏蔽高频电磁波的能力越强。

(2) 导电涂层或镀层：有时屏蔽窗表面会涂覆导电涂层或镀层，以增强屏蔽效果。这种涂层可以是金属镀层，也可以是导电聚合物材料，起到导电和反射电磁波的作用。

(3) 导电玻璃：屏蔽窗的透明部分可以采用导电玻璃，这种玻璃表面镀有一层极薄的金属膜，既能保证透光性，又能够屏蔽一定范围内的电磁波。这类导电玻璃通常应用于显示屏幕、仪表板等。

(4) 夹层结构：部分屏蔽窗采用多层结构，如两层玻璃中间夹导电材料，或多层金属与非金属材料交替组合。这种多层屏蔽结构能够增强屏蔽效果，并兼顾不同频段的电磁波屏蔽需求。

(5) 密封设计：为了进一步提高屏蔽效果，屏蔽窗边缘通常会使用导电橡胶或其他导电材料密封，确保窗口与设备机壳或屏蔽体之间没有电磁泄漏的缝隙。

5.4.5　操作器件因素

操作器件有旋钮式的、按键式的、拨动式的等，根据流过操作器件上信号的频率，可以采取以下两种方法：

(1) 信号频率较高时，可利用截止波导管的原理，即设计一个截止波导管，使其截止频率远高于信号频率，并利用一个绝缘棒穿过截止波导管进行操作器件屏蔽，如图 5.14 所示。也可以利用特殊的屏蔽材料，如屏蔽橡胶板，将操作器件完全屏蔽起来。

(2) 信号频率较低时，可利用隔离舱将操作器件与其他电路部分隔离，使操作器件上仅有频率较低的信号，而频率较低的信号辐射频率也很低，如图 5.15 所示。

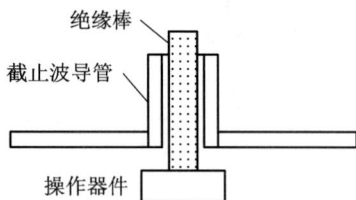

图 5.14　绝缘棒穿过截止波导管　　　　图 5.15　隔离舱法

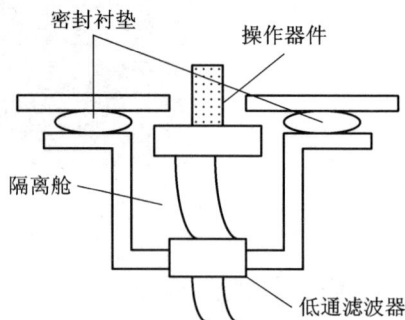

5.4.6 指示灯、表盘因素

如图 5.16 所示,指示灯可以放置在屏蔽罩内部,透过屏蔽窗显示其状态,屏蔽窗可以使用导电性玻璃或金属网材质,这样既能透光,又能提供电磁屏蔽。表盘也可以通过透明区域来显示数值,可以使用导电玻璃、镀膜玻璃或金属网作为透明屏蔽材料,这些材料可以有效阻挡电磁辐射,同时允许用户读取表盘信息。图 5.17 采用导光棒和截止波导管的形式,指示灯的光线可以透过导光棒,而电磁干扰被截止波导管所隔绝。

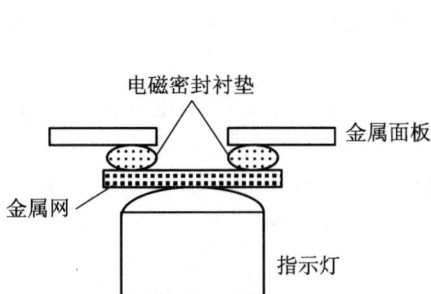

图 5.16 金属网屏蔽法

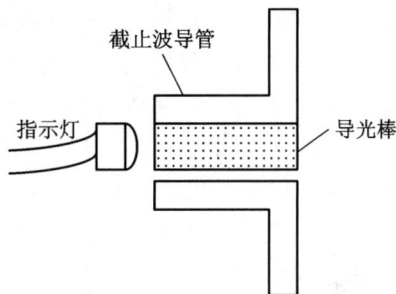

图 5.17 导光棒和截止波导管

5.4.7 电缆线、电源线因素

为了给屏蔽外壳中的电子设备供电、通信,通常需要使用穿过外壳的导线,尽管当屏蔽体上的孔洞远小于波长时,不会严重影响屏蔽体的屏蔽效能,但当有一根未屏蔽、未滤波导线穿过小孔时,就会使屏蔽体的屏蔽效能明显下降,甚至可以完全消除外壳提供的任何屏蔽效果。一个典型的错误是将导线穿过截止波导管,这时的截止波导管相当于同轴线,能使很宽频率范围的电磁骚扰通过。

当导线穿过屏蔽体时,有两种方法可防止导线的辐射。

1. 采用屏蔽电缆

屏蔽电缆可作为屏蔽机箱的延伸。屏蔽电缆与机箱应构成哑铃式的全密封体。最重要的是屏蔽电缆的屏蔽层应与机箱 360°搭接,如图 5.18 所示。

2. 滤波

先将导线中可能存在的电磁骚扰滤除,如图 5.19 所示。

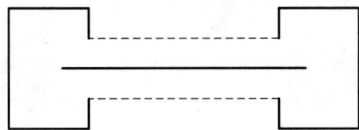

图 5.18 哑铃式全密封体

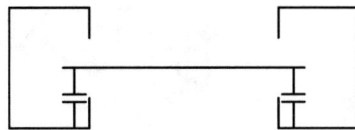

图 5.19 滤波法

5.5 实际案例：电动汽车中使用的屏蔽材料

中国电动汽车产业已发展成为全球最大和最具活力的市场之一。近年来，中国在电动汽车的生产和销售方面均位居世界前列，市场份额稳步增长。2023年，中国电动汽车销量突破700万辆，占全球销量的60%以上，持续领跑全球市场。中国在全球电动汽车产业中的地位日益突出，已成为推动全球电动汽车发展的重要力量。电动汽车的设计和运行涉及高度复杂的电气和电子系统，这些系统必须在各种电磁环境中稳定可靠地工作。因此，电磁屏蔽在电动汽车中具有极其重要的作用。

电动汽车中的电池组和电机控制器是电磁干扰的主要来源之一。电池组在充放电过程中会产生电磁辐射，可能会影响车辆的其他电子系统。电磁屏蔽可以用于包覆电池组，减少其电磁辐射，确保其他电子设备正常工作；电机控制器的内部高频开关操作会产生强烈的电磁干扰，采用屏蔽措施可以有效减少这种干扰，确保系统稳定运行；高压电缆是另一个需要屏蔽的关键部位。电动汽车内的高压电缆传输大量电能，容易产生电磁干扰。包覆高压电缆和连接器的电磁屏蔽材料可以减少这些干扰，防止其影响车内的其他电子系统，确保电力传输的安全性和可靠性；车载电子设备如信息娱乐系统、仪表盘和控制单元等，其外壳和内部通常会使用导电涂料、导电塑料或屏蔽膜，以防止外部电磁干扰影响其正常工作；无线通信模块需要在低干扰环境中工作，电磁屏蔽可以减少外部电磁干扰对这些模块的影响，确保通信的稳定性和可靠性。

电动汽车为了确保电磁兼容性和减少电磁干扰，使用了多种屏蔽材料。这些材料根据其特性和应用场景的不同，分别用于车辆的各个部位。图5.20列举了一些电动汽车中的屏蔽体。

图 5.20 电动汽车中的屏蔽体

以下是电动汽车中常见的屏蔽材料及其应用。

1. 金属材料

铝和铝合金在电动汽车中广泛应用于电池组外壳、车身和底盘的屏蔽。铝材料具有重量轻、导电性好和易加工的特点，非常适合电动车的应用需求。铜和铜合金因其卓越的导电性和屏蔽效能，常用于电缆屏蔽和电子控制单元（ECU）外壳，尽管其成本较高。镍和镀镍材料则主要应用于高频电磁干扰的屏蔽，尤其是在电机控制器外壳中，因其高导磁性和耐腐蚀性，适合高频应用。

2. 导电塑料

导电塑料是另一种重要的屏蔽材料，主要用于电子设备外壳和高压电缆的屏蔽。导电塑料重量轻，易成型加工，适用于复杂几何形状的屏蔽需求。特别是碳纤维增强导电塑料，因其高强度和良好的导电性，在轻量化屏蔽外壳中得到广泛应用。

3. 屏蔽膜和金属箔

屏蔽膜和金属箔在电动汽车中的应用非常普遍，主要用于电缆屏蔽和印制电路板层间屏蔽。金属箔具有高导电性，易于应用在各种表面上。导电聚合物膜则广泛应用于柔性电路板和显示屏的屏蔽，因其柔性好，适合应用在弯曲和移动部件上。

4. 屏蔽编织网

屏蔽编织网主要用于电缆屏蔽，尤其是高压电缆和信号电缆的屏蔽。这种材料具有良好的灵活性，可以有效地包覆不规则形状的部件，提供可靠的屏蔽效能。

5. 导电涂料

导电涂料在电子设备内部和外壳内侧的屏蔽应用中十分常见。其施工简单，适用于复杂几何形状和不规则表面的屏蔽需求，提供了一种灵活的屏蔽解决方案。

6. 磁性材料

磁性材料（如软磁材料和铁氧体）主要用于抑制高频干扰，常应用于电缆穿孔处和电子组件周围。软磁材料具有高磁导率，能够有效地抑制高频电磁干扰。

7. 复合材料

复合材料结合了多种材料的优点，可提供更高效的屏蔽效果。它们常用于需要高效屏蔽效果的场合，如电池组外壳和车载充电器外壳，通过综合多种材料的屏蔽特性，提供更广频段的屏蔽效能。

电池组通常使用铝或铝合金外壳进行屏蔽，有时内部还会采用导电塑料或多层复合材料增强屏蔽效果；电机和电机控制器外壳则通常使用铝、铜或镍材料，以确保高效的屏蔽效果。一些部件内部还会使用磁性材料来进一步减少高频干扰；高压电缆常使用金属编织网或金属箔进行屏蔽，外部有时会包覆导电塑料以增强机械保护和屏蔽效能；车载电子设备如信息娱乐系统、仪表盘和控制单元，其外壳和内部通常会使用导电涂料、导电塑料或屏蔽膜，以防止外部电磁干扰影响其正常工作。这些材料的合理选择和应用可以有效减少电磁干扰，确保电动汽车的各项电子系统在复杂的电磁环境中稳定可靠地工作。

电动汽车中采用了多种屏蔽材料，每种材料都有其独特的优点和适用场景。通过合理选择和应用这些材料，可以有效减少电磁干扰，确保电动汽车的各项电子系统在复杂的电磁环境中稳定可靠地工作。随着电动汽车技术的不断进步，屏蔽材料也将不断发展，以满足日益严格的电磁兼容性要求。

习 题

一、简答题

5.1 屏蔽效能的计算由哪几部分组成？

5.2 电磁屏蔽的材料特性主要由什么决定？

5.3 屏蔽技术一般分为哪几种？

5.4 高频、低频磁场屏蔽措施的主要区别有哪些？

5.5 铜、铝、钢、硅钢中，哪一个作为屏蔽材料时，其电磁屏蔽(注：非磁屏蔽)效能最好？

5.6 设计屏蔽机箱时，根据哪些因素选择屏蔽材料？

5.7 干扰源是环形天线，它有什么特点？给出其近场区特性和波阻抗公式。

二、计算题

5.8 一个铜质的封闭屏蔽体，厚度为 0.5 mm，在其附近 0.5 m 处有一个频率为 1 MHz 的低阻抗拉环形天线，求该屏蔽体的屏蔽效能。

第 6 章

EMI 滤波器

6.1 引　言

实践证明，即使是一个设计良好并且具有正确的屏蔽和接地措施的装置，也仍然会发射传导骚扰。滤波是压缩信号回路噪声骚扰频谱的一种方法，当骚扰源成分不同于有用信号的频带时，可以用滤波器将无用的骚扰滤除。因此正确地设计、选择滤波器对抑制传导骚扰是一种比较有效的方法。

对于电路而言，滤波是解决电磁骚扰的关键技术之一，因为电路中的导线是效率很高的接收和发射天线，所以其产生的大部分辐射发射都是通过各种导线实现的，而外界干扰往往也是首先被导线接收到，然后串入电路的。滤波的目的就是消除或减小导线上的这些干扰信号，防止电路中的干扰信号借助导线辐射，也防止导线接收到的干扰信号串入电路。

6.1.1 电磁兼容领域的滤波器

滤波器是由电阻、电感、电容或有源器件组成的选择性网络。它作为电路中的传输网络，有选择地衰减输入信号中不需要的频率分量，而让正常信号基本无障碍地通过。EMI滤波器通常为低通滤波器，其目的是让有用的低频分量通过，而衰减高频噪声信号。然而完全消除沿导线传出或传入设备的噪声通常是不可能的。滤波的目的是将这些噪声减小到一定程度，即将噪声频谱抑制到标准规定的限值以下。

EMI 滤波器的工作方式有两种：一种是将无用信号能量在滤波器中吸收并消耗掉，这类滤波器中含有损耗性器件，如电阻或铁氧体等；另一种是阻止无用信号通过，让无用信号能量反射至信号源，并且必须在系统其他地方消耗掉，这类滤波器由非损耗性器件组成，如纯电抗性器件。

在一定的通频带内，滤波器的衰减很小，能量容易通过。在此通频带之外滤波器的衰减很大，抑制了能量的传输。

6.1.2 滤波器的分类

滤波的含义是指从混有噪声或干扰的信号中提取有用信号分量的一种方法或技术。能够实现滤波功能的电路或器件称为滤波器。从经典的滤波理论发展起来的各种滤波器是由一些集总参数的电阻、电感和电容(并考虑其分布参数)构成的一种网络电路。这种网络电路允许其工作频率(或频段)信号通过，而对其他频率信号则加以抑制。

通过频率来划分滤波器，可以分为下面五类：低通滤波器、高通滤波器、带通滤波器、带阻滤波器和全通滤波器，它们的衰减-频率特性如图 6.1 所示。

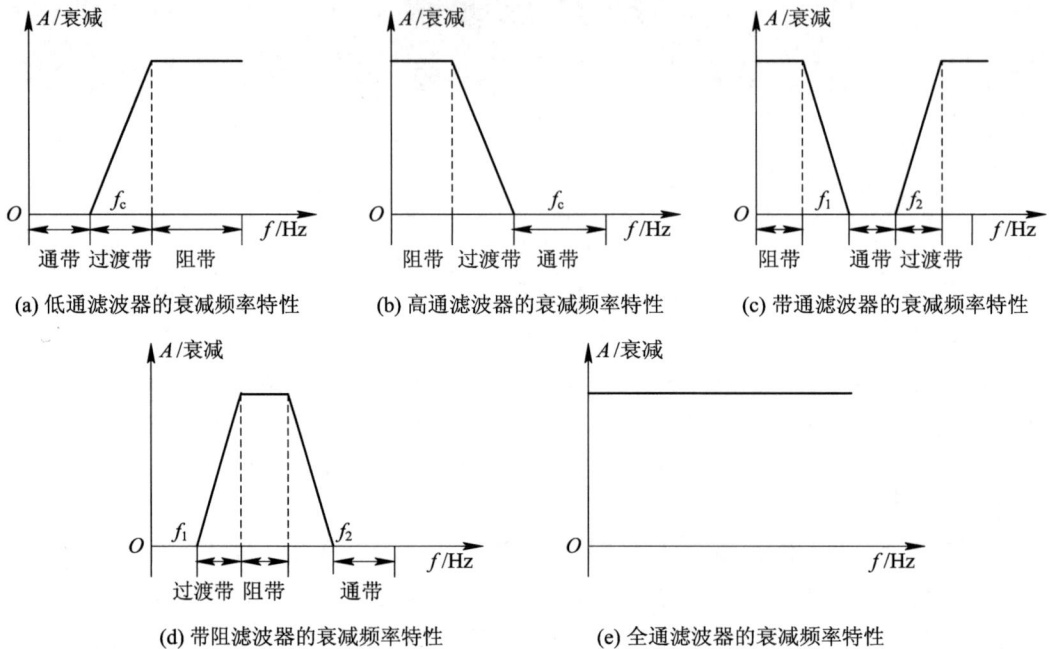

(a) 低通滤波器的衰减频率特性　(b) 高通滤波器的衰减频率特性　(c) 带通滤波器的衰减频率特性

(d) 带阻滤波器的衰减频率特性　　(e) 全通滤波器的衰减频率特性

图 6.1　滤波器的衰减-频率特性示意图

按滤波器的形式来分，则有 C 型、L 型、Γ 型、反 Γ 型、T 型、Π 型等，都属于反射式滤波器，如图 6.2 所示。

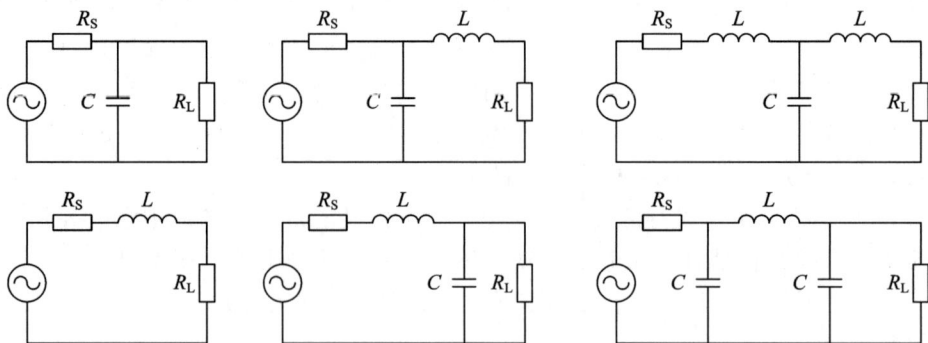

图 6.2　滤波器示意图

按滤波机理来分，可分为反射型滤波器和吸收型滤波器。

反射型滤波器是由电感、电容等元器件组成的，在滤波器阻带内提供高的串联阻抗和低的并联阻抗，使它与噪声源的阻抗和负载阻抗严重不匹配，从而把不希望的干扰反射回噪声源，所以称之为反射型滤波器。

吸收型滤波器是由有耗元器件构成的，在阻带内吸收噪声的能量并将其转化为热损耗,从而起到滤波作用。铁氧体吸收型滤波器是目前应用较多的一种低通滤波器,由铁、镍、锌氧化物混合而成,具有很高的电阻率,较高的磁导率(约为 $100\sim1500$ H/m),可等效为电阻和电感的串联。

构成滤波器的元件除了 R、L、C 外,还有具有压电效应的石英晶体、压电陶瓷等材料。对于微波波段的微波滤波器,其结构以微波传输线、波导、谐振腔和电磁介质谐振腔为主。上述器件在原理上仍可等效为 R、L、C 电路,分析方法也类似。随着近代微电子学集成技术的发展,以运算放大器为主的性能完善的有源滤波器和数字滤波器不断出现,它们在抗干扰和从噪声中分离出有用信号的能力方面比以往的滤波器好得多。由于运算放大器的性能好、价格低,它的应用前景十分广阔。在有源滤波器中,可以省去笨重的电感 L,利用 R、C 元件及运算放大器就可构成图 6.2 所示滤波器中的任何一种。有些特殊的有源滤波器还使用了一些特殊的有源器件,如电荷耦合器件、电流传送器等。

滤波理论起源于通信领域,其初衷是满足信号处理的迫切需求。随着对随机过程数学研究的不断深入,数字滤波理论也得以进一步发展和完善。数字滤波方法中,维纳滤波(Wiener filter)、卡尔曼滤波(Kalman filter)、自适应滤波和小波分析理论是信号处理领域的几种重要方法,它们各自具有其特点和应用场景。维纳滤波是由数学家维纳提出的一种以最小平方为最优准则的线性滤波器。它通过最小化滤波器输出与期望输出之间的均方误差来求解滤波器的参数,从而实现对含噪声信号的滤波处理。维纳滤波是基本的滤波方法之一,特别适用于需要从噪声中分离出整个信号波形的场景。卡尔曼滤波是一种高效的递归滤波器。它利用系统的动态模型和测量数据,通过递归地预测和更新系统的状态,实现对系统状态的最优估计。卡尔曼滤波在统计学、信号处理、控制工程等领域有广泛应用,特别适用于处理含有噪声的线性动态系统。自适应滤波是一种能够根据输入信号的特性和环境条件动态调整滤波器参数的信号处理技术。它基于信号的统计特性和最小均方误差准则,通过实时监测输入信号并调整滤波器参数,达到最佳的去噪、增强或修复效果。小波分析理论是一种时间(空间)和频率的局部化分析方法,它通过伸缩和平移等运算功能对信号进行多尺度细化分析。与傅里叶变换相比,小波分析能够更有效地从信号中提取信息,特别适用于处理非平稳信号。

在电磁兼容设计中,尽管所讨论的滤波器与通信和信号处理中的信号滤波器在基本原理上相同,但它们具有以下不同的特点,这些差异在设计中必须加以重视。

(1)处理大功率无功量。在电磁兼容滤波器中,所使用的电感和电容元件通常需要处理并承受相当大的无功电流和无功电压,因此这些元件必须具备足够大的无功功率容量。

(2)阻抗匹配问题。信号处理中的滤波器通常是在完全阻抗匹配的状态下设计的,这样可以保证预期的滤波特性。然而,在电磁兼容设计中,做到完全匹配往往很困难,有时滤波器甚至必须在失配状态下工作。因此,必须仔细考虑滤波器的失配特性,以确保在设计的频率范围内仍能获得足够好的滤波效果。

(3)高频和瞬态噪声的抑制。电磁兼容设计中的滤波器主要用于抑制瞬态噪声或高频噪声所引起的电磁干扰(EMI),因此,对滤波器所用电感和电容元件的寄生参数控制要求非常严格。这就需要在滤波器的制造和安装过程中都予以特别的重视。

(4)慎重使用和避免滥用。虽然 EMI 滤波器是抗电磁干扰的重要组件,但在使用时必须深入了解其特性并加以正确应用。否则,不仅无法达到预期效果,有时还可能引发新的噪声问题。例如,若滤波器与端阻抗严重失配,可能会产生"振铃"效应,如果使用不当,还可能导致滤波器对某一频率产生谐振。此外,如果滤波器缺乏良好的屏蔽或接地不当,还可能将新的噪声引入电路。特别是在电源中使用的 EMI 滤波器,由于其上通过的电流较大,不正确使用可能导致非常严重的后果。即使这些滤波器用于信号电路中,虽然能够抑制干扰,但也可能对有用信号产生一定的畸变。因此,在使用滤波器时,必须谨慎,不可随意滥用。

6.2 滤波器的特性

这里讨论的滤波器的主要特性是插入损耗、阻抗特性以及反射系数。限于篇幅,其他的特性,例如外形尺寸、工作环境、可靠性等,仅做简单介绍。

6.2.1 滤波器的插入损耗及频率特性

插入损耗(insertion loss),简称插损,是滤波器最为重要的技术性能参数之一,用符号 IL 表示。插入损耗定义为:信号源和接收机(负载)之间接入滤波器前后,由源传送给负载的功率之比(分贝值,dB)。插入损耗 IL 的两种常用定义方式如下。

$$IL = 10\lg\left(\frac{P_1}{P_2}\right) \tag{6-1}$$

式中,P_1 为没有接入滤波器时,从噪声源传输到负载的功率;P_2 为接入滤波器后,噪声源传输到负载的功率。

$$IL = 20\lg\left(\frac{U_1}{U_2}\right) \tag{6-2}$$

式中,U_1 为不接滤波器时信号源在同一负载阻抗上建立的电压;U_2 为信号源通过滤波器在负载阻抗上建立的电压。

IL 与信号源频率、源阻抗、负载阻抗等因素有关。

1. 插入损耗的计算

无源滤波器的二端口网络等效电路如图 6.3 所示。

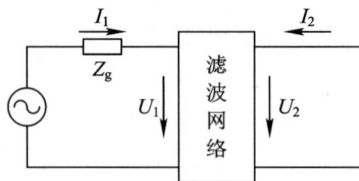

图 6.3　无源滤波器的二端口网络等效电路

图中,

$$U_1 = A_{11}U_2 - A_{12}I_2 \tag{6-3}$$

$$I_1 = A_{21}U_2 - A_{22}I_2 \tag{6-4}$$

其中,

$$A_{11} = \frac{U_1}{U_2}\bigg|_{I_2=0}, \ A_{12} = -\frac{U_1}{I_2}\bigg|_{U_2=0}, \ A_{21} = \frac{I_1}{U_2}\bigg|_{I_2=0}, \ A_{22} = -\frac{I_1}{I_2}\bigg|_{U_2=0} \quad (6-5)$$

A_{11} 为终端开路电压反射系数，A_{12} 为终端短路组合阻抗，A_{21} 为终端开路耦合导纳，A_{22} 为终端短路电流反射系数。

从负载端角度来看，二端口网络的等效电路如图 6.4 所示。

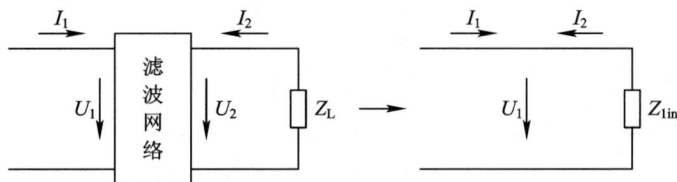

图 6.4　负载端二端口网络等效电路

图中，

$$U_1 = A_{11}U_2 - A_{12}I_2 \quad (6-6)$$

$$I_1 = A_{21}U_2 - A_{22}I_2 \quad (6-7)$$

$$U_2 = -Z_L I_2 \quad (6-8)$$

输入阻抗：

$$Z_{1in} = \frac{U_1}{I_1} = \frac{A_{11}U_2 - A_{12}I_2}{A_{21}U_2 - A_{22}I_2} = \frac{A_{12} + A_{11}Z_L}{A_{22} + A_{21}Z_L} \quad (6-9)$$

从输入端角度来看，二端口网络的等效电路如图 6.5 所示。

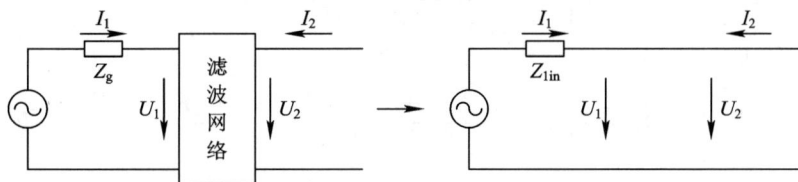

图 6.5　输入端二端口网络等效电路

图中，

$$U_1 = A_{11}U_2 - A_{12}I_2 \quad (6-10)$$

$$I_1 = A_{21}U_2 - A_{22}I_2 \quad (6-11)$$

$$U_1 = -Z_g I_1 \quad (6-12)$$

输入阻抗：

$$Z_{2in} = \frac{U_2}{I_2} = \frac{A_{12} + A_{22}Z_g}{A_{11} + A_{21}Z_g} \quad (6-13)$$

以下为插入损耗的详细计算过程，以图 6.6 为例。

根据式(6-8)、式(6-10)可以得出：

$$U_1 = A_{11}U_2 - A_{12}I_2$$

$$= A_{11}U_2 + \frac{A_{12}U_2}{Z_L} \quad (6-14)$$

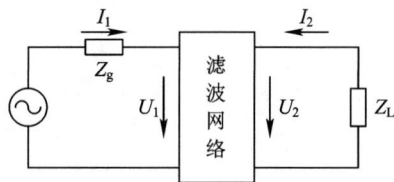

图 6.6　滤波器示例图

计算可得：

$$U_2 = \frac{Z_L}{A_{11}Z_L + A_{12}} U_1 \tag{6-15}$$

有

$$U_1 = \frac{Z_{1in}}{Z_g + Z_{1in}} U_g \tag{6-16}$$

故

$$U_2 = \frac{Z_L}{A_{11}Z_L + A_{12}} \cdot \frac{Z_{1in}}{Z_g + Z_{1in}} U_g \tag{6-17}$$

因此,有滤波器网络时,

$$U_2 = \frac{Z_L}{A_{11}Z_L + A_{12}} \cdot \frac{Z_{1in}}{Z_g + Z_{1in}} U_g \tag{6-18}$$

无滤波器网络时,

$$U_{20} = \frac{Z_L}{Z_g + Z_L} U_g \tag{6-19}$$

故插入损耗为

$$IL = 20\lg\left|\frac{U_{20}}{U_2}\right| = 20\lg\left|\frac{\dfrac{Z_L}{Z_g + Z_L}}{\dfrac{Z_L}{A_{11}Z_L + A_{12}}\dfrac{Z_{1in}}{Z_g + Z_{1in}}}\right|$$

$$= 20\lg\left|\frac{A_{11}Z_L + A_{12} + A_{21}Z_g Z_L + A_{22}Z_g}{Z_g + Z_L}\right| \tag{6-20}$$

当 $Z_g = Z_L = R$ 时,

$$IL = 20\lg\left|\frac{A_{11}R + A_{12} + A_{21}R^2 + A_{22}R}{2R}\right| \tag{6-21}$$

$$Z_{1in} = \frac{A_{12} + A_{11}R}{A_{22} + A_{21}R} \tag{6-22}$$

　　以下是 C 型滤波器的插入损耗计算公式,以图 6.7 为例。

　　已知 C 型滤波器, $Z_g = Z_L = R$。

　　其中,

$$A_{12} = -\left.\frac{U_1}{I_2}\right|_{U_2=0} = 0 \tag{6-23}$$

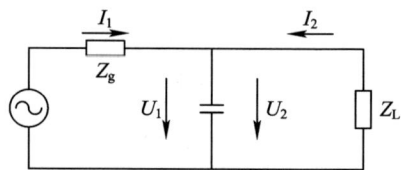

图 6.7　C 型滤波器示例图

$$A_{11} = \left.\frac{U_1}{U_2}\right|_{I_2=0} = 1 \tag{6-24}$$

$$A_{22} = -\left.\frac{I_1}{I_2}\right|_{U_2=0} = 1 \tag{6-25}$$

$$A_{21} = \left.\frac{I_1}{U_2}\right|_{I_2=0} = \frac{\dfrac{U_1}{1/(j\omega C)}}{U_2} = j\omega C \tag{6-26}$$

可得插入损耗:

$$\mathrm{IL} = 10\lg\left[1 + \left(\frac{\omega CR}{2}\right)^2\right] \tag{6-27}$$

$$Z_{1\mathrm{in}} = Z_{2\mathrm{in}} = \frac{R}{1 + \mathrm{j}\omega CR} \tag{6-28}$$

插入损耗的大小是随工作频率的不同而变化的，通常把插入损耗随频率的变化曲线称为滤波器的频率特性。

2. 几种常见滤波器的插入损耗

1）单电容低通滤波器

图 6.8 中，R_S 为滤波器向负载端视入的阻抗，R_L 为滤波器向源端视入的阻抗。频率越高，电容的阻抗越小，即高频时电容器为线路提供了一个并联的低阻抗。

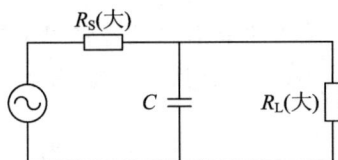

图 6.8　单电容低通滤波器

电容滤波器适用于高频时负载阻抗和源阻抗较大的情况。这种单电容低通滤波器的插入损耗表达式为

$$\mathrm{IL} = 10\lg\left[1 + \left(\frac{\omega CR}{2}\right)^2\right] \tag{6-29}$$

式中，ω 为角频率（rad/s），R 为信号源源阻抗或负载阻抗（Ω），源阻抗和负载阻抗相等，C 是滤波电容（F）。

2）单电感低通滤波器

单电感低通滤波器（见图 6.9）中电感的阻抗为 $Z_L = \mathrm{j}\omega L$，频率越高，电感的阻抗越大，即高频时为线路提供了一个串联的高阻抗，高频分量主要降在电感上，而低频分量衰减得很小，通过电感到达负载。

电感滤波器适用于高频时负载阻抗和源阻抗较小的场合。这种单电感低通滤波器的插入损耗表达式为

$$\mathrm{IL} = 10\lg\left[1 + \left(\frac{\omega L}{2R}\right)^2\right] \tag{6-30}$$

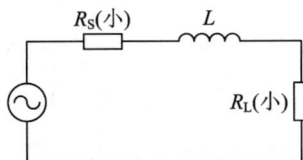

图 6.9　单电感低通滤波器

3）Γ 型低通滤波器的插入损耗

Γ 型低通滤波器（见图 6.10）由电感滤波器和电容滤波器组合而成，适用于高频时负载

阻抗较大,而源阻抗较小的场合,其插入损耗的表达式如式(6-31)所示。

$$IL = 10\lg\left[\frac{(2-\omega^2 LC)^2 + \left(\omega CR + \dfrac{\omega L}{R}\right)^2}{4}\right] \qquad (6-31)$$

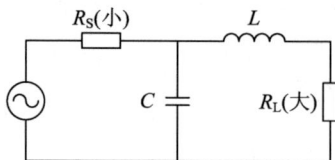

图 6.10　Γ型低通滤波器

4) T 型低通滤波器的插入损耗

T 型低通滤波器(见图 6.11)是由两节 L 型滤波器以不同的方式组合而成的,适用于高频时负载阻抗和源阻抗都比较小的场合,它比电感滤波器的插入损耗大,其插入损耗的表达式如式(6-32)所示。

$$IL = 10\lg\left[(1-\omega^2 LC)^2 + \left(\frac{\omega L}{R} - \frac{\omega^3 L^2 C}{2R} + \frac{\omega CR}{2}\right)^2\right] \qquad (6-32)$$

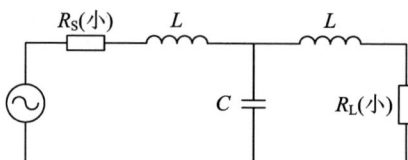

图 6.11　T 型低通滤波器

5) Ⅱ型低通滤波器的插入损耗

Ⅱ型低通滤波器(见图 6.12)由两节滤波器组合而成,适用于高频时负载阻抗和源阻抗都比较大的场合。与电容滤波器相比,由于Ⅱ型滤波器是多节滤波器串接而成的,所以其插入损耗更大,滤波效果更好。其插入损耗的表达式如下:

$$IL = 10\lg\left[(1-\omega^2 LC)^2 + \left(\frac{\omega L}{2R} - \frac{\omega^3 LC^2 R}{2} + \omega CR\right)^2\right] \qquad (6-33)$$

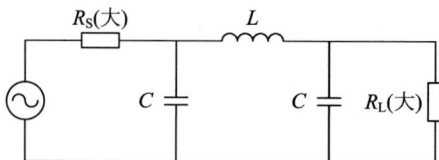

图 6.12　Ⅱ型低通滤波器

6.2.2　滤波器的阻抗特性

滤波器的源、负载阻抗直接影响该器件的插入损耗特性,在许多使用场合,都出现了滤波器的实际滤波特性与生产厂家给出的指标不符的情况,这主要是由滤波器的阻抗特性导致的。因此,在设计、选用、测试滤波器件时,阻抗特性是一个重要的技术指标。使用电源干扰抑制滤波器时,遵循源端、负载端最大限度失配的原则,以求获得最佳抑制效果。图6.13 和表 6.1 是四种组合方式的举例。其规律为高阻抗对应电容,低阻抗对应电感。

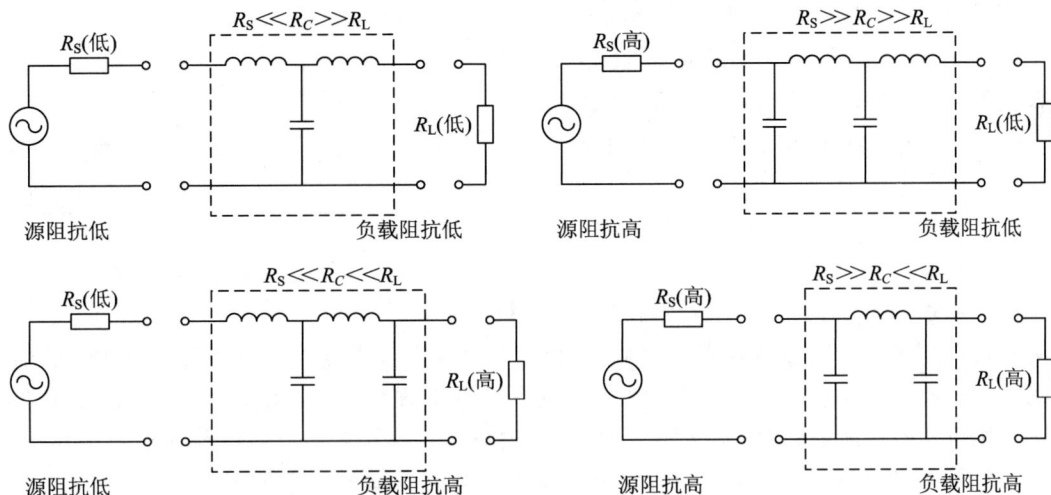

图 6.13　滤波器与源阻抗、负载阻抗的组合情况

表 6.1　滤波器与源阻抗、负载阻抗的组合方式

源阻抗	滤波器类型	负载阻抗
低		低
高		低
低		高
高		高

6.2.3 滤波器的反射系数

滤波器的反射系数(filter reflection coefficient)是反映电磁波在滤波器输入端和输出端之间反射回去的程度。反射系数越小,说明滤波器的性能越好,信号的损耗也越小。它的数值范围通常是-1到1,-1表示完全反射,0表示没有反射,1表示完全反射。

在图 6.14 中,当滤波器的输出阻抗 Z_{out} 与负载电阻 R_L 相等时,两者匹配,此时负载无反射。当 $R_L \neq Z_{out}$ 时,电路失配,则终端会产生反射。定义反射系数 Γ 为

$$\Gamma = \frac{Z_{out} - R_L}{Z_{out} + R_L} \qquad (6-34)$$

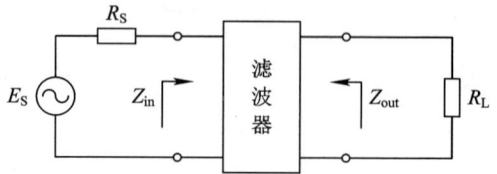

图 6.14 滤波器工作原理图

从反射系数的公式中可以看到,当负载阻抗和输入阻抗相等时,反射系数为 0,电路无反射;负载阻抗和输入阻抗的差别越大,反射系数就越大,阻抗匹配就越差。当负载为开路时,反射系数为 1,电路完全反射,反射波与入射波同相位;当负载短路时,反射系数为-1,电路也完全反射,反射波与入射波反相位。

当负载含有电抗时,反射系数是复数。反射系数与衰减的关系如下:

$$A_r = -10\lg(1 - |\Gamma|^2) \qquad (6-35)$$

工程应用中,常用反射系数 Γ 来表示通带内的最大失配情况。

6.2.4 滤波器的其他特性

除上面提到过的滤波器特性外,滤波器还有一些其他特性,以下进行简单介绍。

(1)额定电压。滤波器的额定电压要合适,以便在所要求的工作条件下,提供可靠的工作性能。过高的电压可能损坏滤波器的电容和电阻。额定电压非常重要,特别是遇到很大的电压偏差或短脉冲的时候。

(2)额定电流。为了避免损坏滤波器中的电阻和电容,应当依据滤波器在连续工作时所允许通过的最大电流值来计算或设定滤波器的额定电流。在可能的情况下,可使滤波器的额定电流值与导线的额定电流值一致,或者与保险丝规定的数值一致。若滤波器采用了不必要的过高额定电流值,则会增加滤波器的重量并使其占用更大的空间。若额定电流的数值过小,则会降低滤波器的工作可靠性,造成安全隐患。滤波器的安全系数应当与电路中的其他元器件一致。

(3)绝缘电阻。滤波器的绝缘电阻在其寿命期间有可能发生变化。为使滤波器正常工作,应确定其绝缘电阻的最大变化值,并在电路设计阶段加以考虑。

(4)尺寸与重量。在某些应用中,滤波器的尺寸和重量有可能是非常重要的。在空间有限情况下,加一个或减少一个滤波器的元器件都可能改变滤波器的尺寸和重量。滤波器的制造商经常会给用户提供滤波器的形状、安装方法以及连接方法等数据。

(5)温度。滤波器要能够在一定的温度范围下正常工作。工作目的、工作环境的不同,对滤波器的要求也不一样。对于军事设备,其温度范围可达-65℃至85℃。但对工业和商业用设备,工作的温度范围要小很多。

（6）可靠性。滤波器的可靠性要与设备的可靠性要求相一致，并且其可靠性往往高于其他设备。这一点之所以非常重要，是因为由电磁干扰引发的问题比起由其他设备引发的问题更难发现，而滤波器主要用于应对电磁干扰现象。

6.2.5　EMI 低通滤波器的设计

EMI 低通滤波器通常采用无源滤波器，因为有源滤波器需要电源来驱动放大器，但电源中的噪声可能会被放大器放大，反而在电路中引入了新的噪声，而无源滤波器不会有这种问题。

EMI 低通滤波器常通过对原型滤波器进行阻抗换算、带宽换算得到电容、电感的参数。以下从单电容滤波器出发，讲述这类 EMI 低通滤波器的设计过程。

由前面的内容可知，单电容低通滤波器的插入损耗为

$$\mathrm{IL} = 10\lg\left[1 + \left(\frac{\omega CR}{2}\right)^2\right] = 10\lg(1 + k^2) \qquad (6-36)$$

其中，$k = \dfrac{\omega CR}{2}$，在 3 dB 截止点时，$k = 1$，此时角频率为 ω_c。

令 $R = 1\ \Omega$，$\omega_c = 1\ \mathrm{rad/s}$ 时，则 $C_a = 2\ \mathrm{F}$，此时的 R 值、C 值称为原型滤波器值。此后，可以根据实际的截止频率 f_c 和阻抗 Z 进行换算，即

$$C = \frac{C_a}{2\pi f_c Z} \qquad (6-37)$$

例题：设计一个单电容低通滤波器，其阻抗为 50 Ω，截止频率 f_c 为 1 MHz。

解：
$$C = \frac{C_a}{2\pi f_c Z} = \frac{2}{2 \times 3.14 \times 10^6 \times 50} = 6369.43\ \mathrm{pF}$$

注：在工程中，选用 6400 pF 电容。

以上是最简单的单电容低通滤波器，它在阻带内的衰减量为 20 dB/10 倍频程。实际应用中，通常希望通带衰减足够小，阻带衰减足够大，因此，许多时候需要提高滤波器的阶数来增加过渡带的衰减量。

根据以上设计原理，高阶滤波器也可以基于原型滤波器进行设计。常用的 2 阶到 6 阶巴特沃斯滤波器的原型电路如图 6.15 所示，此时，令截止频率都为 $1/2\pi$，特性阻抗都为 1 Ω。原型电路是用于设计滤波器的标准化电路模型，它是滤波器设计过程中的一个基本步骤，通过这个原型电路，可以根据需求调整频率、阻抗等参数，最终得到实际的电路实现。

参照单电容滤波器实际电容的计算方法，令

$$M = \frac{\text{待设计滤波器的截止频率}}{\text{基准滤波器的截止频率} \dfrac{1}{2\pi}(\mathrm{Hz})}$$

$$K = \frac{\text{待设计滤波器的特征阻抗}}{\text{基准滤波器的特征阻抗}}，即 1\ \Omega$$

则电容值可以通过以下公式计算：

$$C' = \frac{C}{KM}$$

电感值可以通过以下公式计算：

$$L' = \frac{LK}{M}$$

其中，C、L 分别为图 6.15 中电容和电感的值。

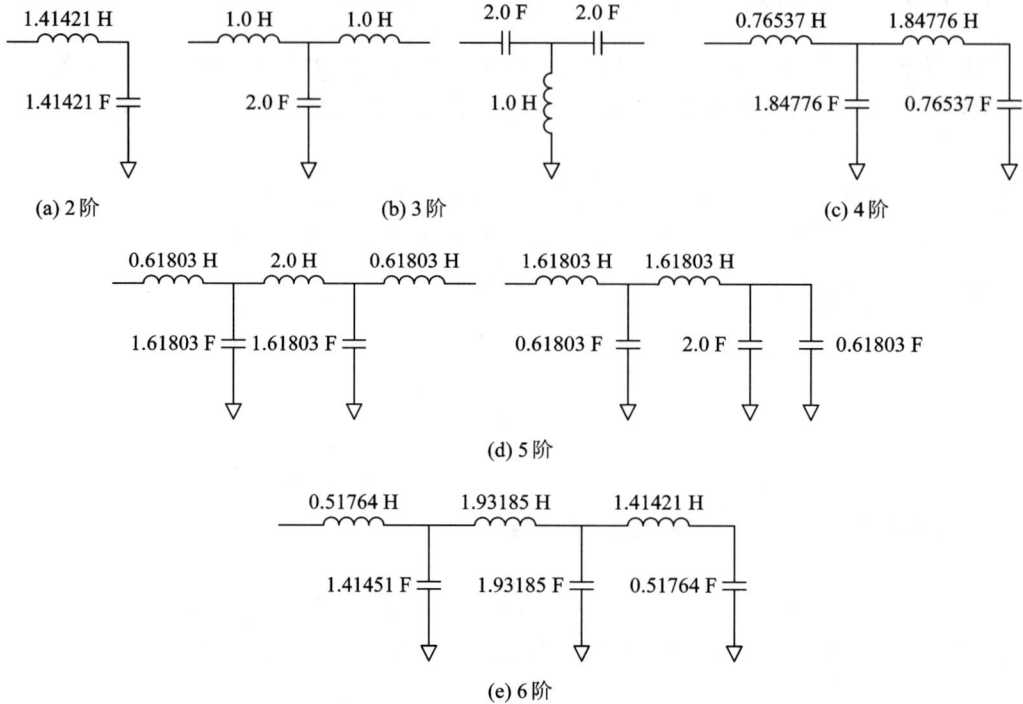

(a) 2 阶	(b) 3 阶		(c) 4 阶

(d) 5 阶

(e) 6 阶

图 6.15　常用的 2 阶到 6 阶巴特沃斯滤波器的原型电路

此外，将图 6.15 中 C、L 的值代入 2 阶、3 阶滤波器的插入损耗计算公式中，可以得到以下结果。

2 阶原型滤波器：

$$L = \sqrt{2}\ \text{H}, \ C = \sqrt{2}\ \text{F}, \ R = 1\ \Omega$$

$$\text{IL} = 10\lg\left[\frac{(2 - 2\omega^2)^2 + (2\sqrt{2}\,\omega)^2}{4}\right] = 10\lg(1 + \omega^4)$$

3 阶 Ⅱ 型原型滤波器：

$$C = 1\ \text{F}, \ L = 2\ \text{H}, \ R = 1\ \Omega$$

$$\text{IL} = 10\lg\left[(1 - 2\omega^2)^2 + (\omega - \omega^3 + \omega)^2\right] = 10\lg(1 + \omega^6)$$

3 阶 T 型原型滤波器：

$$L = 1\ \text{H}, \ C = 2\ \text{F}, \ R = 1\ \Omega$$

$$\text{IL} = 10\lg\left[(1 - 2\omega^2)^2 + (\omega - \omega^3 + \omega)^2\right] = 10\lg(1 + \omega^6)$$

4 阶～6 阶滤波器插入损耗在先前章节没有给出，此处不再赘述。

严格按照滤波器设计方法设计的滤波器在过渡带的斜率为每 10 倍频程 $20n$ dB($\lg10 = 1$)，或每 2 倍频程 $6n$ dB($\lg2 = 0.3$)，其中 n 为阶数。这就给出了多阶 EMI 低通滤波器的设计思路。若干扰的频率和有用信号的频率是接近的，如有用信号的最高频率为 50 个单位（注：此处的单位可为 Hz、kHz 或 GHz，故未具体给出。），干扰的频率为 100 个单位，则需用每 2 倍频程 $6n$ dB 考虑；若需要对干扰衰减至少 20 dB，则至少需要 4 阶低通滤波器才能实现。若有用信号的最高频率为 10 个单位，干扰的频率为 100 个单位，那么需要用每 10 倍频程 $20n$ dB 考虑；若需要对干扰衰减至少 20 dB，则只需要 1 阶低通滤波器就能实现。图 6.16 给出了上述两个例子的示意图。

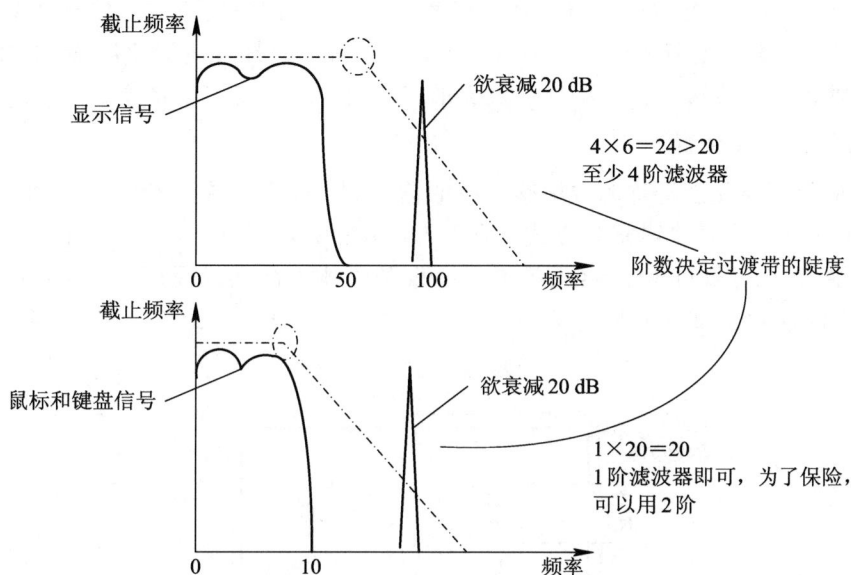

图 6.16　$6n$ dB/2 倍频程与 $20n$ dB/10 倍频程的选择示意

例题： 有一个天线的工作频率为 2～30 MHz，输入阻抗为 72 Ω，干扰频率为 66～72 MHz，现需要设计一个低通滤波器，要求天线的工作频率带外衰减不小于 30 dB。

解： 由于最高工作频率为 30 MHz，所以设计的低通滤波器的最低截止频率应大于 30 MHz，假设取 $f_c = 32$ MHz。由于最低干扰频率大于 66 MHz，则应使用每 2 倍频程 $6n$ dB 考虑，若带外衰减需要大于 30 dB，那么要求 $n \geqslant 5$，取 $n = 5$。

5 阶 3 电容原型滤波器的参数为

$$C_{1b} = C_{5b} = 0.618 \text{ F}, \quad C_{3b} = 2.00 \text{ F}, \quad L_{2b} = L_{4b} = 1.618 \text{ H}$$

换算：

$$M = \frac{f_c}{\frac{1}{2\pi}} = 2\pi f_c$$

$$K = Z = 72 \ \Omega$$

$$C_1 = C_5 = \frac{C_{1b}}{KM} = \frac{0.618}{72 \times 2\pi \times 32 \times 10^6} = 43 \text{ pF}$$

$$C_3 = \frac{C_{3b}}{KM} = \frac{2}{72 \times 2\pi \times 32 \times 10^6} = 138 \text{ pF}$$

$$L_2 = L_4 = \frac{L_{2b}K}{M} = \frac{1.618 \times 72}{2\pi \times 32 \times 10^6} = 0.58 \ \mu H$$

关于巴特沃斯滤波器的设计，互联网上也有一些程序或者软件可以帮忙进行计算，有兴趣的读者可以对计算所得的值进行验证。

6.2.6 滤波器的安装

EMI 滤波器的安装在电磁兼容设计中至关重要，正确的安装方法可以有效抑制电磁干扰，而错误的安装则可能导致性能下降或引发新的问题。选择合适的滤波器，但安装不当，仍然会破坏滤波器的衰减特性。EMI 滤波器的安装通常应注意以下事项。

1. 滤波器的安装位置

滤波器应尽可能靠近干扰源或敏感设备的输入端，以最大限度地抑制干扰的传播。如图 6.17 所示为推荐的滤波器安装方式：输入、输出能实现很好的隔离。如图 6.18 所示为不推荐的安装方式：不应该让未经滤波的线在设备壳体内出现或迂回，该线有可能会对后续电路形成耦合，降低滤波效果。

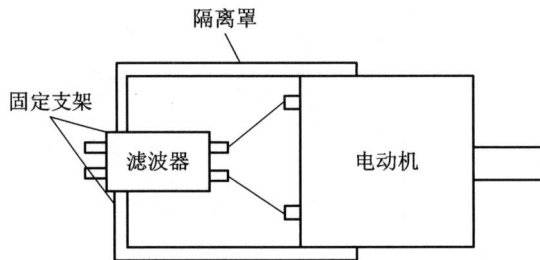

图 6.17　推荐的滤波器安装方式

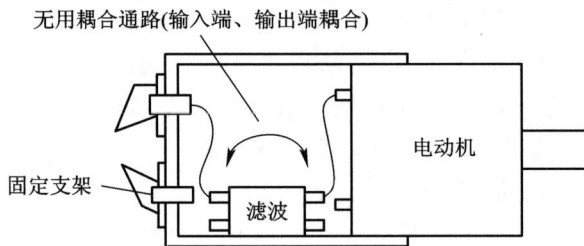

图 6.18　不宜采用的滤波器安装方式

2. 滤波器接地

EMI 滤波器必须与设备的接地点良好连接，以确保滤波器的屏蔽效果和滤波性能。应尽可能缩短接地线长度，使用短而粗的导线或铜带进行接地连接，以降低接地电感和电阻，从而减少滤波器的接地回路噪声。确保滤波器的接地端子与机壳或其他接地点之间的接触良好，避免松动或腐蚀导致接触不良。图 6.19 所示为滤波器没有良好接地。滤波器的地线上可能会有很大的电流流过，引起电磁辐射，因此应对滤波器进行良好的接地。

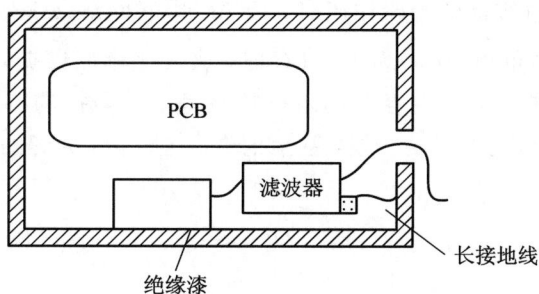

图 6.19　滤波器没有良好接地

3. 线缆布线

滤波器的输入和输出线缆应分开布线或者保持足够的物理距离，避免平行或紧密缠绕，避免相互耦合，防止出现输入端与输出端的线路耦合现象而降低滤波器的衰减特性，如图 6.20 所示。若不能实施隔离方法，则采用屏蔽线。

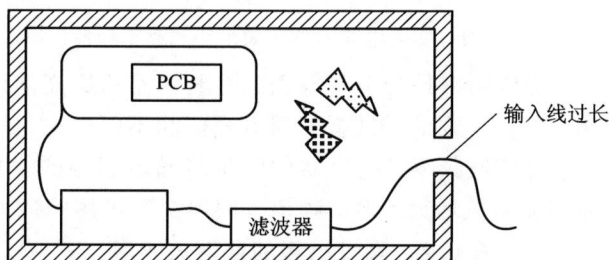

图 6.20　滤波器的电源输入线过长

滤波器中的电容器导线应尽可能短，防止感抗与容抗在某个频率上形成谐振，两个电容器呈直角安装，避免相互产生影响。

4. 滤波器的环境和机械安装

滤波器应安装在通风良好的环境中，避免过高的环境温度影响其性能。使用固定螺栓、支架或卡扣等将滤波器牢固安装，避免振动或机械应力导致滤波器内部元器件松动或损坏。在机械安装过程中，避免过度紧固或用力拉扯滤波器的接线端子，以免损坏内部元器件。

6.3　常用滤波装置与元器件

滤波元器件的种类很多，从简单的单一电容、电感到各种复杂结构的滤波器，都可起到一定的滤波作用。

6.3.1　电容器及其寄生参数

电容器内绝缘介质材料的特性是电容器综合性能的重要制约因素。实际的电容器不是纯电容，还包括电阻分量和电感分量。其等效电路如图 6.21(a) 所示。其电感分量是由引线和电容结构所决定的，电阻是介质材料所固有的。电感分量是影响电容频率特性的主要指标，因此，在分析实际电容器的旁路作用时，用 LC 串联网络来等效。实际电容器的频率特性如图6.21(b)所示，当角频率(ω)为 $1/\sqrt{LC}$ 时，会发生串联谐振，这时电容的阻抗最小，旁路效果最好。超过谐振点后，电容器的阻抗特性呈电感阻抗的特性——随频率的升高而增加，对高频噪声的旁路效果开始变差，甚至消失。这时，作为旁路元件使用的电容器就开始失去旁路作用。

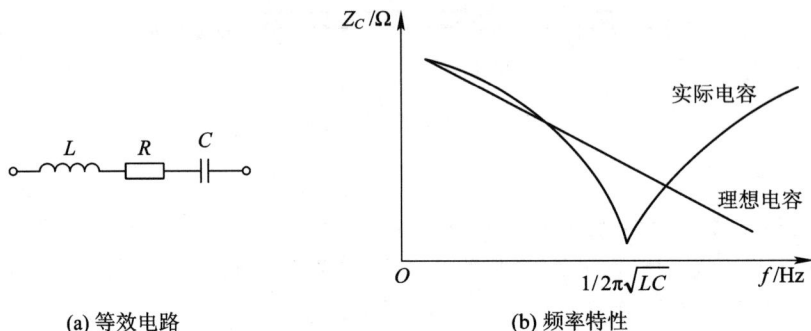

(a) 等效电路   (b) 频率特性

图 6.21   实际电容器的等效电路和频率特性

选择电容器类型时，工作频率是一个重要因素。电容器的最高使用频率通常受电容器电容值和引线长度限制。表 6.2 显示了具有不同电容值和不同引线长度的陶瓷电容的自谐振频率。当使用频率超过自谐振频率，电容器的阻抗将随着频率的增加而增大。频率上限是由自振荡或在高频时损耗系数增大所致。频率下限取决于可用的最大实际电容值。

表 6.2   陶瓷电容的自谐振频率

电容值/pF	自谐振频率/MHz	
	线长度 6 mm	线长度 12 mm
10 000	12	
1000	35	32
500	70	65
100	150	120
50	220	200
10	500	350

电容器作为电子电路中的核心元件之一，种类多样，适用于不同频率和应用场景。根据其结构、材料和性能差异，电容器主要分为铝电解电容器、钽电解电容器、纸介质电容器、聚酯薄膜电容器、云母和陶瓷电容器、聚苯乙烯电容器等几种常见类型。这些电容器由于材料和制作工艺的不同，具备了不同的特性，适用于不同的频率范围和应用场景。

以下对常见的电容器及其应用做一个简单的说明。

1. 铝电解电容器

特点：容量大，体积小，容量与体积的比值较大；电容值远大于其他类型的电容器；串联电阻较大；对温度敏感；感抗较大。

适用场合：适用于温度变化不大，工作频率不高(不高于 25 kHz)的场合，如低频滤波、旁路、耦合。

使用注意事项：铝电解电容器具有极性，安装时，加在其上的直流电压必须保持正确的极性。铝电解电容器工作在额定电压的 80% 时能达到最大寿命。当铝电解电容器用于交流或脉动直流电路时，脉动电压不能超过最大额定脉动电压，否则，会在其内部产生过多的热量。铝电解电容器不能工作在推荐的额定温度以外。

铝电解电容器如图 6.22 所示。

图 6.22　铝电解电容器

2. 钽电解电容器

特点：容量大，体积小，容量与体积的比值较大；串联电阻小；温度稳定性好；感抗小；成本高；耐压能力有限；易损坏。

适用场合：适用于温度变化较大，工作频率不高（不高于 25 kHz）的场合。

使用注意事项：一般情况下，相比铝电解电容器，具有对时间、温度、振动更好的适用性。钽电解电容器要获得更高的可靠性需要以降低工作电压为代价。

钽电解电容器如图 6.23 所示。

图 6.23　钽电解电容器

3. 纸介质电容器和聚酯薄膜电容器

特点：容量和体积的比值较小；串联电阻小；电感值较大；耐压高。

适用场合：适用于电容量不大、工作频率不高（1 MHz）的场合，如滤波、旁路、耦合、时基和噪声抑制。

使用注意事项：管型纸介质电容器或聚酯薄膜电容器通常一端有一环带，与环带一端相连的导线和电容器的外壳相连。通常，环带端应与地或公共参考电位相连。这样，电容器外壳可起到屏蔽作用，减少电场耦合对电容器的影响。

聚酯薄膜电容器如图 6.24 所示。

图 6.24　聚酯薄膜电容器

4. 云母和陶瓷电容器

特点：容量较小；串联电阻小；电感值小；高精度；相当稳定的频率/容量特性。

适用场合：适用于电容量小、工作频率高（当电容的引线很短时，使用频率可达 500 MHz）的场合，如高频滤波、旁路、耦合、时基和频率鉴别。

使用注意事项：云母和陶瓷电容器承受尖峰电压的能力较弱，因此在其起旁路作用时，不应跨接在低阻电源线上。

云母和陶瓷电容器如图 6.25 所示。

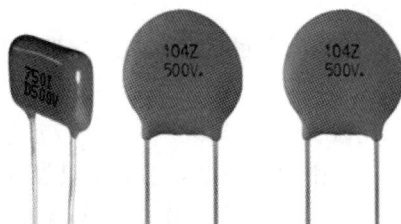

图 6.25　云母和陶瓷电容器

5. 聚苯乙烯电容器

特点：串联电阻小；电感值小；电容量相对时间、温度、电压很稳定。

适用场合：适用于要求频率稳定度高的场合，如滤波、旁路、耦合、时基和噪声抑制。

聚苯乙烯电容器如图 6.26 所示。

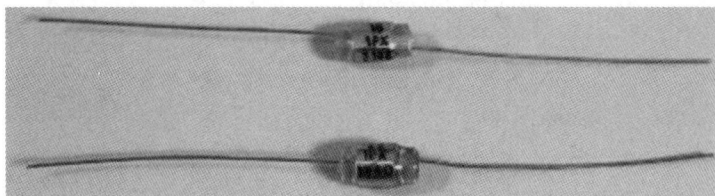

图 6.26　聚苯乙烯电容器

6. 电容器的并联

电容器不可能在从低频到高频整个频段内都能提供令人满意的性能。为了在整个频段内提供滤波作用，经常将两个不同类型的电容器并联使用。如电解电容能够提供在低频滤波时所需的大电容量，再并联一个小的低感陶瓷或云母电容器，则可以在高频时提供低阻抗通路。

然而，如图 6.27 所示，当电容器并联时，电容器和所连接电容器及引线电感可能会引起串联或并联谐振问题，谐振会在一特定的频率上产生很大的阻抗。因此在电容器并联且电容值相差悬殊或连线很长时必须予以关注。

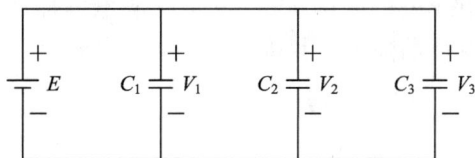

图 6.27　电容器的并联

7. 三端电容器

随着频率的增大，完美的电容器具有每 10 倍频程 20 dB 的常量衰减增量。但实际上，电容器由于引线电感的存在，滤波器的高频性能会受到很大的影响。其阻抗在某个频率点上呈现最小，超过这个频率后阻抗开始增加。

可将电容器设计成两个端子和三个端子的结构，如图 6.28 所示。

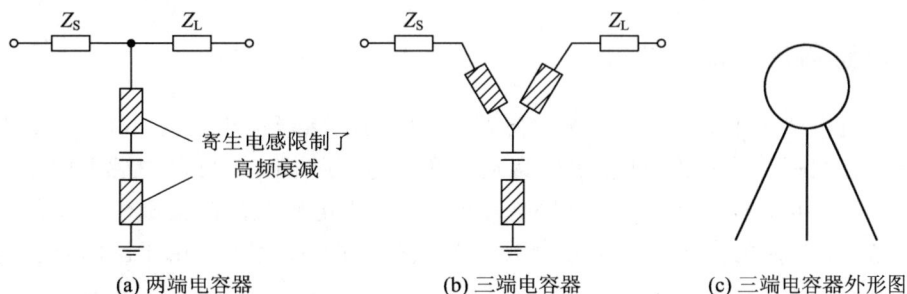

(a) 两端电容器　　　(b) 三端电容器　　　(c) 三端电容器外形图

图 6.28　二端电容器与三端电容器

隔离三端电容器的输入端与输出端，就可以设法利用引线电感。这时，引线电感与电容器一起组成了一个 T 型滤波器，极大地改善了电容器的高频特性。假如在上边引线的每个端子上再增加铁氧体磁环，则会进一步提高引线电感。若与阻抗相对较低的源或负载组合使用，能够提高滤波器效果。这种三端结构可以将小陶瓷电容器的应用范围从小于 50 MHz 扩展到大于 200 MHz，对甚高频频段的干扰抑制起到很大作用。

8. 芯片电容器

芯片电容器是一种采用芯片形式封装的电容器。常见的芯片电容器包括微波瓷介芯片电容器等。芯片电容器在使用时有很特别的优势——引脚电感等于零。芯片电容器的总电感被削减到只有它自身的电感，是常用器件的元件电感与引线电感之和的 $1/4 \sim 1/3$。在电容值相同的情况下，芯片电容器的谐振频率可以是引线型电容器的两倍。微波瓷介芯片电容器具有小型化、高容量密度、高频化（300 MHz～100 GHz）、耐高温、高可靠性等特点，能较好地适应微波通信设备小型化、多功能化、高性能化的发展趋势，满足微组装技术要求。它主要用于两个方面：一是卫星导航、雷达、电子侦察、电子对抗等与微波紧密相关的高端装备领域；二是通信设备的 5G 基站以及光通信领域的光传输模块回路。

9. 穿心电容器

穿心电容器通常由一个圆柱形的陶瓷介质或其他绝缘材料构成，两端有金属电极。它的特殊之处在于有一个中心导体穿过电容器,这个中心导体与外部电路连接,而电容器的外壳则接地或连接到其他特定的电位,如图 6.29 所示。穿心电容器是一种特殊的三端电容器,与普通三端电容器相比,它直接安装在金属面板上,这种安装方式使得穿心电容器的接地电感更小,几乎没有引线电感的影响。另外,穿心电容器的这种安装方式使得输入输出端被金属板隔离,这种设计消除了高频耦合,提高了滤波效果。

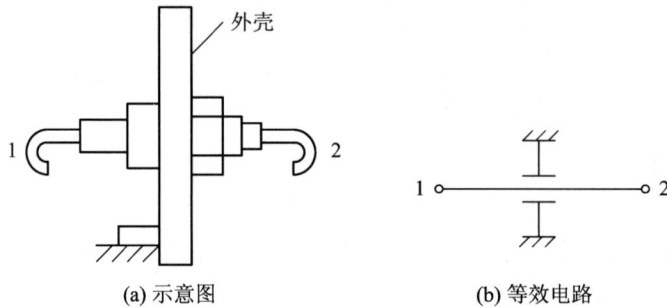

(a) 示意图　　　　　　　(b) 等效电路

图 6.29　穿心电容器的示意图与等效电路

6.3.2　电感器及其寄生参数

凡能产生电感作用的元件统称为电感器。一般的电感器是漆包线、纱包线或镀银铜线等在绝缘管上绕一定的圈数而构成的,因此又称为电感线圈。实际的电感器除了电感参数以外,还有寄生电阻和电容,其中寄生电容很大。理想电感器的阻抗随着频率的升高呈正比增加,这正是电感对高频干扰信号衰减较大的根本原因。但是,由于匝间寄生电容的存在,实际的电感器等效电路是一个 LC 并联网络。当角频率(ω)为 $1/\sqrt{LC}$ 时,会发生并联谐振,这时电感器的阻抗最大,超过谐振点后,电感器的阻抗呈现电容阻抗特性——随频率增加而降低。电感的电感量越大,往往寄生电容也越大,电感的谐振频率越低。实际电感器的等效电路如图 6.30(a)所示,频率特性如图 6.30(b)所示。

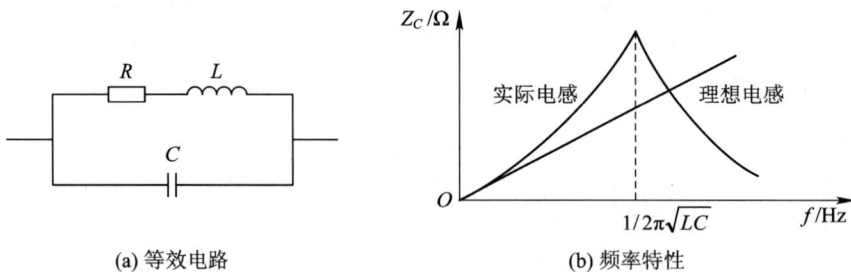

(a) 等效电路　　　　　　　(b) 频率特性

图 6.30　实际电感器的等效电路和频率特性

电感器使用开放磁芯会导致磁漏现象,产生较强的外部磁场,可能对周围电路造成干扰。为了避免这种情况,应尽量使用闭合磁芯。此外,开放磁芯电感器对外界磁场也十分敏感,因此需要注意电感拾取外界噪声的问题。为了防止上述电感器带来的电磁兼容性问题,通常会将电感器屏蔽起来。在高频情况下,使用铜或铝等导电性良好的材料进行屏蔽,而在低频情况下则需使用高磁导率的材料。

电感器有时也称为电感线圈,按工作特征分成固定电感线圈和可变电感线圈;按磁导体性质分成空气芯线圈和磁芯线圈；按结构特征分成单层、多层、蜂房式或特殊绕组的线圈，有骨架或无骨架的线圈，带屏蔽或不带屏蔽的线圈，密封的或不密封的线圈等。下面分别介绍几类常见的电感器。

（1）固定电感器：这种电感器具有固定的电感量，通常用于高频应用。电感量一般为 $0.1\sim33\,000\ \mu H$，按结构分为卧式和立式两种。它的构造是把线圈绕在高频磁芯上，再用塑料外壳或环氧树脂封装起来，频率为 10 kHz～200 MHz，因此又叫高频电感线圈。电感量一般为 $0.1\sim33\,000\ \mu H$，有Ⅰ级（±10%）、Ⅱ级（±15%）、Ⅲ级（±20%）三种。高频电感线圈型号用"LG"表示，其中 L 代表电感线圈，G 代表高频，按结构形式分为 LG1 型卧式、LG2 型立式两种。如，电感器上标有 BⅡ150 μH 字样，代表这是一只标称电流为 B(150 mA)、允许偏差为Ⅱ级、电感量为 150 μH 的电感器。

（2）可变电感器：电感量可在较大范围内进行调节的电感器。例如，长棒形磁芯在线圈中移动，棒在线圈正中电感量最大，棒移出线圈外时电感量最小。当与固定电容器配合使用于谐振回路时可起调谐作用。

（3）微调电感器：它的电感量调节范围较小，在使用中实际上为一固定电感器，微调的目的在于满足元件和整机调试时的需要以及补偿电感器生产中的不一致性。微调电感器按磁芯结构的不同有多种形式，如螺纹磁芯微调电感器、罐形磁芯微调电感器以及中频变压器等。

（4）平面电感器：为缩小电感器体积，用薄膜电路或厚膜电路技术在绝缘基片上制出金属平面螺线的电感器称为平面电感器，又称为膜电感。

（5）天线线圈：收音机输入调谐回路用的电感线圈叫作天线线圈，在电子管收音机中，它与外接天线接通，电子管收音机用的天线线圈常为空心式或加可调磁芯。中波波段用的天线线圈，常用多股的漆包线在绝缘管上绕成蜂房线圈。短波波段用的天线线圈，则常用较粗的单股铜线在纸胶管或塑料骨架上绕单层线圈。

（6）振荡线圈：超外差式收音机本机振荡回路中的电感元件。一般用塑料骨架，以减小高频损耗。为了提高 Q 值，一般都有铁氧体芯。

（7）差模扼流圈和共模扼流圈：作为滤波器使用的电感线圈有两种，一种是差模扼流圈，也称为差模电感，用于抑制差模高频噪声；另一种是共模扼流圈，也称为共模电感，用于抑制共模高频噪声。差模扼流圈一般是单线扼流圈，串联在单根传输线上。单线扼流圈通常是把导线缠绕在磁损较大的铁粉芯上，电感值可达几十毫亨。共模扼流圈可接入传输导线对中，同时抑制每根导线对地的共模噪声，而对于传输线中传输的差模电流则没有影响，其结构如图 6.31 所示，通常把两个相同的线圈绕在同一个铁氧体材料的磁环上。

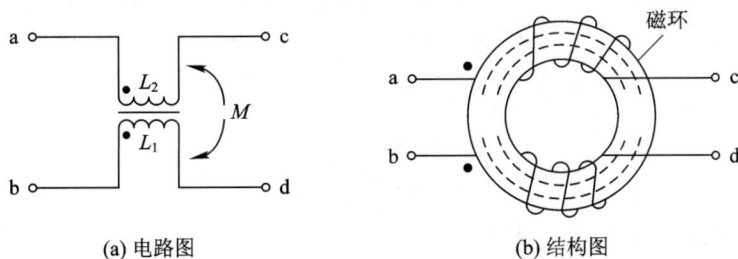

(a) 电路图　　　　　　　　　　　(b) 结构图

图 6.31　共模扼流圈

由于铁氧体的磁损较小,共模扼流圈的绕制方法使得两线圈在流过共模电流时磁环中的磁通相互叠加,从而具有相当大的电感量,对共模电流起到抑制作用,而当两线圈流过差模电流时磁环中的磁通相互抵消,几乎没有电感量,因此差摸电流可以无衰减地通过。共模扼流圈的优点就在于即使有较大差模电流通过也不会使磁环饱和,而对于共模电流则有较大的电感(约几毫亨),因此可以用在大电流的电源滤波器中。

单线扼流圈是绕在磁性材料上的,当扼流圈中的电流大到一定程度时磁性材料将产生磁饱和现象,这时磁性材料的磁导率将急剧下降,电感量也随之大大减小,单线扼流圈就不能起到滤波作用了,因此应该采用饱和磁感应强度高即磁损大的磁芯,例如金属粉末磁芯,同时磁芯的截面积也不能过小。共模扼流圈不存在磁饱和问题,因为共模扼流圈在流过差模电流时磁通在磁环中互相抵消,所以磁环可以用饱和磁感应强度较低即磁损小但磁导率高的铁氧体材料。

6.3.3 铁氧体 EMI 抑制元件

一般 LC 滤波器属反射式滤波器,其缺点是当它和信号源不匹配时,一部分有用能量会被反射回信号源,从而导致干扰电平的增加。为拓宽抑制带宽,在电磁干扰滤波器中还用了一种吸收式滤波器,使有用信号能有效地通过,但不需传输的能量则被转化为热能。

目前广泛使用的吸收式滤波器主要是由铁氧体磁性材料制成的。铁氧体在交变磁场作用下,会像其他磁性材料一样产生涡流损耗、磁滞损耗和剩余损耗。这类损耗随着磁场频率的升高而增加,增加速度与铁氧体材料的配方有关。吸收式滤波器正是利用这一特性,来消耗不希望传输的干扰信号。例如,电源系统常用的一种同轴型吸收式滤波器,就是以内外表面均涂有导电材料的铁氧体管制成的。图 6.32 给出了用 50 Ω 测试系统测得的两种吸收式滤波器的插入损耗曲线。这两种滤波器均用外径 Φ16 mm、内径 Φ9.5 mm 的铁氧体管制成,仅是长度不同而已。由图可见,滤波器的插入损耗随铁氧体管长度的增加而增加。

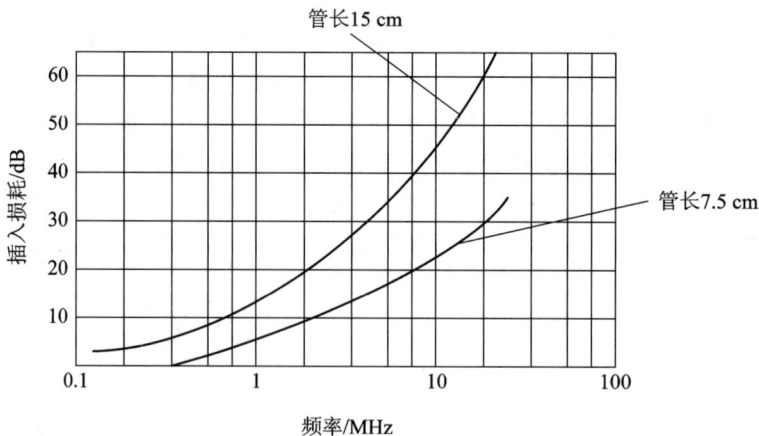

图 6.32 铁氧体管的插入损耗

1. 铁氧体 EMI 抑制元件的类型

实际应用中可以将铁氧体这一类物质制成柔性的磁管,其磁导率虽比刚性的磁环与磁条要低,但没有饱和及谐振现象,可以使用到 100 MHz 以上工作频率中。如图 6.33 所示,根据不同的使用场合，铁氧体滤波器也可以做成多种形式。图 6.34 列出了常用的 10 种形式。图 6.34(a)、(b)、(c)常做成元件形，可以直接焊接在印制电路板上。多线磁珠可串接在低速信号线对中，例如键盘线对、RS-232 接口线对等。图(d)、(e)、(f)是磁环，导线应从中间穿过。圆磁环可套在元件引脚或导线上；柱形磁环用于圆形电缆；矩形磁环用于扁平电缆。因图(g)是多孔磁板，专用于 DIP 型连接器的插座，使用时应把插座上的每个引脚都插入磁板上相应的孔中。为了做试验方便，磁环还做成分裂式的，两个半环套在电缆上，然后用夹子夹紧。图(h)可用于圆电缆，图(i)可用于扁平电缆，图(j)型可用于多圈绕线。

图 6.33　铁氧体滤波器实物

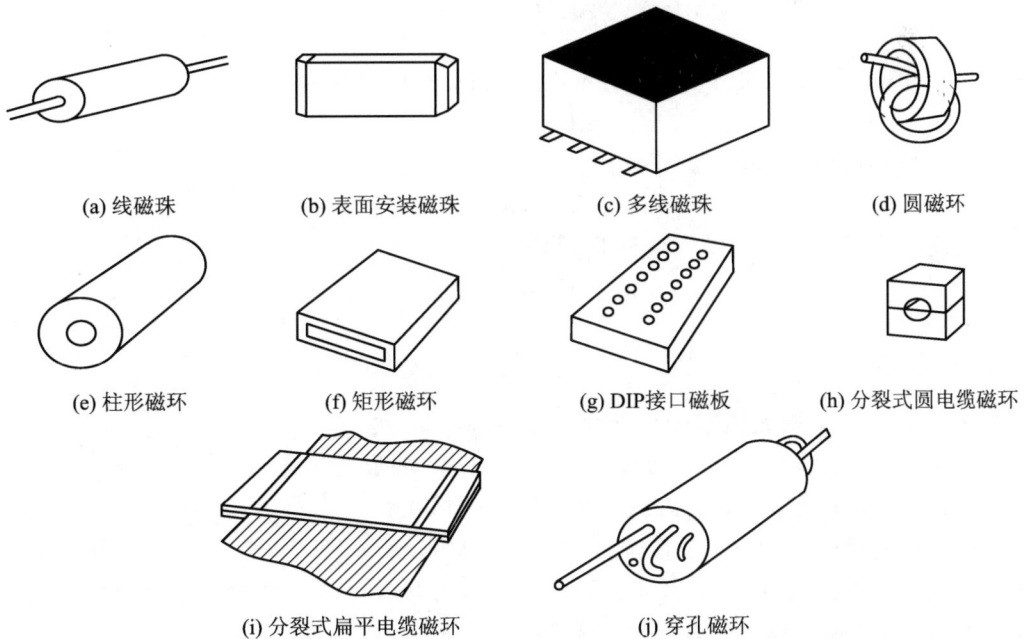

(a) 线磁珠　　　(b) 表面安装磁珠　　　(c) 多线磁珠　　　(d) 圆磁环

(e) 柱形磁环　　　(f) 矩形磁环　　　(g) DIP接口磁板　　　(h) 分裂式圆电缆磁环

(i) 分裂式扁平电缆磁环　　　(j) 穿孔磁环

图 6.34　各种铁氧体滤波器

2. 铁氧体材料的复磁导率与阻抗的关系

铁氧体一般属于非导电陶瓷，由铁的氧化物、镍、锰、锌及稀土元素组成。在抑制电磁骚扰应用方向，对铁氧体性能影响最大的是铁氧体材料的特性——磁导率，它直接与铁氧体芯的阻抗成正比。

磁导率是一个复数，以 $\mu = \mu' - j\mu''$ 表示，其中 μ' 为无功磁导率，构成感性阻抗，μ'' 构成阻性损耗，后者随使用频率的升高而增加。目前常用的铁氧体吸收器主要利用 μ'' 的功能。

用复磁导率来表达铁氧体芯的阻抗等式：

$$Z = j\omega\mu L_0 \quad 和 \quad \mu = \mu' - j\mu'' \tag{6-38}$$

$$|\mu| = \left[(\mu')^2 + (j\mu'')^2 \right]^{1/2} \tag{6-39}$$

式中，L_0 为铁氧体芯的电感。

因此，有

$$Z = j\omega L_0 (\mu' - j\mu'') \tag{6-40}$$

铁氧体芯的阻抗也可以看作一系列感抗(X_L)和损耗电阻(R_S)的组合，它们均与频率有关。无损耗铁氧体芯的阻抗可以由感抗来表示：

$$X_L = j\omega L_S \tag{6-41}$$

有损耗的铁氧体芯的阻抗为

$$Z = R_S + j\omega L_S \tag{6-42}$$

式中，R_S 为所有串联电阻之和。

在低频段，元器件的阻抗主要是感抗，随着频率的升高，电感减小的同时损耗增加。因此，总的阻抗增加了。

已知磁性品质因素为

$$Q = \frac{\mu'}{\mu''} = \frac{\omega L_S}{R_S} \tag{6-43}$$

那么，感抗与复磁导率的实部成正比，可以通过 L_0 直接得到：

$$j\omega L_S = j\omega L_0 \mu' \tag{6-44}$$

而损耗电阻与复磁导率的虚部成正比：

$$R_S = \omega L_0 \mu'' \tag{6-45}$$

将上述等式代入式(6-42)，就可以得到阻抗为

$$Z = \omega L_0 \mu'' + j\omega\mu' L_0 \tag{6-46}$$

即

$$Z = j\omega L_0 (\mu' - j\mu'') \tag{6-47}$$

在式(6-47)中，铁氧体芯的材料决定了 μ' 和 μ''；铁氧体芯的几何形状决定了 L_0。因此，如果知道了不同铁氧体的复磁导率，就可以比较各种铁氧体，从而选择在所用频率范围内最适合的铁氧体。在选择了最佳的材料后，再选择最佳尺寸的铁氧体。图 6.35 表示了铁氧体的等效电路和阻抗矢量。铁氧体的等效阻抗 Z 是频率的函数。

$$Z(f) = R_S(f) + j\omega L_S(f) \tag{6-48}$$

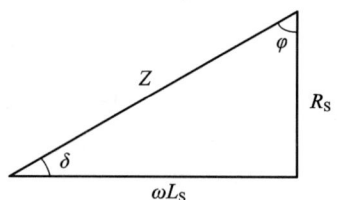

图 6.35　铁氧体等效电路的
阻抗矢量表示

如果厂家提供了铁氧体材料（推荐用于电磁骚扰抑制）的复磁导率随频率变化的曲线，仅比较铁氧体芯的形状和铁氧体芯所用的材料，则可获得最佳阻抗，这是很方便的。

3. 铁氧体 EMI 抑制元件的特性

特点：具有高的电阻率；频率高达千兆赫兹也能保持低的涡流损耗；成本低；体积小；安装方便；适用场合广泛。

适用场合：高频去耦、寄生抑制和屏蔽，当所抑制的信号频率超过 1 MHz 时，提供的抑制效果相当明显。铁氧体环最适合用来吸收由开关瞬态或电路中的寄生响应产生的高频振荡，也可以用来抑制输出或输入的高频噪声。

使用注意事项：铁氧体环提供的衰减取决于环内电路的负载阻抗和源阻抗。为了确保有效性，铁氧体环在工作频率上必须能为线路提供足够大的有效阻抗。当负载阻抗较高时，可通过附加低电感的旁路电容器来降低负载阻抗，从而提高铁氧体环的效能。如果单个铁氧体环无法提供足够的衰减，可使用多个铁氧体环替代单个环。在有直流电流通过的电路上使用铁氧体环时，必须确保通过的电流不会使铁氧体材料达到磁饱和。由于铁氧体环是感性的，所以不能不加选择地使用。当使用不当时，可能会引发线路中的自发振荡。

铁氧体 EMI 抑制元件的安装：同样的铁氧体 EMI 抑制元件，由于安装位置不同，其抑制效果会有很大区别。在大部分情况下，铁氧体 EMI 抑制元件安装在尽可能接近骚扰源的地方。这样可以防止噪声耦合到其他地方，在那些地方噪声可能更难以抑制。但是在 I/O 电路中，在导线或电缆进入或引出屏蔽壳的地方，铁氧体 EMI 抑制元件应尽可能安装在靠近屏蔽壳的进出口处，以避免噪声在经过其之前耦合到其他地方。

4. 铁氧体 EMI 抑制元件的应用

铁氧体 EMI 抑制元件广泛应用于 PCB、电源线和信号线上。

1）铁氧体 EMI 抑制元件在 PCB 上的应用

EMI 设计的首要方法是抑制源，即在 PCB 上针对潜在的 EMI 源进行控制，以限制噪声在局部区域内，避免高频噪声通过连线耦合到其他电路上，从而减少可能导致更强辐射的情况。

PCB 上的 EMI 源通常来自数字电路。其高频电流在电源线和地之间产生共模电压降，从而引起新的干扰。为了抑制这种情况，通常会在电源线或信号线上添加去耦电容来短路 IC 开关产生的高频噪声。然而，去耦电容常常会引发高频谐振，产生新的干扰。为了有效地减弱高频噪声，可以在电路板的电源进口处加装铁氧体抑制磁珠。这种做法能够有效地将高频噪声衰减，从而减少对周围电路的干扰。

2）铁氧体 EMI 抑制元件在电源线上的应用

电源线通常会传输外界电网的干扰和开关电源产生的噪声到主机。通过在电源输出端和 PCB 电源线输入端设置铁氧体 EMI 抑制元件，可以有效地抑制电源与 PCB 之间的高频干扰传输，同时也可以减少 PCB 之间的高频噪声相互干扰。然而，在电源线上应用铁氧体 EMI 抑制元件时，需要注意存在偏流的情况。铁氧体 EMI 抑制元件的阻抗和插入损耗会随着偏流的增加而减少。一旦偏流增加到一定程度，铁氧体 EMI 抑制元件可能会出现磁饱和现象。因此，在电磁兼容设计中，需要考虑磁饱和时插入损耗的增加问题。铁氧体 EMI 抑制元件的磁导率降低，插入损耗受偏流的影响越小，越不易磁饱和。为了降低磁饱和的风险，应选择磁导率较低的铁氧体材料，并且尽量选择横截面积较大的元件。

当偏流较大时，可将电源的出线(交流的火线、直流的正线)与回线(交流的零线、直流的负线)同时穿入一个磁管。这样可以有效地避免饱和现象的发生，但需要注意这种方法只能抑制共模噪声。

3) 铁氧体 EMI 抑制元件在信号线上的应用

铁氧体 EMI 抑制元件最常用的地方就是信号线，例如，在计算机中，电磁干扰信号可以通过连接主机和键盘的电缆传入主机的驱动电路，然后耦合到中央处理器(CPU)，导致其无法正常工作。同时，主机产生的信号或噪声也可能通过电缆线辐射出去。为了应对这种情况，可以在驱动电路和键盘之间使用铁氧体磁珠，以抑制高频噪声。由于键盘的工作频率大约在 1 MHz 左右，数据能够几乎无损地通过铁氧体磁珠传输。另外，也可以使用专用的铁氧体 EMI 抑制元件来处理扁平电缆，对噪声在辐射出去之前进行抑制。如图 6.36 所示为应用铁氧体环的线缆。

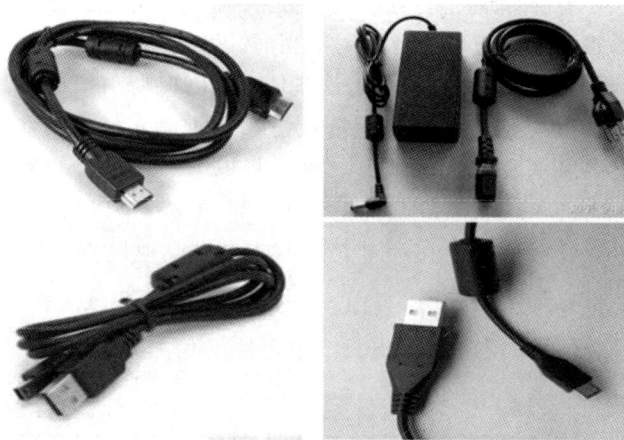

图 6.36　线缆上的铁氧体环

5. 使用铁氧体磁环、磁珠时的注意问题

(1) 电缆或导线应与环内径密贴，不要留太大的空隙。这样导线上电流产生的磁通可基本都集中在磁环内，从而增加滤波效果。

(2) 磁环越长阻抗越大。例如两个截面积相同的磁珠，长度为 6.68 mm 的磁珠在 100 MHz 时阻抗为 110 Ω，长度为 13.97 mm 的磁珠的阻抗则为 220 Ω，如果一个磁环不起作用可以多穿几个磁环。

(3) 有时为了增加阻抗可以把导线在磁环上多绕几匝，也可用图 6.34(j)所示的穿孔磁环，增加匝数。理论上阻抗与匝数的平方成正比，但由于匝与匝之间存在分布电容，高频时实际增加的阻抗不可能达到预期效果，所以一般最多绕 2～3 匝。

(4) 磁环内的导线上若流过的直流或低频交流电流的强度较大，则会使其滤波作用失效，因为铁氧体磁环与其他电感器铁芯相比容易产生磁饱和，这时磁导率急剧下降，阻抗也随之下降。在利用磁珠抑制差模电流时要注意产品说明书给出的电流允许值，特别当磁珠用作大电流的电源滤波器时要挑选电流允许值大的。在用磁环抑制共模噪声电流时最好令正负电源线对或差分信号线对都穿过磁环，这样磁环就不易产生磁饱和。

（5）如果使用铁氧体磁珠或磁环的线路的负载阻抗很高，则磁珠很可能不起作用，因为磁珠的阻抗在几百兆赫兹时也只有几百欧姆，因此磁珠比较适用于低阻抗电路。如果能在磁珠后面再并接一个电容组成类似的 *LC* 滤波器，则会大大降低负载阻抗，从而增加滤波效果。

综上所述，铁氧体磁环、磁珠与电感器的功能类似，都是用于在高频电路中产生高阻抗。然而，它们有一些区别：磁珠是吸收式的，而电感器则是反射式的。由于磁珠的吸收性质，它在高频滤波方面的性能通常比电感器更为优越。此外，磁珠可以制造得非常小，因此在使用时更为便捷灵活。这使得磁珠在现代电子设备中的应用范围更广，同时也提供了更多设计上的可能性。

6.4　EMI 电源滤波器

目前，在电子设备供电电源上，存在各式各样的外来干扰信号。这些 EMI 信号，通过传导和辐射的方式，影响着电子设备。很多电子设备在完成正常工作的同时，也会产生形形色色的 EMI 信号，并反馈到电网中去。如数字电路设备会产生多种重复频率的脉冲串，这些脉冲串的高次谐波，成了很复杂的 EMI 源。

实际上，稳压电源本身也就是一种潜在的 EMI 源。线形稳压源一般由变压器、整流管、调整管组成，因整流形成单向脉冲电流，会产生 EMI 信号。开关电源与线性稳压电源相比，省去了笨重的电源变压器，具有体积小、效率高的明显优点，在军用、民用电子设备上得到相当广泛的应用。但它本身就是很强的 EMI 源，它产生的 EMI 信号既占有很宽的频率范围，又有很大的幅度。这些 EMI 信号同样可以通过传导和辐射的方式污染电磁环境，影响其他电子设备的工作。

在抗 EMI 信号的辐射危害方面，屏蔽是最好的措施。在对付 EMI 信号的传导干扰和某些辐射干扰方面，EMI 电源滤波器是极有效的器件。

EMI 电源滤波器实际上是一种低通滤波器，它毫无衰减地把直流、50 Hz、400 Hz 的电源功率传输到设备上去，却大大衰减经电源线传入的 EMI 信号，保护设备免受其害。同时，它又能抑制设备本身产生的 EMI 信号，防止它进入电网，污染电磁环境，危害其他设备。EMI 电源滤波器是电子设备满足有关电磁兼容性标准要求的行之有效的器件。

6.4.1　EMI 电源滤波器常用的典型电路

常用的开关电源的工作频率范围通常在 20 kHz 到 2 MHz 之间。EMC 很多标准规定的传导干扰电平限值都是从 10 kHz 算起，难以抑制的也是开关电源低频段的 EMI 信号。对开关电源产生的高频段 EMI 信号与脉冲数字电路产生的 EMI 信号一样，用相应的去耦电路或网络结构较简单的 EMI 滤波器，就能使其满足有关的 EMC 标准。

从上面对开关电源干扰的分析可知，开关电源的干扰频率和频域要比工频电源的频率（50～400 Hz）高得多和宽得多。因此，作为抑制干扰的 EMI 电源滤波器应该是一个性能优良的低通滤波器，它只让工频通过，抑制除工频外的一切无用或有害的干扰频率。

图 6.37、图 6.38 给出单环和双环电源滤波器的典型电路，前者为一般性能电路，后者为高性能电路。我们可以根据共模、差模干扰的定义，剖析图 6.37、图 6.38 中的共模等效电路和差模等效电路。图 6.37 中的电感 L 及其标志代表共模扼流圈，对于 P(火线，一般可用 L 来表示，由于这里容易与电感 L 相混淆，故采用 P 来表示)或 N 对地引入的共模干扰，均采用由电感 L 和电容器 Y 构成的对地对称的 L 型滤波器，图 6.38 中对于 P 或 N 对地引入的共模干扰，均采用由电感 L_1、L_2 和 Y 电容器构成的对地对称的 T 型滤波电路，图 6.38 中的 R 是泄放电阻(阻值较高)，是为了在不工作时迅速泄放储存在电容器 X 中的电荷，以免电击操作人员。

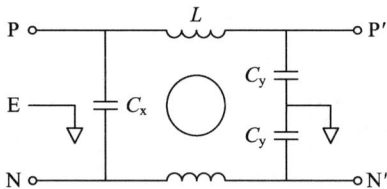

图 6.37　一般性能单环电源滤波器电路　　　图 6.38　高性能双环电源滤波器电路

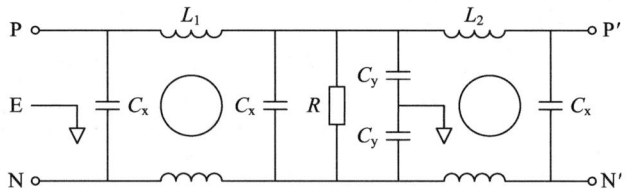

在实际应用中，滤波电路还有很多其他结构，如 π 型电路等，在这就不一一列举。

6.4.2　X 电容器和 Y 电容器

X 电容器和 Y 电容器是用于电源线路噪声抑制和电磁干扰滤波的专用电容器，也叫作安规电容。它们通常安装在电源输入端，用于滤除共模和差模干扰。"X"和"Y"不仅说明了它们在滤波网络中的作用，还表明了它们在滤波网络中的安全等级。不管是选用，还是设计 EMI 电源滤波器，都要认真考虑 X 电容器和 Y 电容器的安全等级，因为它们直接关系到 EMI 电源滤波器的安全性能。

1. X 电容器

1) 基本定义和功能

X 电容器，也称为 C_x 电容器，主要用于电源线火线和零线之间，主要功能是抑制差模干扰。这类电容器在电源滤波器中起着至关重要的作用，确保电源线中的高频噪声不会影响设备的正常运行。在 EMI 电源滤波器的实际应用中，X 电容器接在单相电源线的 L 和 N 之间，它上面除了加有电源的额定电压外，还会追加上 L 和 N 之间存在的各种 EMI 信号峰值电压，例如，因为接通或断开电子设备的电源，所以会在电源电压上叠加小于等于 1200 V 的峰值电压；因为断开感性负载，产生过渡过程，所以在接有 X 电容器的设备上会出现很高的峰值电压。

2) 技术特性

X 电容器多为金属化聚丙烯膜电容器，具有优异的自愈特性，能够在高电压下恢复功能，而不至于完全损坏。

X 电容器的额定电压通常在 250 V（交流）以上，适用于交流电源系统。为了应对瞬态高压，如浪涌电压和电源尖峰电压，X 电容器必须具有较高的耐压能力。

典型的 X 电容器的电容量从几百纳法（nF）到几微法（μF）不等，具体选择视应用需求而定。

X 电容器通常采用阻燃材料，并具备自愈特性，这意味着在电气击穿后，它们可以自动恢复绝缘，继续正常工作。

3）应用场景

电源输入滤波器。X 电容器用于减少电源输入端的差模干扰，提高设备的抗干扰能力。

开关电源。X 电容器用于平滑开关动作产生的电压尖峰和高频噪声。

家用电器和工业设备。X 电容器用于确保家用电器和工业设备符合电磁兼容性标准，减少对周围电子设备的干扰。

4）选型注意事项

额定电压。应根据应用环境选择有适当额定电压的电容器，以确保其在实际工作电压下的安全性和可靠性。

容值选择。根据具体的滤波需求选择合适的电容量值，容值过大或过小都会影响滤波效果。

耐压能力。应选择具有足够耐压能力的电容器，特别是在可能存在瞬态高压的场合。

安全认证。确保所选电容器通过了必要的安全认证，如 UL、VDE、EN 等，特别是在涉及电气安全和法规合规的应用中。根据 X 电容器最坏的应用情况和电源断开的条件，X 电容器的安全等级又分为 X1 和 X2 两类，如表 6.3 所示。

表 6.3　X 电容器的分类

X 电容器安全等级	用于设备的峰值电压 V_P	应用场合	在电强度实验期间所加峰值电压 V_P
X1	$V_P > 1.2$ kV	出现高的峰值电压	对电容器 $C < 0.33$ μF，V_P 为 4 kV；对电容器 $C > 0.33$ μF，$V_P = 4^{-(0.33-C)}$ kV
X2	$V_P < 1.2$ kV	一般场合	1.4 kV

5）分类依据和选择因素

根据 EMI 电源滤波器的应用场合和可能存在的 EMI 信号峰值，应选用合适安全等级的 X 电容器。

额定电压。根据电路工作电压选择适合的电容器额定电压。一般情况下，X2 电容器适用于交流电压为 250 V 的电源环境，X1 电容器适用于更高电压环境。

浪涌电压。根据电路中可能出现的最大浪涌电压选择适当的电容器类型。X1 电容器适用于高浪涌电压环境，X2 电容器适用于普通浪涌电压环境。

应用场景。不同应用场景对电容器的要求不同，工业设备和高功率应用通常需要使用 X1 电容器，而家用电器和普通电子设备一般使用 X2 电容器。

通过合理选择和应用 X 电容器，可以有效抑制电源线中的差模干扰，提高设备的电磁兼容性和工作稳定性。

2. Y 电容器

Y 电容器,也称为 C_y 电容器,用于电源线和接地线之间,主要功能是抑制共模干扰。共模干扰是指电源线和地线之间存在的噪声信号。对于 Y 电容器的设计和应用,需要特别关注安全性,因为它们直接连接到设备的金属外壳和接地端。

1) 基本定义和功能

Y 电容器是用于滤除共模干扰的电容器,通常连接在电源线(L 或 N)与接地线(E)之间。它们通过提供低阻抗路径,将共模噪声引导至地,减少电磁干扰。

2) 技术特性

电容器类型。Y 电容器通常为陶瓷电容器或薄膜电容器。

额定电压。根据应用需求,一般为交流电压 250 V 或更高。

容值范围。典型的 Y 电容器的电容量从几皮法(pF)到几纳法(nF)不等。

安全特性。Y 电容器具备高安全性,能够在高压下防止被击穿,防火和防爆性强。常见的安全标准包括 UL、VDE 等。

3) 分类

根据额定电压和耐受电压进行分类,Y 电容器主要分为 Y1、Y2、Y3 和 Y4 四种安全等级。

(1) Y1 电容器。

额定电压:通常为交流电压 250 V 及以上。

冲击耐受电压:具备高浪涌电压耐受能力,通常为 8 kV。

应用场景:用于高电压和高安全要求的场合,如工业设备和医疗设备。

(2) Y2 电容器。

额定电压:通常为交流电压 250 V。

冲击耐受电压:浪涌电压耐受能力一般为 5 kV。

应用场景:广泛应用于家用电器和普通电子设备。

(3) Y3 电容器。

额定电压:一般为交流电压 120 V(非安规)。

冲击耐受电压:较低,一般为 2.5 kV。

应用场景:适用于较低电压和较低安全要求的场合。

(4) Y4 电容器。

额定电压:低于交流电压 250 V(非安规)。

冲击耐受电压:较低,一般为 1 kV。

应用场景:适用于特殊低电压应用。

图 6.39(a)是规定的 Y1 安全例子,其为类似吸尘器、手持电钻类型的设备。EMI 电源滤波器中的 Y 电容器安装在电源供电线 L、N 和外壳(E)之间,在使用时,操作人员有可能碰到设备外壳(E)。

图 6.39(b)是规定的 Y2 安全例子。Y 电容器也接在电源 L、N 和金属壳间,但金属壳外部还有一层绝缘保护。

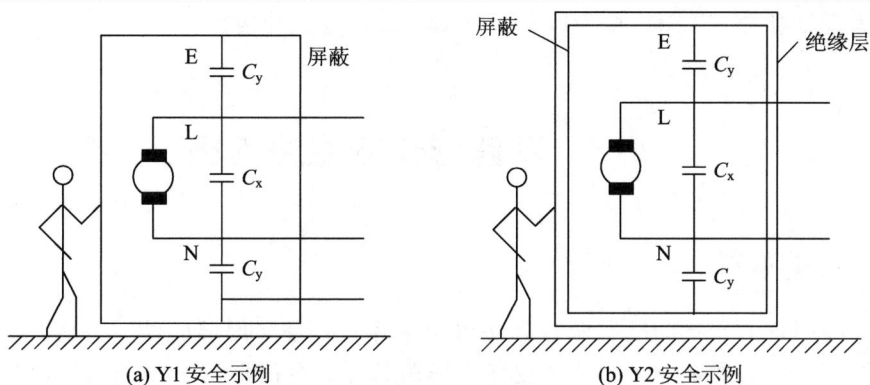

(a) Y1 安全示例　　　　　　　　(b) Y2 安全示例

图 6.39　Y 电容器安全等级示例

在上述 Y1 级安全情况下，若 Y 电容器被击穿短路，并同时发生电源系统的安全地线与机壳 E 断开，这时若有人触摸到如图 6.39(a)所示的设备外壳，便会危及人身安全。若上述情况发生，再加上图(b)所示设备外面的绝缘层被破坏，人触及设备的金属外壳，也同样会危及人身安全。由此可见，上述 X 和 Y 电容器的安全性能具有十分重要的意义，是设计和选用 EMI 电源滤波器时必须优先考虑的问题，也是检验和考核 EMI 电源滤波器安全性能的重要指标之一。

4）应用场景

电源滤波器。Y 电容器用于减少电源线和地线之间的共模干扰。

开关电源。Y 电容器用于抑制开关电源产生的共模噪声。

家用电器和工业设备。Y 电容器用于提高家用电器和工业设备的电磁兼容性，减少对其他设备的干扰。

5）选型注意事项

在选择 Y 电容器时，需要注意以下几点。

额定电压。选择适合实际工作电压的电容器额定电压。

容值选择。根据滤波需求选择合适的电容量值。

安全认证。确保电容器具备必要的安全认证，如 UL、VDE 等。

耐压能力。选择具有足够耐压能力的电容器，以应对可能的瞬态高压。

6.4.3　整流滤波电感

整流滤波电感是工作在直流电路下的差模电感中的一种。由于目前电源向更低电压、更大电流的方向发展，所以更需要注意直流磁化对电感的影响，希望工作电流的变化引起电感值的变化越小越好，即希望磁芯具有某种恒磁导特性。对于电感器设计任务，主要是在满足给定的性能指标情况下，确定最好的磁芯结构，最小的几何尺寸，以及恰当的绕组匝数、绕法、导线截面积。

在开关变换器中设计电感器时，一般给定的量有三项：电感器通过的直流电流值（平均值）、纹波电流（一般是直流电流的百分数），以及铜损。第二项要求在给定开关频率和线圈的交流激励电压的情况下，可以转化为对其电感量 L 的要求。第三项要求可以直接以线圈的铜损作为设计参数，从而转换为以线圈电流密度作为设计参数。

6.5 其他形式的滤波措施

6.5.1 信号滤波器

解决电缆引进的干扰问题有两种办法可以采用，一是采用屏蔽线；二是滤波。屏蔽线要在屏蔽层接地良好的情况下，才有较好的屏蔽效能，在很多情况下较难做到这一点，因此，对信号线滤波不失为一个好办法。

信号滤波器是一种用于处理信号的电子、数字或者模拟设备，其目的是通过去除或者抑制信号中的某些部分，达到对信号进行改善、提取感兴趣信息或者适应特定系统要求的目的。滤波器在电子学、通信、音频处理、图像处理等领域都有着广泛的应用。

1. 分类

1）按照工作原理分类

模拟滤波器：基于电阻、电容、电感等模拟元件，通过其在频域上的特性对信号进行滤波。

数字滤波器：使用数字信号处理技术，在数字域上对信号进行滤波，通常是在嵌入式系统或者数字信号处理器中实现。

2）按照频率响应分类

低通滤波器：允许低于一定频率的信号通过，但会阻止高于该频率的信号。

高通滤波器：允许高于一定频率的信号通过，但会阻止低于该频率的信号。

带通滤波器：只允许某一范围内的频率信号通过，通常包括一个下限频率和一个上限频率。

带阻滤波器：阻止某一范围内的频率信号通过，其工作频率范围位于两个截止频率之间。

3）按照实现方式分类

IIR(Infinite Impulse Response)滤波器：具有无限脉冲响应，通常具有较低的计算复杂度和较小的延迟。

FIR(Finite Impulse Response)滤波器：具有有限脉冲响应，可以精确设计其频率响应，但通常需要更多的计算资源。

2. 应用

对于信号线的滤波，更多是用来对付来自空间的干扰问题，包括从空间辐射进设备的干扰，以及设备向空间发射的干扰。信号线从空间接收的辐射干扰和向空间发射的干扰，使信号线成为电磁兼容的薄弱环节，也使共模干扰成为设备的主要危害。这一情况也正好解释了为什么屏蔽已经非常严密的设备还会出现电磁兼容问题。这一切都是信号线所起的天线作用在作怪。基于这一原因，通常要在非屏蔽的信号线端口安装信号线滤波器，滤波器要安装在信号线进出的交界面上，要滤除的主要是一些频率相当高的干扰信号。

3. 安装方案

1）安装在印制电路板上的滤波器

安装在印制电路板上的滤波器的优点是便宜，缺点是效果差。主要原因是：输入与输出间没有隔离，容易产生耦合；滤波器的接地阻抗低不下来，削弱了高频旁路的作用；滤波器与机箱之间的一段连线会起到被动天线的作用，即会引入外界干扰，再通过机箱内部分连线产生辐射，影响内部电路工作的可靠性，也会拾取内部电路产生的电磁骚扰（通过辐射感应方式），把它引到设备外部。

一般安装在印制电路板上的滤波器都以集成电路的形式，或者贴片的形式存在，其内部结构就是前面所提的 T 型、Π 型、C 型和 L 型等种类，有时候也可以用铁氧体材料制成吸收式滤波器。

2）安装在机箱及其构件上的滤波器

直接将滤波器安装在设备的金属机箱及其构件上，可使滤波器的输入与输出之间完全隔离，而且接地也良好，故滤波效果十分理想，但是价格比较贵，而且在设计之初就要在结构上给予考虑。

信号滤波器是一种重要的信号处理工具，可以通过去除或者抑制不需要的信号分量，从而提取出感兴趣的信息。根据应用需求，选择合适类型的滤波器并进行合适的设计和实现，可以有效地改善信号质量，提高系统性能。

6.5.2　瞬态骚扰吸收装置

无论是从电源线还是信号线进入系统的瞬态骚扰，都可以使用瞬态抑制器（即非线性器件）来衰减，最普通的就是变阻器（压敏电阻器，VDR）、齐纳二极管、双向瞬态电压抑制（TVS）二极管和火花隙（气体放电管，GDT）。这些类型的器件与被保护的线路并联（如图 6.40 所示），对于正常的信号或电压水平，它表现为高阻，当出现一个大于它的击穿电压的瞬态电压时，器件会立即转变为低阻抗，使从瞬态源过来的电流离开被保护电路，从而限制了被保护电路上的瞬态电压。保护器件必须能够承受电路的连续工作电压，并具有一个安全裕量，以吸收来自任何预期瞬态电压的能量。

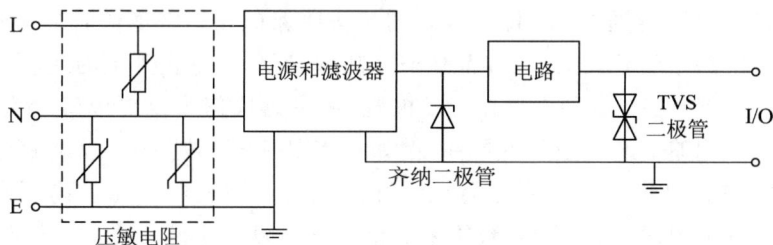

图 6.40　瞬态抑制器的典型安装位置

表 6.4 对大多数常见的不同瞬态抑制器的特性进行了比较，展示了 4 种基本类型之间的差异情况。例如，现在的 ZnO 压敏电阻器有单片多层结构可用，允许的钳位电压可低至 5 V，还存在具有一定电容的压敏电阻，即用一个器件提供变阻器和电容器功能的组合式器件。

表 6.4　不同类型瞬态抑制器的比较

器件	漏电流	跟随电流	钳位电压	能量能力	电容	响应时间	成本
ZnO 压敏电阻器	中等	无	中等	高	高	中等	低
齐纳二极管	低	无	低~中等	低	低	快	中等
TVS 二极管	低	有	低	低~高	低	极快	中等~高
火花隙(气体放电管)	零	有	点火电压高,导通后钳位电压低	高	很低	慢	中等~高

　　上面提到的是瞬态抑制器,有时候需要抑制电路本身产生的瞬态骚扰。下面介绍几种简单的电感负载的灭弧电路。

　　当一个感性负载被开关断开时,例如继电器线圈断开时,磁场的突然变化会产生一个反电动势。由反电动势产生的电压一直增加直到开关产生电弧为止。电弧具有很宽的频谱范围,成为辐射和传导的干扰源。当电感中存储的能量耗尽后,电弧熄灭。

　　为了防止或减少电弧的生成,可引导电流通过电容器到另一支路。这时能量部分转存在电容器中,部分消耗在电阻上。任何有可能产生振荡的电流能量由电阻加以衰减。图 6.41 所示为几种与电感器有关的灭弧电路。图(a)的衰减电阻对直流、交流输入都很有用。电阻增加了电路的功率消耗,因而应尽可能降低电阻值。图(b)所示为电容灭弧装置。在电感器两端接有适当的 RC 匹配电路使负载呈一纯电阻状态。与电容器串联的电阻应当是线圈电阻的 25% 至 50%。电容值可以由下面的方程确定,即

$$C = \frac{L}{RR_L} \tag{6-49}$$

其中,L 为负载电感,R_L 为负载的直流电阻。当开关正常接通后,电感器中有电流,并联的 RC 电路中没有电流。当开关断开时,电感器可以通过电阻泄放电流。串联电阻一般是几欧姆,电容一般是 0.01 μF 至 1.0 μF。

　　图(c)所示为利用 RC 电路的灭弧电路,它结合了图(a)和图(b)的两种方法。图(d)所示为利用二极管灭弧的电路,它对直流输入是很有用的。这个方法中电压的极性非常重要,因为二极管要工作在非导通方向,即二极管的接法要保证在正常工作时二极管上不能有电流通过,以保护电路中的开关器件(如晶体管、功率管等),防止开关时出现过大的反向电压,从而损坏开关器件。在这种电路中,二极管(通常是快速恢复二极管或肖特基二极管)被用作开关器件的并联器件。当开关器件(例如功率晶体管)被关闭时,电感或负载上的电流会产生一个电感惯性电压,这可能会导致开关器件上的反向电压升高到一个危险的水平。为了防止这种情况发生,二极管被用来提供一条低阻抗路径,允许电流继续流动,从而减小反向电压。这个过程可以通过一个简单的模型来解释:当开关器件关闭时,电感上的电流会尝试保持不变,这会导致在电感两端产生一个反向电压。如果没有二极管存在,这个反向电压可能会达到足以击穿开关器件的水平,从而损坏它。而通过将二极管并联到电感上,当开关器件关闭时,二极管开始导通,提供一个低阻抗路径,使电流能够继续流动,从而防止反向电压升高到危险水平。

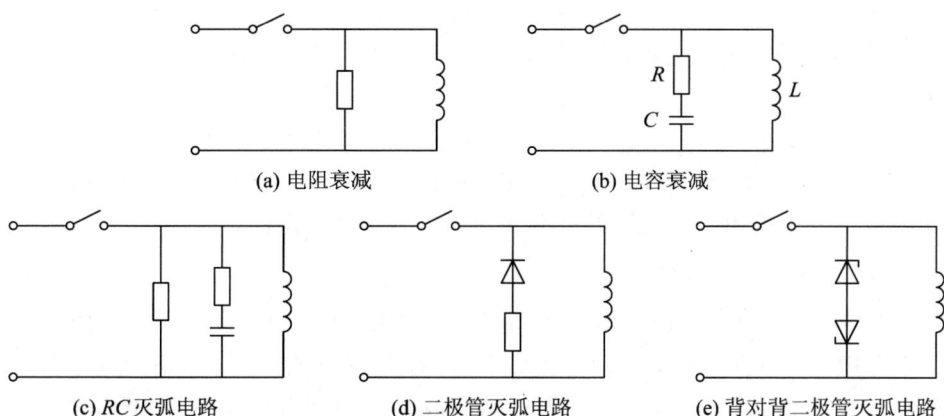

图 6.41　用于电感负载的灭弧电路

对二极管的要求如下：耐受电压应比电源电压高，允许通过的电流应大于负载电流。如果开关不是经常工作，可以选用二极管的额定峰值电流作为标准。如果开关在每分钟内工作数次，则应以二极管的允许连续工作电流作为选用的标准。这种措施仅适用于直流电路。图(e)表示由两个二极管组成的灭弧电路，它对交流输入电路是很有用的。二极管的雪崩电压应超过输入电压，功率衰减速率应能满足处理瞬态电流的要求。在所述技术中，这个方法的成本不高，却非常有效。

二极管灭弧电路在实际应用中非常常见，它能够有效地保护开关器件免受过电压的损害，延长其使用寿命，提高系统的可靠性。

6.5.3　数字滤波（软件滤波）

数字滤波应用在由微机构成的检测系统或控制系统中，当能估计出可能漏入微机系统的干扰性质时，可选用有针对性的软件滤波，即数字滤波。这种方法在抑制随机出现的尖脉冲干扰和低频干扰中，具有明显的优越性。

1. 消除尖脉冲干扰的方法

大电流感性负载在其电流切断瞬间或电器产生大火花等情况下，都会出现随机的尖脉冲。这种干扰若进入微机系统，在微机快速采样过程中，很可能被采入，而且它的幅值往往很大，这样就会造成微机的误操作。因此，需要采用逻辑判别方法加以识别和去除。

一般过程参数检测信号均为模拟信号，可根据参数变化的速度预计出在 1/3 采样时间间隔中参数可能产生的最大变化量。如果采样到的信号变化迅速，即本次采样值与上次采样值比较超出正常变化量，则有可能是尖脉冲干扰。这时，暂改用上次采样值 M_{n-1} 作为本次采样值 M_n。用公式表示，即

$$|M_n - M_{n-1}| > \Delta M \tag{6-50}$$

则令

$$M_n = M_{n-1} \tag{6-51}$$

用 M_{n-1} 来代替 M_n，继续下一次采样，并进行判断。

如果

$$|M_{n+1} - M_n| < \Delta M \tag{6-52}$$

不超过 ΔM 的规定值，则认为本次采样 M_{n+1} 是真实的，可以录用。

如果

$$|M_{n+1} - M_n| > \Delta M \tag{6-53}$$

则说明这一大幅度变化是脉冲干扰信号，需去除此信号，即完成了数字滤波作用。

ΔM 的取值是根据生产过程参数变化情况，经试验来确定的。

2. 对低频干扰的消除方法

对于一些频率很低的干扰信号，如果用 RC 滤波器，则需要用很大容量的电容，这是不经济的、不合理的，一般不采用这种方法。可用一段程序模拟 RC 滤波器对采样信号进行运算，其效果与经过一阶 RC 滤波器一样。而数字滤波器的时间常数，可根据需要而定。

3. 周期性波动信号的均衡

对于压力、流量等信号，常存在周期性波动。为了得到实际代表该参数的值，采用硬件滤波是难以胜任的。因为信号波动幅值往往较大而频率又较低，所以采用递推平均滤波就可解决。递推平均滤波就是对一系列采样信号进行算术平均运算。用该次算术平均值来代表该次采样值。

如第 n 次采样值为 M_n，然后取第 n 次前 k 个采样值进行递推平均运算，则第 n 次平均值 $\overline{M}_n$ 为

$$\overline{M}_n = \overline{M}_{n-1} + \frac{M_n}{k} - \frac{M_{n-k}}{k} \tag{6-54}$$

式中，$\overline{M}_{n-1}$ 为第 $n-1$ 次采样时刻的递推平均值；M_n 为第 n 次的采样值；M_{n-k} 为第 n 次算起向前递推 k 次的采样值。

k 值的选择要根据实际参数波动情况而定，k 值取得大，滤波效果好，但会造成参数反应不及时，影响调节质量；k 值取得小，反应快，但滤波效果差。因此 k 的取值要兼顾滤波效果和反应速度。

6.6　实际案例：电源滤波器

在开关电源(Switching Power Supply，SPS)中，EMI 滤波器的作用显得尤为重要。这是因为开关电源通过高速开关器件，如 MOSFET(金属氧化物半导体场效应晶体管)，来实现电能的转换。这些高速开关操作会产生大量的高频电磁噪声。这种噪声不仅会影响电源本身的稳定性，还可能通过电源线向外传播，干扰其他电子设备的正常运行，甚至不满足电磁兼容标准。

EMI 滤波器主要通过阻断或衰减高频噪声来提高开关电源的电磁兼容性。它通常安装在设备和电源之间，其设计目的是使开关电源产生的高频噪声无法通过电源线传播到其他设备，或抑制外部噪声源侵入电源内部。

一个典型的 EMI 滤波器由共模电感、差模电感、X 电容和 Y 电容组成。图 6.42、图 6.43、图 6.44 为市面上在售的常见电源滤波器实物及其接线布局和接线示意图。

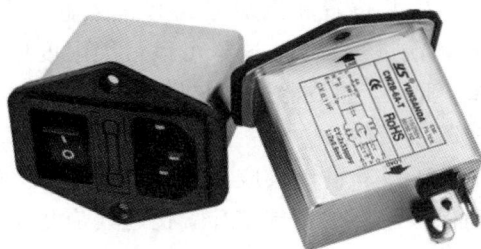

图 6.42　电源滤波器

滤波器安装

电源 → LINE为进线 → 滤波器 → LOAD为出线 → 受干扰设备

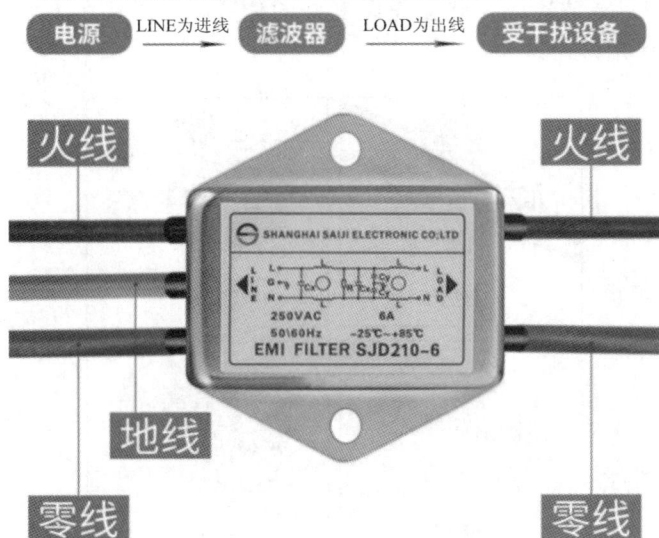

火线　　　　　　　　　　　　火线

地线

零线　　　　　　　　　　　　零线

图 6.43　电源滤波器的接线布局

螺栓接线示意图

注意：输入和输出需要一一对应接

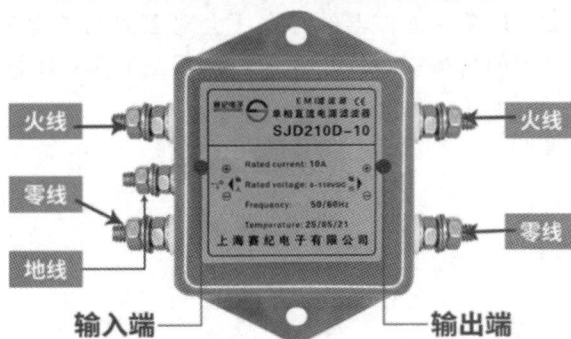

火线　　　　　　　　　　　　火线

零线

地线　　　　　　　　　　　　零线

输入端　　　　　　　　　　输出端

图 6.44　电源滤波器的接线示意图

在电源滤波器的使用中，安装位置和接线方式对其性能至关重要。在布局方面，滤波器应尽量靠近开关电源的输入端进行安装，这样可以最大限度地减少未经过滤噪声的传导和辐射，从而提高滤波效果。此外，滤波器外壳应具备良好的屏蔽功能，并通过正确的方式接地，以防止干扰信号的泄露或传播。

在接线方面，滤波器的输入线和输出线应尽可能分开布置，以避免输入线和输出线之间的相互耦合干扰，从而确保滤波器的性能稳定。接地线应尽量短，减少接地回路中的阻抗，确保滤波器的接地效果。如果使用屏蔽线，必须确保屏蔽层与地线良好连接，以进一步减少电磁干扰的传播。如图 6.45 为常见的电源滤波器的输入线、输出线结构。滤波器的机械安装方式多样，包括导轨安装、面板安装或螺栓固定等。在实际安装过程中，滤波器应牢固地安装在设备机箱或安装面板上，以防止在运行过程中因振动或其他因素导致松动，从而影响其性能。此外，滤波器应安装在通风良好的位置，确保其在工作过程中不会因过热而性能下降或缩短使用寿命。

图 6.45 电源滤波器的输入线、输出线结构

滤波器安装完成后，需要进行严格的测试与验证，以确保其正常工作并实现预期的 EMI 抑制效果。首先，可以使用频谱分析仪测量滤波器使用前后共模干扰和差模干扰的变化，确认滤波器是否有效降低了电磁干扰水平，并确保其抑制效果符合相关标准。其次，应对开关电源进行功能测试，以确保滤波器的存在不会对电源的正常工作造成不利影响。通过合理的布局与接线、稳固的机械安装以及全面的测试与验证，能够确保滤波器在开关电源中的有效性和可靠性。

习 题

一、单选题

6.1 电源线滤波器中 X 电容器是用来抑制(   )的。

A. 共模干扰 B. 差模干扰 C. 辐射干扰 D. 发射干扰

6.2　（　　）常用于抑制高频噪声。

A. 低通滤波器 　　　　　　　　　　 B. 高通滤波器

C. 带通滤波器 　　　　　　　　　　 D. 带阻滤波器

6.3　用于 EMC 设计的滤波器在 PCB 布线时应注意（　　）。

A. 滤波器元器件与噪声源应尽可能靠近

B. 滤波器与接地之间应保持一定的距离

C. 滤波器应尽量远离电源线

D. 滤波器与负载应尽可能远离

二、多选题

6.4　（　　）是吸收式滤波器。

A. RC 滤波器　　　 B. 共模电感　　　 C. 铁氧体环　　　　 D. 磁珠

6.5　在 EMC 滤波器设计中，选择合适的滤波器元器件时应考虑（　　）。

A. 噪声频率范围 　　　　　　　　　 B. 电路中的工作电流

C. 电源电压的稳定性 　　　　　　　 D. 滤波器的尺寸和重量

6.6　在 PCB 设计中，滤波器布局时应考虑（　　）以提高 EMC 性能。

A. 滤波器应靠近噪声源

B. 电感和电容应尽量靠近布置

C. 电源线应与滤波器保持远距离

D. 滤波器元器件应避免与高功率元器件直接相邻

三、填空题

6.7　电磁兼容性（EMC）设计中，通常使用_____滤波器来抑制电源线中的高频噪声。

6.8　在 LC 滤波器中，电感的增大会使滤波器的_____降低。

四、判断题

6.9　滤波器设计中的 LC 网络可以通过调整电感和电容的值来改变其截止频率。

第7章

PCB 的电磁兼容性设计

7.1 PCB 设计的相关概念

7.1.1 PCB 的定义

印制电路板(Printed Circuit Board，PCB)是电子产品中最基本的部件，也是绝大部分电子元器件的载体。它通过电路板上的印制导线、焊盘以及金属过孔等来实现电路元器件各个引脚之间的电气连接。印制电路板有下面两个主要功能：

(1) 支撑产品中的电路元件和器件。

(2) 支持电路元件和器件之间的电气连接。

7.1.2 PCB 的基本构成

PCB 按照层数可分为单面板、双面板和多层板。单面板指 PCB 只有一面具有覆铜及导电图形，双面板指 PCB 的两面都具有覆铜及导电图形，层数超过两层的 PCB 都称为多层板。PCB 按照机械性能可分为刚性板和柔性板；按照基材又可分为纸基板、玻璃布基板、复合材料基板和特种材料基板。一般电子电器、通信雷达和大型通信产品的 PCB 多为刚性、多层、玻璃布基板。手机终端、可穿戴设备或小型电子设备则多采用柔性板。下面对 PCB 的构成元素做简要说明。

(1) 基材和基板。基板是 PCB 的基本框架，通常由绝缘材料制成，用于支撑电路和电子元器件。常见的基板材料有环氧树脂玻璃纤维(FR-4)、聚酰亚胺(PI)等。基材指的是构成基板的材料，主要确定了 PCB 的电气性能和机械强度。基材的选择会影响 PCB 的耐温、耐潮湿性以及电气绝缘性能。

(2) PCB 的工作层。信号层的主要功能是放置与信号有关的对象。内部电源/接地层主要用来放置电源和接地线。机械层主要用来放置物理边界和尺寸标注等信息，起到提示作用。防护层包括助焊膜(solder mask)和阻焊膜(paste mask)。助焊膜主要用于将表面贴装元器件粘贴在 PCB 上，阻焊膜用于防止焊锡镀在不应该焊接的地方。丝印层主要用来在 PCB 的顶层和底层表面绘制元器件封装的外观轮廓和放置字符串，如元器件的具体标号、标称值、厂家标志和生产日期，使 PCB 具有可读性。其他工作层还包括禁止布线层(keep-out layer)、钻孔导引层(drill guide layer)、钻孔图层(drill drawing layer)和复合层(multi-layer)。

（3）元器件的封装。元器件的封装通常指实际的电子元器件或者集成电路的外观尺寸，如元器件引脚的分布、直径及引脚之间的距离等。元器件的封装是保持元器件引脚和 PCB 上焊盘一致的重要保证。

（4）铜膜导线。铜膜导线是覆铜板经过电子工艺加工后在 PCB 上形成的铜膜走线。它的主要作用是连接 PCB 上各个焊盘点，是 PCB 设计中最重要的部分。其中铜膜导线的导线宽度和导线间距是衡量铜膜导线的重要指标，这两个尺寸是否合理直接影响元器件能否实现电路的正确连接。

（5）焊盘。在 PCB 中，板上所有元器件的电气连接都是通过焊盘来进行的，它是 PCB 设计中最常接触、最为重要的基本构成单元。焊盘包括非过孔焊盘和元器件孔焊盘。

（6）过孔。为了实现双层板和多层板中层与层之间的电气连接，需要在连通导线的交汇处钻一个公共孔，这个公共孔就被称为过孔。过孔孔径和过孔外径是过孔的两个重要参数。

7.2　PCB 中的电磁兼容问题

PCB 在电子产品中扮演着重要的角色，作为元器件的支撑体，它不仅提供了电路元器件之间的电气连接，还在很大程度上影响着整个电子系统的性能。现代电子产品趋向小型化、多功能化和高智能化，使得设计者更多采用小型、高集成度、高频的元器件，设计与生产中对 PCB 的要求也越来越高，从而提高了电磁兼容性的挑战性。

7.2.1　电路中 EMC 设计的意义

电路中进行 EMC 设计的意义如下：

首先是信号质量的要求。在实际生产中，除去通过有关测试，获取相应的认证之外，还必须结合信号完整性分析，保证信号质量。如果产品顺利通过 EMC 测试却不能实现正常功能，那也是徒劳。

其次是保证系统设计，使得对策多样化。在产品的概念、设计阶段就给予 EMC 关注，可在原理、PCB、结构、线缆、屏蔽、滤波、软件等各个方面采取对策，而一旦产品推向市场，可采取的对策也只有在软件上打补丁，对策的效果、可行性将面临严峻挑战。对于一个产品来说，在设计之初就采取一些抑制措施，比在成品之后再"造一个好机箱"(制作一个良好的屏蔽体)，要经济得多。因为在实际使用过程中，客户常常为了维修或升级方便而拆去屏蔽体的盖子，屏蔽体由于氧化、腐蚀以及实际加工过程中的工艺控制偏差，往往屏蔽效果大打折扣，甚至失去屏蔽效能。

最后是降低成本。在 PCB 设计阶段进行 EMC 控制，有可能会增加人力开发成本，但从批量生产等总成本考虑，关注源头控制，可极大降低批量成本。根据美国贝尔实验室分析论证，若在新产品设计开始阶段就尽量把 EMI 抑制在电路组件、设备或分系统层次中，

可以消除 $80\% \sim 90\%$ 的 EMI 问题。若在产品试制成功后再解决 EMI 问题就困难多了，无论是技术投入、设备体积和质量还是投资的费用都会成倍增加，使费效比上升。图 7.1 给出了从设计到投产的全过程中 EMC 控制和成本的关系。

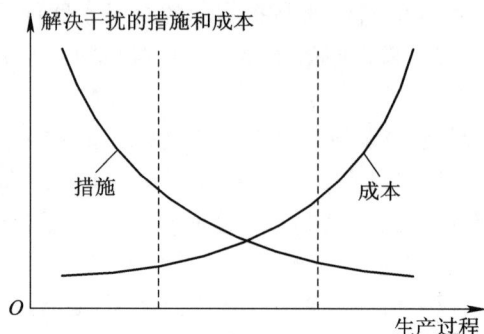

图 7.1　产品生产过程中解决干扰的措施与成本的关系

7.2.2　电路中元件的隐藏特性

　　理解电路干扰的本质需要从干扰源、传播途径、敏感设备这三方面进行分析。前面的章节已经介绍了形成电磁兼容的三要素。PCB 及电路中的电磁干扰问题，往往是无源元件在工作时的非常规特性的表现。以下列出常见原理图中的导线、电阻、电容、电感在实际电磁环境中的"隐藏原理图"，即非理想行为，如图 7.2 所示。

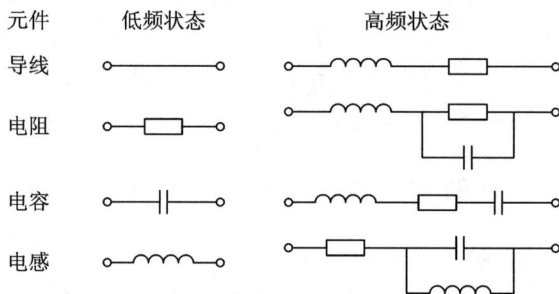

图 7.2　元件的非理想行为

　　常规的电容在高频电路中将表现为在两个极板上都串联了电阻和电感。而常规的电感在实际高频电路中将表现为每一圈绕线之间都并联了一个分布电容，并串联了电阻。

　　许多工程师在选择无源元件时仅仅考虑低频限制因素，而未考虑高频领域因素，因此设计中就会出现很多使电路功能失效或影响信号完整性的 EMC 方面的问题。例如，电容在自谐振频率以上时，由于引线电感的存在，电容的实际特性会变成电感。此时，从频域来看，电容的功能特性已经发生了改变。

　　电容的极板总是置于两个引线之间的，因此，电容可以抽象地看成是由绝缘材料分隔开的两个平行极板构成的。常用电阻和电感中的绝缘材料通常是空气，其引线端总存留有电荷，这种情形就与两个平行极板的情形一样。因此，电阻和电感中就包含了电容的成分。于是，在高频时电感的阻抗特性就会发生改变。不仅是电阻和电感，任何装置，不管是元件两端的引线之间、元件与金属结构之间、PCB 和金属箱体之间或者某个电气结构与另一个电气结构之间都存在着分布电容。

　　以上就是"为什么一只电容器不仅仅是电容""为什么电感器不再是电感"的实际原因所在。一个优秀的设计师必须清楚元件的工作限制。除按市场标准设计产品之外，采用一定的设计技术处理这些隐蔽的特性是必须要做的工作。

7.2.3　PCB 产生射频能量的原因

　　电磁学领域可以用麦克斯韦方程组来处理电磁场问题。麦克斯韦的四个方程给出了电场和磁场间的关系，这里主要介绍第三和第四个方程。麦克斯韦第三方程，即法拉第电磁感应定理表明时变的磁场可以产生时变的电场，当穿过闭合回路的磁通量发生变化时，线圈中就会有感应电流产生，也就有感应电场存在，所以说时变的磁场能产生电场。麦克斯韦第四方程表明传导电流和时变的电场都能产生磁场。时变的电流能产生时变的磁场，时变的磁场也能产生时变的电场，所以说时变的电流既能产生电场，也能产生磁场。在 PCB 电路中，存在电磁干扰的根本原因就是 PCB 电路中存在时变的电流。

　　在电磁学中，电流、场和电动势的相互作用类似于电路中的电流、电阻和电压的相互作用，因此麦克斯韦方程组可以看作欧姆定律的推广。麦克斯韦方程是这样对应欧姆定律的：当射频(RF)电流流过 PCB 印制线条时，印制线条具有阻抗，总是要产生射频电压并且正比于射频电流。在电磁模型中，欧姆定律中的 R 变成了阻抗 Z，是一个复数，既包括电阻(直流分量)又包含电抗(其中的虚数交流分量)，即

$$V_{RF} = I_{RF} Z \tag{7-1}$$

$$Z = R + jX_L + \frac{1}{jX_C} \tag{7-2}$$

　　不管是在时域还是频域，阻抗的定义都是对电磁能量流动的阻力。当频率低于数千赫兹时，最小电流路径就是最小电阻路径；当频率高于数千赫兹时，电抗值通常超过了电阻值 R，电流总是沿着最小阻抗 Z 的路径流动。这个时候，最小电抗路径就成为主导因素。平常一般都认为电流是沿着最小电阻路径流动的，但绝大多数电路都工作在数千赫兹以上，这使得人们对射频电流如何在一个传输线结构或 PCB 线条中流动产生了不正确的概念。

　　图 7.3 表示了射频能量是如何在 PCB 上产生的。按照基尔霍夫电压定律和安培定律，当电路工作时一定存在一个闭合回路，其电压的代数和一定是零。图 7.3(a)是一个简单电路，既有信号路径又有回流路径。图 7.3(b)是图 7.3(a)的另一种表达。任何传输导线都具有一定的阻抗值，其中包含电阻和电感。一般情况下，当频率高于几千赫兹时，导线的电抗值就超过电阻值。对于图 7.3(b)中的电路，回流路径与源路径的物理长度不同，于是会由于回流路径较长而附加了额外的阻抗，印制线条越长电感就越大。应用阻抗方程 $Z = R + j2\pi fL$，当电路的频率增加时，阻抗值 Z 将增大。对于很高频率的信号，由于具有相当大的电感值，阻抗 Z 的值可以变得很大。自由空间的波阻抗为 377 Ω，但在 100 kHz 和 1 MHz 的频率范围内，传输导线只要具有很小的电抗就会产生超过 377 Ω 的波阻抗。因为电流必须回到源头去并满足安培定律，而当回流路径的阻抗大于 377 Ω 时，自由空间就变成了回流路径，于是就有了 EMI 发射。

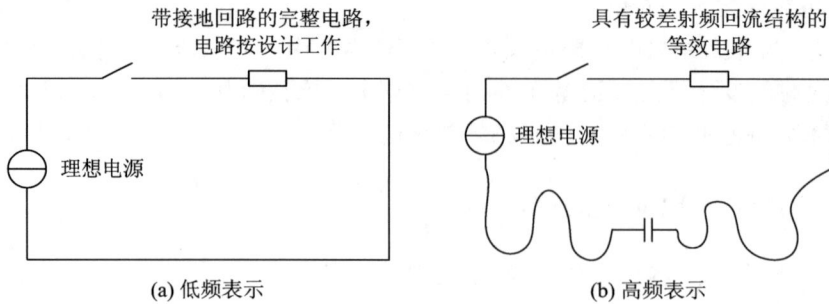

(a) 低频表示 (b) 高频表示

图 7.3　射频回流路径

7.2.4　磁通和磁通对消(最小化)

根据麦克斯韦方程，当时变电流流过传输导线时，就产生了环绕传输导线的磁通，传输导线上的电流量决定了磁通密度。有了磁通，磁场也就存在，时变的磁场会激发时变的电场，此时，电场和磁场会向自由空间辐射电磁能量。由此可见，减少电路中的磁通分量对抑制 EMI 有一定作用，这就需要考虑磁通对消。

磁通对消，也可以理解为磁通最小化。如果电流的回流路径与流出路径靠近且平行，则回流路径上的磁通(顺时针磁场)与流出路径上的磁通(逆时针磁场)是方向相反的。顺时针磁场和逆时针磁场相加时就得到了对消的效果，二者距离越近，磁通对消的效果越好，如图 7.4 所示。

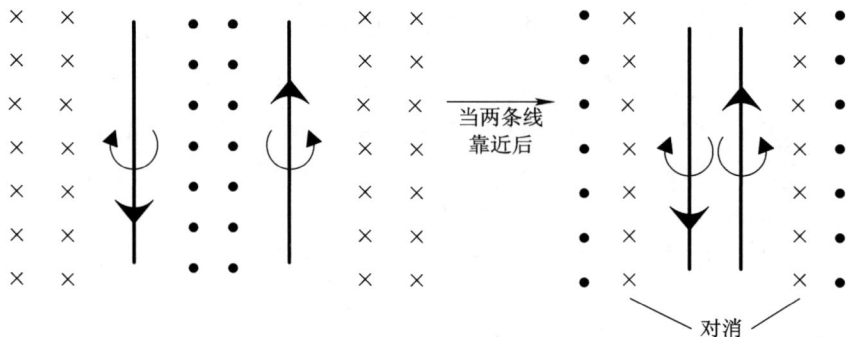

图 7.4　磁通对消

如果在回路和源上的有害磁通被对消或者最小化，就可以使辐射达到最小化。日常生活中常用的双绞线就利用了磁通对消原理，即将两根差分线相互有规律地缠绕在一起。因为是差分信号，两根线上电流相反，由于两根线相互缠绕、距离近，所产生的磁通就会相互抵消。

常见的磁通对消技术如下：

(1) 使用差分对。在高速数字电路中，信号走线通常以差分对的形式布线。这意味着两条走线紧密平行，传输大小相等但方向相反的电流。这两条走线产生的磁场方向相反，因此能够相互抵消，从而减少电磁辐射。

(2) 最小化电流回路面积。PCB 设计中，减少电流回路的面积非常重要。回路面积越大，产生的磁通量越多，导致的电磁干扰也越大。通过将返回路径(如地平面)设计得离信号路径尽可能近，可以减少回路面积，从而最小化磁通量。

(3) 电源平面和地平面布局。通过将电源平面和地平面平行放置，让电流在流动时产生相互抵消的磁场，因为电流方向相反。这种布置方式能有效减少 PCB 上的整体电磁干扰。

7.2.5　映像平面

射频电流总会经过一定的路径回到源头，形成闭合回路，因此，任何可能的线路都有机会被使用。射频电流会以电感或电容的形式耦合到任意路径，这个路径可以是原本走线的镜像，也可以是邻近的线条，只要该路径比预定路径的阻抗更小。但为了符合 EMC 标准，应避免射频电流在自由空间中传播。在多层板中，接地层与电源层均可为射频电流回流提供最低阻抗路径。映像平面就是无穷多个返回路径中的一个。映像平面可以提供最低阻抗返回路径，减少串扰和电磁干扰，它可以是 PCB 内的铜平面或类似的导体平面，也可以是一个电源平面、接地平面、电压平面或者零伏参考平面。

映像平面还可以通过与其他层紧耦合的方式降低磁通，紧耦合会使回路面积尽可能减小，信号线与回流路径可以最大程度地实现磁通对消，降低射频信号的辐射。

映像平面在多层板中起到重要作用。在多层板叠层安排时，如果三个布线层在层间相连，中间的布线层会将射频能量辐射到上下两层。例如图 7.5，埋入式微带线(将在 7.3.3 节介绍)和带状线层 1 位于映像平面的两侧，这样就可以获得很强的磁通对消效果；同时，带状线层 1 与带状线层 3 之间是另一个带状线层 2，二者会受带状线层 2 的影响，接收到来自带状线层 2 的射频能量辐射。

外微带线
埋入式微带线
映像平面
带状线层 1
带状线层 2
带状线层 3
映像平面
外微带线

图 7.5　8 层 PCB 布线

映像平面的完整性会影响其功能，在某些情况下，映像平面会失去作用。例如，信号线布局在映像平面上，此时，映像平面会被分隔为几部分，这就给相邻层跨越这个信号线的回流路径制造了障碍，射频电流必须绕过映像平面上的走线，经过长路径返回，形成射频回路天线，向外辐射能量。除此之外，连续的过孔也会影响映像平面的性能，过多的过孔会增加射频回路面积，加剧射频能量的产生。

7.2.6　电气长线

传输导线分为电气长线和短线，但对于大多数设计来说，若传输导线的长度超过信号工作波长的二十分之一（λ/20）或更长，通常认为它是电气长线，可能会影响信号完整性。如果传输导线足够长，以至于信号在其上往返传播的时间可与信号周期相比拟，即使在低频情况下，也需要考虑其作为电气长线的影响。

当传输导线不为电气长线时，电路元件使用集总参数模型；反之，电路元件采用分布参数模型。在低频电路中常常忽略元件连接线的分布参数效应，认为电场能量全部集中在电容器中，而磁场能量全部集中在电感器中，电阻元件是消耗电磁能量的。由这些集总参数元件组成的电路称为集总参数电路。随着频率的提高，电路元件的辐射损耗、导体损耗和介质损耗增加，电路元件的参数也随之变化，连接元件的导线的分布参数就不可忽略，这种电路称为分布参数电路。

7.2.7　传输线理论简介

传输线理论是电磁学和电路理论中的一个重要分支，主要用于分析高频信号在导体（如同轴电缆、微带线、平衡双绞线等）上的传播行为。在高速信号传输、微波通信和射频电路等领域，传输线理论是基础性工具。

在理想情况下，信号通过导线传播时，电压和电流会随时间和距离发生变化。传输线理论通过模型化这种传播，解决诸如信号反射、阻抗失配、能量损耗等问题。一个典型的传输线可以用分布参数模型来表示，即用每单位长度的电感、电容、电阻和电导来描述其特性。传输线的关键参数包括特性阻抗 Z 和传播常数 γ，前者描述了传输线的阻抗匹配特性，后者描述了信号在传输过程中的衰减和相位变化。

传输线中的反射现象是由阻抗不匹配引起的。当信号从一个阻抗不匹配的终端反射回来时，会引起信号畸变，导致系统的性能下降。为了避免这种情况的发生，通常采用阻抗匹配技术，以确保信号能够在传输线上以最小的反射和损耗进行传输。典型的应用场景包括通信系统中的天线馈线、微波传输电路以及 PCB 设计中的高速信号布线。在这些应用中，正确设计和处理传输线的特性是确保信号完整性、减少噪声干扰和优化系统性能的关键。

7.2.8　解决 EMC 问题的对策

EMC 与 PCB 设计之间的联系非常紧密。在电子产品的设计和制造过程中，PCB 是支撑电路元件和器件的基础，同时提供它们之间的电气连接。因此，PCB 设计的质量直接关系到电子设备的性能和电磁兼容性。

任何 EMC 问题的处理都是围绕以下三要素来进行的：

（1）削弱干扰源。

（2）切断或阻断耦合途径。

（3）提高设备的抗干扰能力。

通常来说，合理的 PCB 设计是消除多数射频干扰最经济有效的途径。PCB 设计所要做的是将电磁场能量限制在需要它们的地方。通过必要的布局、布线以及采取屏蔽、接地措施可以提高设备的抗干扰能力。在三要素的对策中切断干扰的耦合途径是最重要的一环。在单板上可采取以下措施来切断耦合途径或者减少耦合：

（1）对于传导耦合：加滤波电容、滤波器、共模线圈，使用隔离变压器等；

（2）对于辐射耦合：相邻层垂直走线、加屏蔽地线、合理布局磁性器件、遵循 3W 规则、正确进行层分布、将辐射能力强或者敏感的信号布内层、使用 I/O 双绞线、将辐射能力强的信号远离板边缝隙分布等。

下面对 PCB 设计过程中相关的 EMC 设计给予介绍。

7.3　PCB 的分层、布局和布线

PCB 的分层、布局和布线是电子产品设计中的关键环节，是确保电路性能和电磁兼容性的重要措施。通过合理的 PCB 分层、布局和布线，可以减少电磁干扰的产生和传播，提高电子产品的整体性能。

7.3.1　PCB 的分层

在分层方面，PCB 通常分为多个工作层，包括信号层、内部平面层、机械层、阻焊层、丝印层等。对于 PCB 图设计，首先需要确定板子的尺寸和层数，然后根据具体的机箱空间和安放位置，预测基本形状和尺寸，并估算元器件布局的可行性，反复协调后确定 PCB 图形状和尺寸。对于 PCB 层数，应该根据实际采用的元器件要求、可靠性和成本进行综合确定。

单层板只有一层导电材料，因此制造成本相对较低，适用于对成本敏感的应用。并且由于结构简单，单层板在制造和维修方面相对容易。但是由于只有一层导电材料，布线空间有限，可能无法支持高级功能或高频电路，对电磁干扰的屏蔽能力较弱，可能会影响电路的性能和稳定性。

相比单层板，双层板具有自己的优点。双层板在两层导电材料之间提供了更多的布线空间，可以支持更复杂的电路设计。通过两层导电材料的组合，可以实现更复杂的布线方案，满足更高级功能的需求。双层板的设计可以提供更好的电磁屏蔽效果，提高电路的性能和稳定性。

多层 PCB 的电磁兼容设计是使电路达到电磁兼容性标准的主要措施，可以改善辐射特性、减小电磁辐射强度，也可以增加电路抗干扰能力、改善设备敏感度特性，有利于达到电子设备电磁兼容要求。但由于结构复杂，产品的成本会增加。

无论是单层板还是多层板，PCB 设计都指的是信号层、电源层与地层的选取和放置，它们直接影响电路的性能、信号完整性、电磁兼容性以及制造成本。信号层应尽量与地层或电源层相邻，以减少电磁干扰。高速信号层应位于信号中间层，夹在两个敷铜层之间，以提供电磁屏蔽。应尽量缩短电源层和地层的距离，降低电源的阻抗。地层作为基本电平参考点，应覆盖尽可能多的面积。数字电路与模拟电路的地应分开，以减少噪声和干扰。

以下为多层 PCB 的排布和具体探讨。

常用的四层板排布方案为 TOP（顶层）、GND（地层）、POWER（电源层）、

BOTTOM(底层)依次从上到下排布,如图 7.6 所示。其中,顶层和底层用来走一般的信号线,电源经过孔从电源层获取。此方案中信号层与电源层和地层之间的紧密耦合有助于保持信号完整性。这种排布方案减少了信号在传输过程中的衰减和失真,提高了信号的传输质量。

图 7.6 排布方案 1

但为了达到一定的屏蔽效果,也有方案采用 GND、S1、S2、POWER 依次从上到下排布,其中 S1、S2 为信号层,如图 7.7 所示。但现在的 PCB 大量采用贴片元器件,导致表层的电源平面、地平面由于元器件、焊盘等影响,变得极不完整,再加上电源、地相距过远,预期的屏蔽效果难以实现。因此此方案一般适用于无电源平面、走线简单、表贴元器件少的 PCB,如无源滤波器等。

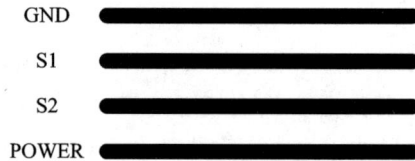

图 7.7 排布方案 2

对于六层板而言,其分层方案如表 7.1 所示。

表 7.1 六层板的分层方案

方案	电源的层数	地的层数	信号的层数	1	2	3	4	5	6
1	1	1	4	S1	G	S2	S3	P	S4
2	1	1	4	S1	S2	G	P	S3	S4
3	1	2	3	S1	G1	S2	P	G2	S3
4	1	2	3	S1	G1	S2	G2	P	S3

对于六层板,优先考虑方案 3,优选布线层 S2,其次是 S3、S1。主电源及其对应的地布在 4、5 层,设置层厚时,增大 S2 与 P 的间距,缩小 P 与 G2 的间距(相应缩小 G1 与 S2 的间距),以减小电源平面的阻抗,减少电源对 S2 的影响。

在成本要求较高的时候,可采用方案 1,优选布线层 S1、S2,其次是 S3、S4。与方案 1 相比,方案 2 保证了电源层、地层相邻,减小了电源阻抗,但 S1、S2、S3、S4 无法使用电源层和地层作为屏蔽,只有 S2 离地层最近,有较好的参考平面。

对于局部、少量信号要求较高的场合,方案 4 比方案 3 更适合,它能提供极佳的布线层 S2。

7.3.2　PCB 的布局

1. 关键部件的布局

在探讨 PCB 的 EMC 设计时，必须重视 PCB 的模块划分以及关键器件的布局，这是因为诸如频率发生器件、驱动器、电源模块和滤波器件等关键部件，它们在 PCB 上的相对位置与方向，对电磁场的发射和接收有着深远的影响。此外，这些布局的合理性也直接关系到布线质量的高低，进而决定了整个电路板的性能。因此，在 PCB 设计过程中，对关键器件的布局和模块划分进行精心考虑和优化至关重要。以下介绍几种常用的布局思路。

（1）按功能划分。在按功能划分布局时，工程师会首先识别电路板上的各个功能模块，如电源模块、信号输入/输出模块、控制模块等。然后根据这些模块的功能需求和电气特性，将元器件和电路合理地分配到不同的区域内。这种布局方法的优点在于，它能够使电路板上的功能模块清晰明了，便于后期的维护和调试。同时，按功能划分布局也有助于减少不同模块之间的电磁干扰，提高电路板的整体性能。当然，在实际应用中，还需要综合考虑多种因素，如元器件的尺寸、电气连接需求、散热要求等。

（2）按频率划分。按照信号的工作频率和速率将电路模块划分为高、中、低三个区域。高频信号和元器件，如射频前端、时钟电路等，通常会被布局在电路板的特定区域，以减少 EMI，确保信号完整性。而低频信号和元器件，如电源管理电路、数字逻辑电路等，则可能被放置在电路板内部或相对集中的区域。这种布局方法有助于优化电路板的电磁兼容性，因为它减少了高频信号对其他电路部分的潜在干扰。通过合理分区和隔离，工程师能够更有效地管理电路板上的电磁场分布，从而提高整个系统的性能和可靠性。在实际应用中，按频率划分布局还需要与其他设计规则相结合，如布线规则、接地策略等，以实现最佳的电路板设计效果。

（3）按信号类型划分。信号可以分为模拟部分和数字部分。模拟部分主要包含处理连续模拟信号的电路和元器件，如传感器、放大器、滤波器等。这些模拟信号通常是连续变化的电压或电流，对噪声和干扰非常敏感。因此，在布局时，需要将这些模拟电路放置在远离数字噪声源的区域，以减少数字信号对模拟信号的干扰。数字部分则包含处理离散数字信号的电路和元器件，如微处理器、逻辑门、存储器等。数字信号以二进制形式表示，对噪声和干扰的容忍度相对较高。然而，高频数字信号可能会产生辐射和串扰，影响其他电路的性能。因此，在布局时，需要将这些数字电路放置在合适的区域，并采取适当的屏蔽和隔离措施。

2. 特殊元器件的布局

一些特殊元器件对布局也有额外的要求。以下简单列举常见的例子供读者参考。

1）电源部分

分散供电的单板都要有一个或者多个 DC/DC 电源模块，加上与之相关的电路，如滤波、防护等电路，共同构成单板电源输入部分。

现代的开关电源是产生 EMI 的重要源头，其干扰频带可以达到 300 MHz 以上。系统中多个单板都有自己独立的电源，但干扰却能通过背板或空间传播到其他的单板上，而单板供电线路越长，产生的问题也越大，因此电源部分必须安装在单板电源入口处。如果存在大面积的电源部分，也要求统一放在单板一侧。对于电源放置方向，主要是考虑输入、输出的顺畅，避免交叉。

2）时钟部分

时钟往往是单板最大的干扰源，也是进行 PCB 设计时最需要特殊处理的地方。布局时一方面要使时钟源与单板板边的间距尽量大，另一方面要使时钟输出到负载的走线尽量短。在布线时，时钟线要优先考虑布在内层，这样有利于减少与其他信号线之间的电容耦合，进而降低串扰现象。时钟信号对于信号完整性要求非常高，布线在内层时，内层的接地平面或电源平面可以提供较好的参考，保证信号的阻抗匹配，减少信号反射、抖动等问题。

3）线圈部分

线圈(包括继电器)是最有效的接收和发射磁场的器件，建议线圈放置在离 EMI 源尽量远的地方，这些 EMI 源可能是开关电源、时钟输出、总线驱动等。

线圈下方的 PCB 上不能有高速信号走线或敏感的控制线，如果不能避免，就一定要考虑线圈的方向问题，要使场强方向和线圈的平面平行，保证穿过线圈的磁力线最少。

4）滤波部分

滤波措施是必不可少也是最常用的对策手段。电路设计中最常用的有去耦电容、三端电容、磁珠等滤波器件，以及电源滤波、接口滤波等电路。滤波器的位置选择不当，其滤波效果将大打折扣，甚至起不到滤波作用。

滤波器件的安装一般考虑就近原则。例如：
（1）去耦电容要尽量靠近 IC 的电源引脚。
（2）电源滤波器件要尽量靠近电源输入端或电源输出端。
（3）局部功能模块的滤波器件要靠近模块的入口。
（4）对外接口的滤波器件(如磁珠等)要尽量靠近接插件等。

7.3.3 PCB 的布线

布线是指将电子元器件通过导线或铜箔连接在一起，形成电路的过程。PCB 中的布线是电子电路设计的重要环节，它涉及电路的功能性、稳定性、可靠性以及电磁兼容性等。在布线方面，需要遵循一定的规则和原则。首先，布线应该尽可能短，以减少信号传输的延迟和电磁干扰。其次，高电压、大电流信号与低电压、小电流的弱信号应该完全分开，模拟信号与数字信号也应该分开，以减少相互干扰。在布线过程中，还需要注意避免锐角、直角和大面积铜箔等可能产生电磁干扰的因素出现。

当布线长度大于二十分之一波长或信号延时超过六分之一信号上升沿时，PCB 布线可被视为传输线(应采用传输线理论考虑)。在这种情况下，信号的传输延迟和反射等效应会变得显著，可能导致信号完整性问题。这些传输线有两种类型：微带线和带状线。

微带线是一种位于 PCB 表层的走线，通常只有一个参考平面(一般是地平面)。由于结构简单且容易制造，微带线在 PCB 设计中得到了广泛应用。微带线的特性阻抗主要取决于走线的宽度、走线与参考平面之间的距离以及介质的介电常数。由于位于 PCB 表层，微带线容易受外部电磁干扰的影响，但同时也有利于散热。

带状线则是一种位于 PCB 内层的走线，它位于两个参考平面(通常是电源平面和地平面)之间。由于被两个参考平面所包围，带状线具有较好的电磁屏蔽性能，能够有效地减少外部电磁干扰的影响。同时，由于带状线的走线长度相对较短，所以其传输延迟也较小。但是，带状线的制造成本相对较高，且不利于散热。

根据前面所学的知识，EMI 的对外传播途径主要有传导和辐射两种。对于传输线而言，这两种途径也同样存在。对于带状线，由于它夹在两平面之间，其辐射途径可以得到较好的控制，其主要的对外传播途径为传导，即需要重点考虑的是在供电过程中电源、地的纹波以及其与相邻走线之间的串扰。而对于微带线，除具有带状线的传导途径外，它自身对外的辐射对 EMC 指标至关重要。

从 EMC 的角度，需要对以下两种布线情况加以关注：

(1) 强辐射信号线(高频、高速，尤以时钟线为甚)，易对外辐射。

(2) 小、弱信号以及对外界干扰非常敏感的复位等信号，易受干扰。

对于这两类线，在情况允许的前提下，建议考虑内层布线，并扩大它们与其他布线的间距，甚至加屏蔽地线进行隔离。

在 PCB 一般设计中，尚不需要复杂的布线理论基础，我们将通过以下几点来讲述布线的基本要求：

(1) 布线宽度。布线的宽度应根据所承载的电流大小来确定。一般来说，电流越大，布线宽度应越宽，以减小电阻和发热。同时，较宽的布线也有助于提高电路的抗干扰能力。

(2) 布线间距。布线间距的大小会影响电路的串扰和 EMC 性能。对于高频信号或敏感信号，应适当增大布线间距，以减少信号之间的干扰。

(3) 布线长度。布线长度应尽量缩短，以减少信号传输延迟和损耗。特别是在高速电路中，布线长度对信号完整性的影响更为显著。

(4) 布线层数。对于复杂电路或高频电路，可能需要采用多层布线。多层布线可以提供更多的布线空间和更好的电磁屏蔽效果。

(5) 布线形状。布线形状应尽可能简洁、规则，避免出现过长的弯曲或锐角。这有助于减小信号的反射和辐射，提高电路的稳定性。

(6) 地线处理。地线是电路中的重要组成部分，应合理设计地线的布线和接地方式。一般来说，地线应尽可能宽，并与其他信号线保持适当的距离，以减少地线噪声和干扰。

在 PCB 设计中，不同功能模块的布线要求因其特性和信号类型而异。电源模块中电源线应尽量宽，以减少电阻和电压降。对于大电流路径，应使用多层布线，通过多个过孔将不同层的电源线连接在一起，以增加电流承载能力。电源线应避免长距离平行走线，以减少电磁干扰。电源去耦电容应靠近电源引脚放置，并使用短而宽的走线连接。地模块中地线应尽可能宽，以降低地线的阻抗和噪声。数字地和模拟地应分开并在一点处连接，以避免数字噪声干扰模拟电路。对于高频电路，应使用大面积的地平面来提供电磁屏蔽。信号模块中高速信号线应尽可能短，以减少传输延迟和串扰。差分信号线应保持等长、等距，并尽量靠近地走线，以提高抗干扰能力。模拟信号线应避免长距离平行走线，以减少串扰。

值得注意的是，实际布线中并没有绝对严格的规定，大多数 PCB 布线受限于板子的大小和铜板的层数，设计的好坏主要依赖于布线工程师的经验。一个拙劣的 PCB 布线会导致更多的电磁兼容问题，即使加上滤波器和元器件也不能解决这些问题，到最后，不得不对整个 PCB 重新布线。

在布线过程中，还需要考虑整体布线的美观性、可维护性和可制造性。以下提供一个较差的布局布线实例和一个相对较好的布局布线实例供读者参考。相对于图7.8，图7.9中的电阻、电容布局得更加紧凑，这样就能实现走线尽可能短的目标。图中滤波电容C2应尽可能靠近需要滤波的芯片，此外走线也应避免形成直角。

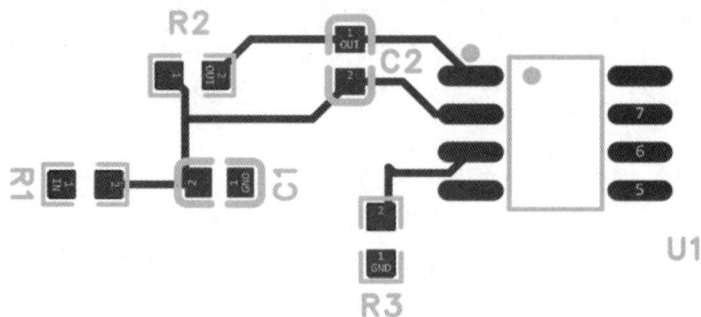

图7.8　较差的布局布线实例

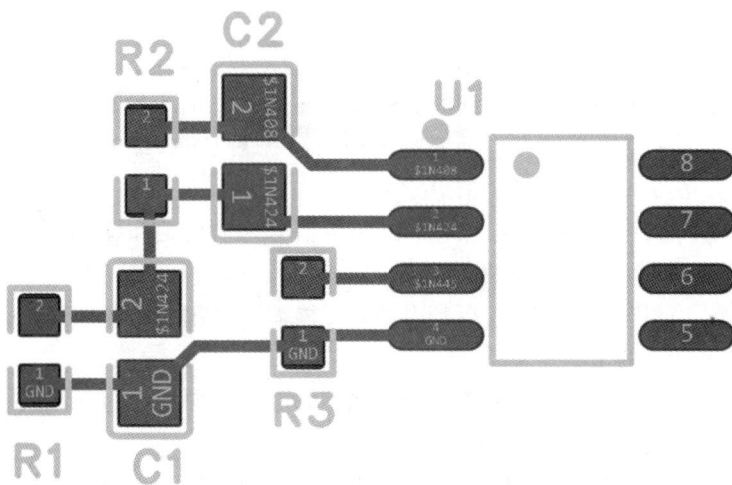

图7.9　较好的布局布线实例

此外，遵循PCB设计规范和标准也是确保电路性能和可靠性的重要方面。以下是一些设计标准：

（1）IPC（印刷电路研究所）标准。具体包括：

① IPC-2221：通用PCB设计标准，涵盖了布局、布线、层叠结构等方面的要求。

② IPC-2222：刚性有机PCB设计分标准，针对刚性PCB的特定要求进行了规定。

③ IPC-2223：挠性PCB设计分标准，适用于挠性电路板的设计要求。

（2）JEDEC（联合电子设备工程委员会）标准。JEDEC标准涵盖了电子元器件的尺寸、封装和测试等方面的要求，对PCB设计具有重要的参考价值。

（3）其他国际标准。IEC（国际电工委员会）和ISO（国际标准化组织）等也发布了一系列与PCB设计相关的标准和规范。

7.3.4　护沟

在 PCB 的模块布局完成后，为了防止射频电流以辐射和传导的方式传到电路板上的不同部分，造成不同模块间信号的干扰，一般会在物理上将元器件、电路和平面与其他功能的设备、区域和子系统分隔开。

为了将不同分区划分开，就需要类似于"隔离墙"之类的区域，这片区域就叫"寂静区"。所谓的寂静区，就是对模拟电路和数字电路或者各个功能模块之间进行物理隔离的区域。这样一来，就可以防止别的模块对该模块的干扰。

除寂静区以外，还有一种隔离方式是"护沟"。

在所有平面上，沿分区边线除去区域之间的铜皮，以实现隔离。无铜的区域就被定义为"护沟"。对于电源和接地平面，护沟的最小宽度为 0.25 mm。将模拟地和数字地在一处并且仅在一处连接起来，该连接处是跨过护沟的"桥"。将模拟元器件的模拟部分置于桥的中间。任何情况下不允许信号线跨过护沟。确保任何跨接模拟区与数字区的信号线通过"桥"所在的位置，并且位于紧邻桥的信号层。同时，对模拟电源和锁相环电路进行滤波，以去除数字噪声。

如果说模块区域是电路板上的一个城堡，护沟如同护城河环绕着城堡。只有正常功能和互连所必需的布线才可以进入这个区域。护沟起着隔离带的作用，挡住无关的信号和线条。在电路板设计中，若有无关的布线通过护沟，就会产生射频环路电流，反而更加影响电路板的性能，因此，应尽量避免无关布线跨越护沟。

护沟具备抗峰值电压冲击和静电放电保护能力，在一定程度上起到了降低电路板噪声的作用。护沟可以使 PCB 布局看起来更加整齐，有助于后期的维护和检修。此外，护沟能够有效抑制电磁干扰。在高速数字电路中，快速变化的电流会产生强烈的电磁场，护沟通过合理设计，可以形成屏蔽效果，降低这些电磁场对周围电路的影响。这种屏蔽作用有助于提高电路的抗干扰能力，增强系统的稳定性。

7.4　PCB 中电源的 EMC 问题

PCB 供电系统中的 EMC 问题主要涉及电源噪声、地线反弹、辐射和传导干扰等方面，这些问题可能影响电路的正常工作和性能。为了解决这些问题，需要优化电源设计、合理布局布线、使用屏蔽技术，并加强地线设计。在产品设计阶段进行 EMC 测试与整改也是确保电磁兼容性的重要措施。通过综合应用这些解决方案，可以提高 PCB 供电系统的电磁兼容性，确保设备在电磁环境中稳定运行。

7.4.1　供电系统介绍

对于一般常见电路而言，供电方案有开关电源和 LDO（低压差稳压器）两种。LDO 通过调节器件来降低输入电压以获得稳定的输出电压。LDO 的工作原理相对简单，通常不涉及高频切换，因此产生的电磁噪声较少。但在对高频噪声敏感的应用中，仍需注意设计。开关电源使用开关器件(通常是 MOSFET)以高频率切换输入电源,通过变压器或电感器将电源转换为所需的输出电压。这种切换动作可能引入高频噪声。

7.4.2　电源导致的信号非理想回路

不同的电压需要各自独立的稳压电路。每一个电压对应着一个稳压后的供电电源,这个因素决定了经过稳压的供电电源的最小数量。不过,对于任何给定的电压,都可能存在多个供电电源。比如,即使电路板上的模拟部分和数字部分需要完全相同的电源电压,但在设计过程中也应对两者分别提供经过稳压的电源,如图 7.10 所示。

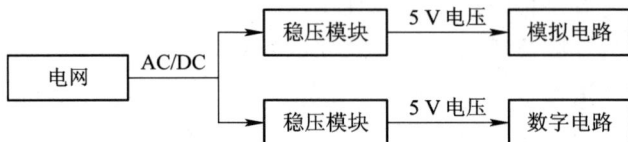

图 7.10　稳压模块放置

对于同一个电路的不同级,也可能需要不同的稳压电源。例如,如果视频信号中的 R、G 和 B 分量在电路中分别有不同的路径,那么即使它们对电源的要求都完全相同,每一条路径也都可能需要独立的供电电源。在极端的情况下,一些工程师在电路中为信号通路的每一级都要设计一个稳压电源。

使用多个稳压电源的原因通常是隔离噪声。所有的信号都在闭合回路中流动,所有流出的电流最终必须回到源端,回流路径为阻抗最小的路径,在多数情况下是电感最小的路径。当回流路径上有不连续阻抗点存在时,因为电流需要绕过不连续点,所以回流路径的面积会增加,增加的回流路径面积导致了电感的增加,这会破坏信号完整性,增加系统的电磁干扰分量。

通常每一个电源电压都有自己的区域。按照这个逻辑,提供相同数值电压的每个不同的稳压电源也应该有自己的参考层。但为了节约成本,不可避免地需要对电源平面进行分割。如果一定要选用被分割后的电源平面作为信号回流参考平面的话,就不能在不做任何处理的情况下,让信号线跨过用于分割的护沟。

7.4.3　电源滤波

在 PCB 设计中,电源滤波器的主要作用是滤除电源线路上的噪声和干扰信号,以确保为电路板上的各个组件提供稳定、纯净的电源。电源噪声可能来源于外部电磁环境、开关电源本身产生的噪声等,这些噪声会干扰电路的正常工作,导致信号失真、系统性能下降甚至功能失效。因此,滤波器在 PCB 电源部分的设计中起着至关重要的作用。

电源系统中的滤波方案主要涉及滤波器的选择、设计以及在电路板上的布局等方面。以下是一些常见的电源系统滤波方案。

(1)电源滤波器。这是电源系统中最常用的滤波方案。电源滤波器通常由电感、电容等无源元件组成,用于滤除电源线路上的高频噪声和干扰。根据电源系统的具体需求,可以选择不同类型的电源滤波器。

（2）去耦电容。去耦电容通常用于滤除电源线路上的高频噪声。在电路板设计中，去耦电容应尽可能靠近需要滤波的元器件放置，以减小噪声的传播距离。同时，应根据电源噪声的频率特性和系统需求选择合适的电容值和类型。

（3）磁珠滤波器。磁珠滤波器是一种利用磁性材料吸收高频噪声的滤波方案。磁珠滤波器通常用于滤除高频噪声和电磁干扰，其滤波效果取决于磁珠的材质和尺寸等因素。

（4）差分滤波器。差分滤波器主要用于滤除共模噪声。在电源系统中，差分滤波器通常用于滤除电源线路上由于地线电位差引起的共模噪声。差分滤波器可以由电感、电容等元件组成，其设计应根据电源系统的具体需求进行优化。

在电源系统中，滤波器的放置位置对滤波效果至关重要。滤波器应尽可能靠近电源输入端放置，以在电源电压进入设备之前尽早过滤掉可能存在的电源噪声和干扰。这有助于减少噪声在设备内部的传播和放大，提高设备的性能和稳定性。如果可能的话，滤波器也应该尽量靠近负载设备放置。这有助于缩短滤波器与负载之间的线路长度，减少线路上的电磁干扰和电压降，确保负载设备获得更稳定、更纯净的电源供应。滤波器的输入线路和输出线路应尽可能短且直，避免长距离走线。长距离走线可能会增加电磁干扰和电压降，影响滤波效果。

因此，在设计电源系统时，应合理规划滤波器的位置，以最小化走线长度。在放置滤波器时，还需要考虑其散热和接地问题。滤波器在工作过程中可能会产生一定的热量，需要确保其散热良好，以免影响其性能和寿命。同时，滤波器应有一个良好的接地路径，以确保其正常工作和安全性能。

7.4.4　设计实例

以下提供一个基于 TPS5430 的降压（buck）电路的电源设计案例，其电路原理图及其 PDB 布局如图 7.11 和图 7.12 所示。

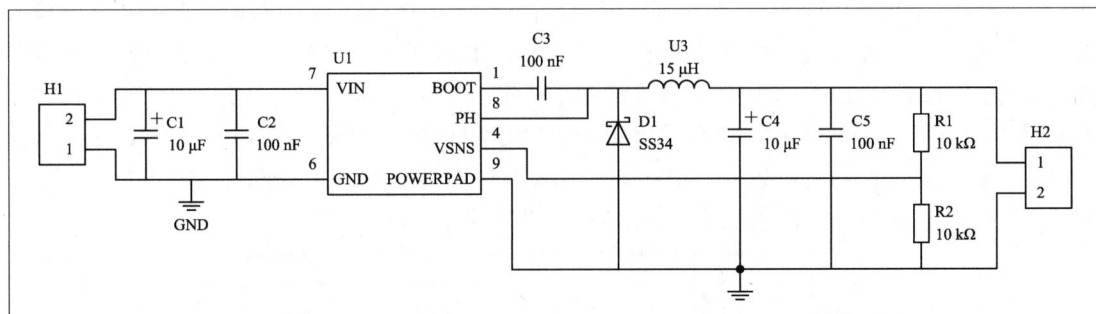

图 7.11　基于 TPS5430 的降压电路原理图

图 7.12 中，C1、C2 作为输入电容，尽可能靠近 IC（U1）的输入引脚，C5、C4 作为输出电容，尽可能靠近输出引脚（H2）。R1、R2 提供反馈电压，反馈电压的值从输出电容（C5）处获取，有利于反馈电压的稳定。此外，R2、R1 应与 IC 尽可能靠近，连接导线相对细些，避免外界电磁干扰的影响。为了减小电感开关纹波的电磁效应，在电感下面最好不要敷铜。由于开关电源存在较大的电源纹波，若系统有较为严格的纹波要求，可在此电路后加入 LDO，以此来进一步减小纹波。

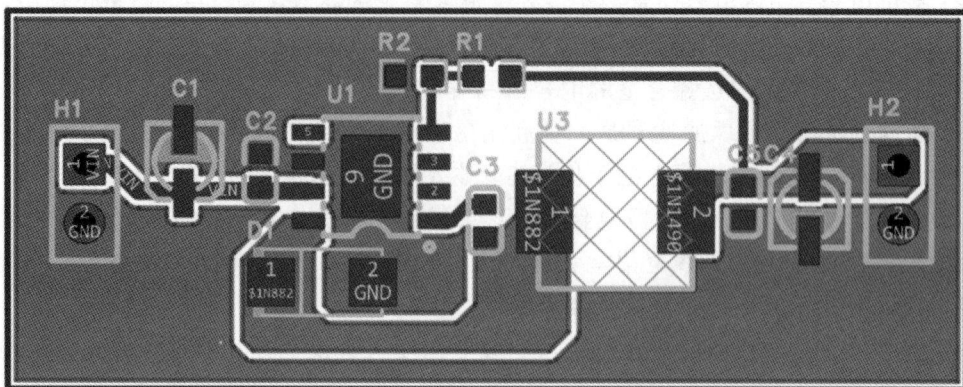

图 7.12   基于 TPS5430 的降压电路 PCB 布局

7.5   PCB 中地线的 EMC 问题

PCB 中的地线设计对 EMC 具有重要影响。若地线设计不当，可能引发地线噪声和电位差，导致信号失真和系统性能下降。此外，地线还可能成为电磁干扰的传播路径，影响整个电路板的正常工作。因此，在 PCB 设计中，合理规划和布局地线，采用有效的接地策略，是确保系统电磁兼容性的关键。

7.5.1   PCB 中有关接地的概念

PCB 电路中的地一般定义为电路或系统的零电位参考点，不一定是实际的大地。接地则是指电路系统与地建立低阻抗通路。在电路系统中接地属于信号接地，其不一定通过导体接入大地。在 PCB 设计中，数字地和模拟地通常需要分开处理，以减少数字电路对模拟电路的干扰。这是因为数字电路通常包含高频噪声和开关噪声，这些噪声可能会通过地线耦合到模拟电路，从而影响模拟电路的性能。因此，在布局和布线时，需要特别注意将数字地和模拟地分开，避免它们之间直接连接。数字地和模拟地可能需要单点接地。在单点接地时，需要注意选择合适的连接方式，如使用磁珠、电容、电感或零欧姆电阻进行连接，如图 7.13 所示。这些连接方式可以抑制噪声和干扰，提高系统的性能。

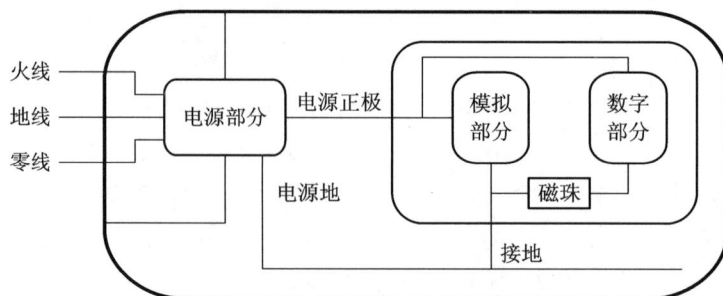

图 7.13   电源内部电路图

同时，对于电源地也需要妥善处理。电源地通常连接到系统的主电源，负责提供稳定的电源供应。为了防止电源噪声对其他电路部分的影响，对电源地通常需要进行滤波和去耦处理。例如，可以在电源输入端添加滤波电容，以吸收电源噪声。

7.5.2　PCB 中的接地方法

在实际 PCB 设计中，一般会采用大面积敷铜来减小布地线的难度以及减少一些 EMC 问题。PCB 敷铜，就是对 PCB 上无布线区域闲置的空间用固体铜填充。敷铜的意义在于减小地线阻抗，提高抗干扰能力；降低压降，提高电源效率；与地线相连，还可以减小环路面积。敷铜的主要好处是降低地线阻抗，数字电路中存在大量尖峰脉冲电流，因此降低地线阻抗显得更有必要一些。

普遍认为，对于全由数字器件组成的电路应该大面积敷铜，而对于模拟电路，敷铜所形成的地线环路反而会引起电磁耦合干扰，得不偿失。因此，并不是对于所有的电路都要敷铜。

敷铜有实体敷铜和网格线敷铜两种，如图 7.14 和图 7.15 所示。

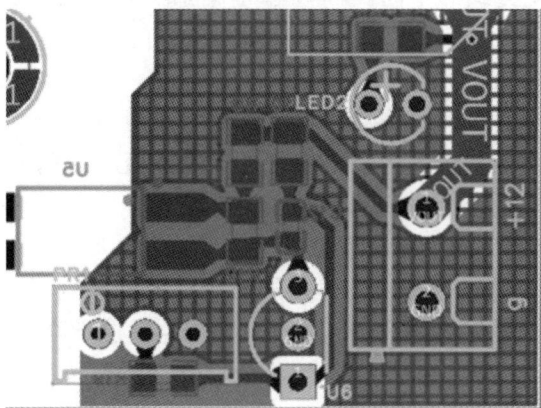

图 7.14　实体敷铜

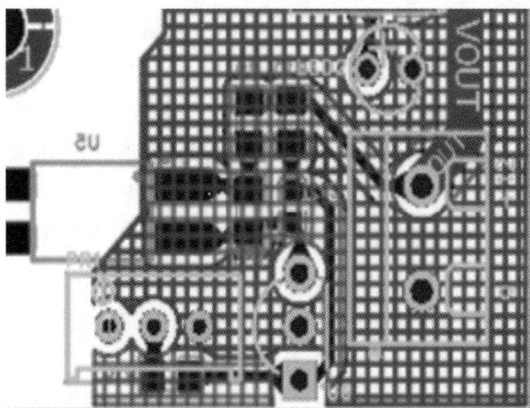

图 7.15　网格线敷铜

实体敷铜具备加大电流和屏蔽的双重作用。但是大面积敷铜在过波峰焊时，会产生一定的热胀冷缩拉力，板子可能会翘起来，甚至会起泡。因此实际敷铜时一般会开几个槽，缓解拉力，避免铜箔起泡。网格线敷铜则主要由交错方向的走线组成，其主要作用是屏蔽和散热。相较于实体敷铜，网格线敷铜在加大电流方面的作用被降低，但其散热性能更佳，因为它降低了铜的受热面。此外，网格线敷铜对于高频电路具有较好的抗干扰性能。然而，网格线敷铜的走线宽度和电路板的工作频率之间存在"电长度"关系，如果匹配不当，可能会导致电路工作异常。

7.6　PCB 中的时钟

时钟电路可被比喻为电路的心脏，是高速电路设计中至关重要的部分。高速电路设计中常用的晶体是石英晶体。石英是一种天然的压电材料，具有极其稳定的振荡能力。将一整块石英按照一定的切割方式制成石英晶片，再在石英晶片表面涂银，并安装上金属板，形成石英晶体。根据切割方式的不同，晶体能以不同的频率起振，这个频率称为晶体的固有频率。

石英晶体依赖自身特有的压电效应起振，其原理是：在晶体的两极间加电场，能使晶体发生机械变形，在晶体的两极间施加机械应力，能在两极间产生电场；当外加电场的交变频率与晶体的固有频率相等时，构成谐振，使得机械振动的幅度急剧增大，并以晶体的固有频率保持稳定的振荡。

时钟信号在 PCB 上产生的电磁辐射是 EMC 问题的主要来源之一。首先，时钟信号通常具有较高的频率和较快的边沿速率，这会导致在信号传输过程中产生较大的电磁辐射。这些辐射可能会干扰其他电路或系统的正常运行，导致性能下降或出现故障。

其次，时钟信号的布线长度和走向也会影响 EMC 性能。如果时钟线过长或走向不当，可能会形成天线效应，增加电磁辐射的强度。因此，在 PCB 设计中，需要合理规划时钟信号的布线，尽量缩短布线长度，避免形成不必要的环路。

此外，时钟信号的驱动能力也会影响 EMC 性能。如果时钟信号的驱动能力不足，可能会导致信号完整性问题，如信号衰减、时延等，从而增加电磁辐射的风险。因此，在选择时钟驱动器时，需要考虑其驱动能力和匹配性。

总体的布局要求是需要让时钟源尽可能远离 PCB 的边缘、外出接口以及结构开孔附近，以减少外部干扰的引入和辐射出去的可能性。与时钟电路相关的高频元器件应尽可能缩短连线，以减少分布参数和相互间的电磁干扰。在布线时，尽量缩短时钟走线的长度，以减少传输延迟和辐射干扰。时钟走线的宽度应保持一致，以避免阻抗不匹配导致的反射和辐射。时钟信号、高速信号与其他信号线的间距应满足一定的距离要求（如 3W 原则），以减少串扰和耦合噪声。在多层板中，当时钟线需要换层时，换层过孔附近应有地层过孔存在，以减小信号回流面积和辐射干扰。

在必要时，可以在时钟信号线上添加滤波器来进一步减小噪声和干扰。此外，晶振的外壳或接地引脚应直接连接到地线，以提供良好的接地回路，减少辐射和噪声。在单层板或双层板上，时钟线两侧应尽可能包覆地线，以减小时钟线的回流面积和差模辐射。

7.7　PCB 中的电容

设计 PCB 时经常要在电路、芯片附近或电源电路上加一些电容来满足数字电路工作时的低噪声和低纹波要求。PCB 上的电容一般可分为去耦电容、旁路电容和储能电容。尽管电容的种类繁杂，但其基本原理都是利用电容对交变信号呈低阻状态以及作为一种储能元件使用的性质。

7.7.1　去耦电容和旁路电容

去耦电容（decoupling capacitor）是数字印制电路板设计的重要组成部分。这些电容器连接在电源正极和电源地之间，以帮助稳定提供给有源数字设备的电压。当某一特定元器件产生的电流突然发生变化时，去耦电容提供一个局部电荷源，这样电流就可以迅速提供，而不会导致电源引脚上的电压突然下降。去耦不充分的单板会产生过多的电源母线噪声，可能导致信号完整性或电磁兼容问题，影响产品的可靠性。

旁路电容（bypass capacitor）用于导通或者吸收某元器件或者一组元器件中的交流分量。下面将通过图 7.16 简要说明其作用与区别。

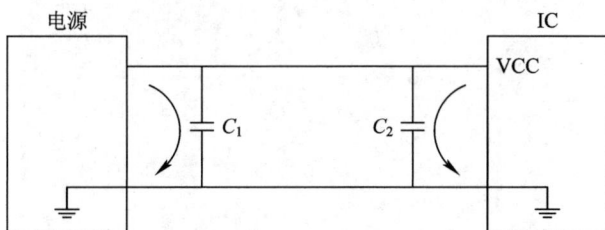

图 7.16　旁路电容实例

如图 7.16 实例，如果电源受到了干扰（可能通过 220V 市电进入电源系统，一般为频率比较高的信号），那么干扰信号会通过电源和 IC 之间的电源线传导到 IC，如果干扰过强，则可能导致 IC 不能正常工作。现在在靠近电源输出的位置加入一个电容 C_1，因为电容对直流呈开路，对交流呈低阻，频率较高的干扰信号通过 C_1 回流到地。本来会从 IC 走的干扰信号此时绕过 IC 直接到地了，所以称 C_1 为旁路电容，即把 IC 旁路掉了。

现在的集成电路的工作频率一般比较高。当 IC 瞬间启动，或切换工作频率时，会在供电导线上造成较大的电流波动。这种波动沿着导线反向传导到电源后，会造成电源的波动，即 IC 的波动耦合到了电源。当在贴近 IC 的电源端口 VCC 放置一个电容 C_2 后，因电容有储能的作用，可以给 IC 提供瞬时电流，减弱了 IC 的电流波动向电源的传导，所以我们称 C_2 为去耦电容。

在电子电路中，去耦电容和旁路电容都起到抗干扰的作用，电容所处的位置不同，称呼就不一样了。对于同一个电路来说，旁路电容是把输入信号中的高频噪声作为滤除对象，把前级电路携带的高频杂波滤除，而去耦电容也称为退耦电容，是把输出信号的干扰作为滤除对象。

对于噪声敏感的 IC 电路，为了达到更好的滤波效果，通常会选择使用多个不同容值的电容并联的方式，以实现更宽的滤波频率，如在 IC 电源输入端并联 10 μF、0.1 μF 和 10 nF 电容可以实现更好的滤波效果。容值越小的电容摆放的位置通常离 IC 引脚越近，如图 7.17、图 7.18 所示。

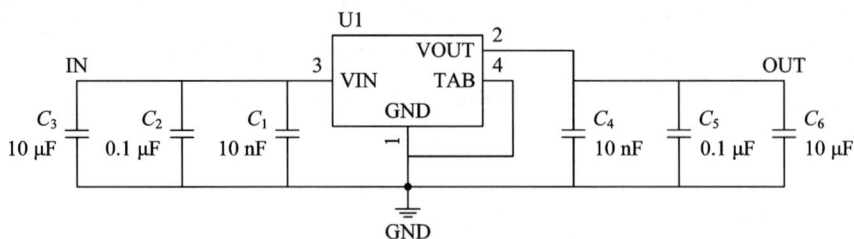

图 7.17　实际电路图

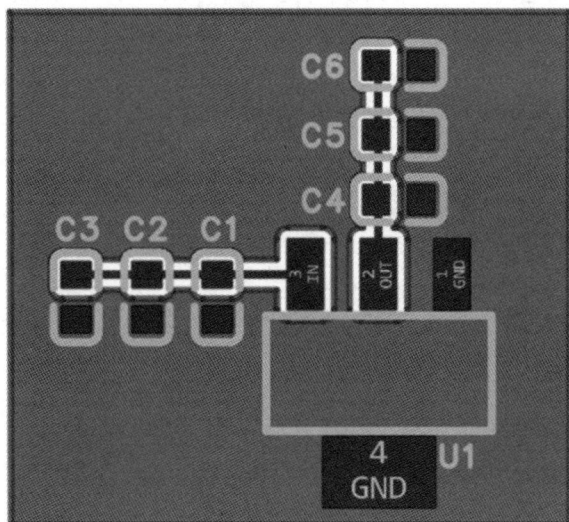

图 7.18　PCB 图

7.7.2　储能电容

储能电容(energy storage capacitor)是指在电路中用于储存电能的电容器。它通过电场存储电荷，能够在电压变化或负载需求变化时迅速释放存储的能量。常见的储能电容类型包括电解电容、陶瓷电容和薄膜电容等。

一般来说，当元器件的逻辑状态发生改变时，电源和接地平面上会出现电流波动，由于导线上的电感效应，会出现电源电压的下降，此时，就需要增加储能电容。储能电容可以确保提供足够稳定的 DC 电压和电流，为电路提供能量储备，使电路工作在最佳状态。储能电容可以有效平滑电源电压中的脉动，减少噪声，提高电源的稳定性。在电路中，当负载突发大电流需求时，电容可以快速释放存储的电能，满足瞬时电流需求。

储能电容的工作电压一般选择在 50% 左右，以防止电压波动时损坏电容器。

7.7.3　电容位置的选择

当涉及 EMC 问题时，电容在 PCB 设计中的放置策略显得尤为关键。考虑一个微控制器（MCU）的电源引脚。为了减小电源噪声和地线反弹，通常需要在 MCU 的电源引脚附近放置去耦电容。这些电容应该尽可能靠近 MCU 的电源和地线引脚，以最小化电源和地线之间的环路面积。策略上使用多个不同容值的电容，以覆盖更宽的频率范围。例如，可以组合使用 $0.1\ \mu F$ 的陶瓷电容和 $10\ \mu F$ 的电解电容。陶瓷电容由于其低 ESR（等效串联电阻）和低 ESL（等效串联电感）特性，非常适合用于高频去耦。而电解电容则用于提供较大的储能容量。确保电容的接地引脚直接连接到 PCB 的地平面，以最小化接地阻抗。

此外，储能电容主要用于在电路需要时提供额外的能量，例如在电源波动或瞬态负载条件下。储能电容应放置在电源输出端附近，以确保稳定的输出电压。

在实际布局中，可能需要根据电路板的空间限制、其他元器件的位置以及布线需求来调整电容的位置和数量。使用多层 PCB 时，可以通过在内层设置专门的电源层和地层来优化电容的布局和布线，从而进一步减少电源噪声和干扰。

7.8　PCB 设计中的几个原则

使用 PCB 设计原则的意义在于通过合理的布局、布线、层叠和接地等设计，确保电子产品的性能稳定、可靠，减少电磁干扰和信号失真，提高生产效率，降低成本，同时方便产品的维修和更新，从而全面提升电子产品的整体质量和市场竞争力。这节主要介绍在 PCB 设计中，几种常用的原则。

7.8.1　5/5 原则

5/5 原则指出什么时候需要使用多层板。此原则说明，在时钟频率超过 5 MHz 时，或上升时间小于 5 ns 时，需要使用多层板，超过这个频率和边界速率，就要增加使用多层板。在使用具有快速边沿速率的器件和时钟时，且只有设计者知道可能存在问题时，要学会利用合适的设计和布局技术。5/5 原则能用于指导具有更高的时钟频率和更快的边沿速率的电路的 PCB 设计。

7.8.2　20H 原则

20H 原则指出在多层印制板设计中如何确定印制线条的边距。如图 7.19 所示，具体描述如下：所有的具有一定电压的印制板都会向空间辐射电磁能量，为了减小这个效应，印制板（图中为电源印制板）的物理尺寸都应该比最靠近的接地板的物理尺寸小 20H，其中 H 是两层印制板的间距。在一定频率下，这两个印制板的边缘会产生辐射。减小一块印制板的边界尺寸使其比接地板小，辐射将减小。当尺寸小至 10H 时，辐射强度开始下降，当尺寸小至 20H 时，辐射强度下降 70%。根据 20H 原则，按照一般典型印制尺寸，20H 一般为 3 mm 左右。

图 7.19　20H 原则演示

7.8.3　3W 原则

　　串扰可存在于 PCB 上的走线之间。这种不良影响不仅与时钟或周期信号有关，而且也来自系统中其他的重要走线。数据线、地址线、控制线和 I/O 都会受串扰的影响。大多数串扰问题来自时钟和周期信号，它们会引起其他部分的功能性问题。使用 3W 原则将使设计者无需其他设计技术就可以遵守 PCB 布局的原则。但这种设计方法占用了很多 PCB 面积，可能会使布线更加困难。

　　使用 3W 原则的基本出发点是使走线间的耦合最小。这种原则可陈述为：走线中心间的距离必须是单一走线宽度的三倍。另一种陈述是：两个走线间的距离间隔必须大于单一走线宽度的两倍，如图 7.20 所示。比如，时钟线为 6 mil 宽，则其他走线只能在距这条走线 2×6 mil 以外的地方布线，或者保证边到边的距离大于 12 mil。

图 7.20　3W 原则演示

　　需要注意的是，3W 原则代表的是逻辑电流中近似 70% 的通量边界，要想得到 98% 通量边界的近似，应该用 10W 原则。

　　通常，只对易产生影响的高危信号，例如时钟、差分对、视频、音频及复位走线或其他关键的系统走线强制使用 3W 原则。不是所有的 PCB 上的走线都必须遵照 3W 原则。使用这一设计指导原则，在 PCB 布线前，决定哪些走线必须使用 3W 原则是十分重要的。

习　题

一、单选题

　　7.1　在常用高性能 4 层 PCB 中，有电源层(VCC)、地线层(GND)、信号层 1(SGN1) 和信号层 2(SGN2)4 个布线层，VCC 和 GND 层均可视为屏蔽层，并形成天然的去耦电容。从屏蔽功能需要和安装维护方便性考虑，一般把 VCC 和 GND 安排在(　　)层。

　　A. 1、2　　　　　　B. 2、3　　　　　　C. 3、4　　　　　　D. 1、4

　　7.2　当双面 PCB 布线时，为减少线间的信号寄生耦合，两面的导线应尽量避免(　　)。

　　A. 相互垂直　　　B. 斜交　　　　　　C. 弯曲走线　　　　D. 相互平行

二、多选题

7.3　PCB 中高频器件的 VCC 引脚和地线之间一般需放置"去耦"电容，其作用是(　　)。

A. 去除干扰　　　　B. 提供局部电源　　　　C. 限流　　　　　　D. 分压

7.4　在高频 PCB 设计中，信号走线成为电路的一部分，在高于 500 MHz 频率的情况下，走线具有(　　)特性。

A. 电阻　　　　　　B. 电容　　　　　　　C. 电感　　　　　　D. 变压器

三、填空题

7.5　PCB 的布线通常需要遵守 3W 原则，一般表述为：走线间距间隔(走线中心间的距离)必须是单走线的_____倍。

7.6　在 PCB 布线中，合理布置"地线"很重要，通常数字地和模拟地需要_____布线(且尽量避免重叠以防止耦合)，然后再接于电源地，以免造成数字地的地线干扰信号串入模拟地。

7.7　电容的三个主要用途是_____、_____、_____。

四、判断题

7.8　印制导线的拐弯应成圆角，因为直角或尖角在高频电路和布线密度高的情况下会影响电气性能。

五、简答题

7.9　PCB 的工作层包含哪六类？

7.10　请解释 PCB 设计中磁通对消的概念，磁通对消的方法有哪些？

7.11　护沟是什么？

7.12　旁路电容与去耦电容有何不同？

多次反射修正因子公式的推导

式(5-22)计算了第一次透射到屏蔽体右侧电磁波的电场表达式，此处用 $|E_{\text{trans}}1|$ 表示第一次透射波：

$$|E_{\text{trans}}1| = |E_{\text{inc}}| T_{E_1} T_{E_2} \mathrm{e}^{-\gamma t}$$

多次反射修正因子就是计入第二次、第三次，以及后续透射到屏蔽体内部的电磁波，从而对由反射损耗和吸收损耗计算出来的数值进行修正。令 R_{E23} 为 $x = t^-$ 处的反射系数：

$$R_{E23} = \frac{Z_{\text{s}} - Z_0}{Z_{\text{s}} + Z_0}$$

R_{21} 为 $x = 0^+$ 处的反射系数：

$$R_{E21} = \frac{Z_{\text{s}} - Z_0}{Z_{\text{s}} + Z_0}$$

第二次透射到屏蔽体内的电磁波先在屏蔽体内 $x = t^-$ 处反射，得到 $|E_{\text{ref23}}|$：

$$|E_{\text{ref23}}| = |E_{\text{slab}}(x = t)| \cdot R_{E23} = |E_{\text{inc}}| \cdot T_{E_1} \cdot \mathrm{e}^{-\gamma t} \cdot R_{E23}$$

$|E_{\text{ref23}}|$ 在屏蔽体内进行一次吸收后，再到 $x = 0^+$ 处反射，得到 $|E_{\text{ref21}}|$：

$$|E_{\text{ref21}}| = |E_{\text{inc}}| \cdot T_{E_1} \cdot \mathrm{e}^{-\gamma t} \cdot R_{E23} \cdot \mathrm{e}^{-\gamma t} \cdot R_{E21}$$

$|E_{\text{ref21}}|$ 在屏蔽体内进行一次吸收后，再到 $x = t$ 才能透射，得到第二次透射到屏蔽体右侧电磁波的电场的表达式：

$$|E_{\text{trans}}2| = |E_{\text{inc}}| \cdot T_{E_1} \cdot \mathrm{e}^{-\gamma t} \cdot R_{E23} \cdot \mathrm{e}^{-\gamma t} \cdot R_{E21} \cdot \mathrm{e}^{-\gamma t} \cdot T_{E_2}$$
$$= |E_{\text{inc}}| T_{E_1} T_{E_2} R_{E23} R_{E21} \cdot \mathrm{e}^{-3\gamma t}$$

第三次透射到屏蔽体右侧电磁波的电场的表达式为

$$|E_{\text{trans}}3| = |E_{\text{inc}}| \cdot T_{E_1} \cdot \mathrm{e}^{-\gamma t} \cdot R_{E23} \cdot \mathrm{e}^{-\gamma t} \cdot R_{E21} \cdot \mathrm{e}^{-\gamma t} \cdot (R_{E23} \cdot \mathrm{e}^{-\gamma t} \cdot R_{E21} \cdot \mathrm{e}^{-\gamma t}) \cdot T_{E_2}$$
$$= |E_{\text{inc}}| T_{E_1} T_{E_2} (R_{E23} R_{E21})^2 \cdot \mathrm{e}^{-5\gamma t}$$

可见，每次透射到屏蔽体右侧电磁波的电场的表达式都是前一次结果再乘以 $R_{E23} R_{E21} \mathrm{e}^{-2\gamma t}$，即透射波表达式是一组等比数列。由于 $R_{E23} R_{E21} \mathrm{e}^{-2\gamma t} < 1$，由等比数列求和公式 $\left(S_n = \frac{a_1(1 - q^n)}{1 - q} \right)$ 可得透射波的总和：

$$\left| \sum E_{\text{trans}} \right| = |E_{\text{inc}}| T_{E_1} T_{E_2} \mathrm{e}^{-\gamma t} \frac{1}{1 - R_{E23} R_{E21} \mathrm{e}^{-2\gamma t}}$$

由此可得考虑多次反射修正的屏蔽效能为

$$\text{SE} = 20\lg \frac{|E_{\text{inc}}|}{\left| \sum E_{\text{trans}} \right|} = 20\lg \left| \frac{1 - R_{E23} R_{E21} \mathrm{e}^{-2\gamma t}}{T_{E_1} T_{E_2} \mathrm{e}^{-\gamma t}} \right|$$

$$= 20\lg\left|\frac{1}{T_{E_1} T_{E_2}}\right| + 20\lg\left|e^{\gamma t}\right| + 20\lg\left|1 - R_{E23} R_{E21} e^{-2\gamma t}\right|$$

其中，$20\lg\left|\dfrac{1}{T_{E_1} T_{E_2}}\right|$ 为反射损耗，$20\lg\left|e^{\gamma t}\right|$ 为吸收损耗，$20\lg\left|1 - R_{E23} R_{E21} e^{-2\gamma t}\right|$ 为多次反射修正因子。

对于金属导体，

$$e^{-2\gamma t} \approx e^{-2(1+j)at} = e^{-2at} e^{-j2at}$$

因 $A = 20\lg e^{at}$，则 $e^{at} = 10^{\frac{A}{20}}$，$e^{2at} = 10^{0.1A}$，$2\alpha t = \ln 10^{0.1A} \approx 0.23A$。

综上，

$$e^{-2\gamma t} = 10^{-0.1A} e^{-j0.23A}$$

可得：

$$B = 20\lg\left|1 - R_{E23} R_{E21} e^{-2\gamma t}\right| = 20\lg\left|1 - \left(\frac{Z_s - Z_0}{Z_s + Z_0}\right)^2 e^{-2\gamma t}\right|$$

$$= 20\lg\left|1 - \left(\frac{Z_s - Z_0}{Z_s + Z_0}\right)^2 10^{-0.1A} e^{-j0.23A}\right|$$

$$= 20\lg\left\{1 - \left(\frac{Z_s - Z_0}{Z_s + Z_0}\right)^2 10^{-0.1A}\left[\cos(0.23A) - j\sin(0.23A)\right]\right\}$$

参 考 文 献

[1] CLAYTON R P. 电磁兼容导论[M]. 2 版. 闻映红，译. 北京：人民邮电出版社，2007.

[2] HENRY W O. 电磁兼容工程[M]. 邹澎，译. 北京：清华大学出版社，2013.

[3] 杨德强，潘锦，杨显清，等. 电磁兼容原理与技术[M]. 4 版. 北京：电子工业出版社，2023.

[4] 罗荣芳，陈静. 电磁兼容原理与技术[M]. 北京：清华大学出版社，2024.

[5] 路宏敏，赵晓凡，谭康伯，等. 工程电磁兼容[M]. 3 版. 西安：西安电子科技大学出版社，2019.

[6] 刘帆，陈柏超，卞利钢. 变电站二次电缆屏蔽层接地方式探讨[J]. 电网技术，2003，27(2).

[7] 杨继深. 电磁兼容(EMC)技术之产品研发与认证[M]. 北京：电子工业出版社，2004.

[8] 张亮. 电磁兼容(EMC)技术及应用实例详解[M]. 北京：电子工业出版社，2014.

[9] 林汉年. 电磁兼容原理分析与设计技术[M]. 北京：中国水利水电出版社，2016.

[10] MARK I M. 电磁兼容的印制电路板设计[M]. 吕英华，译. 北京：机械工业出版社，2010.

[11] 邵小桃. 电磁兼容与 PCB 设计[M]. 北京：清华大学出版社，2016.

[12] 熊蕊，等. 电磁兼容原理与应用[M]. 北京：机械工业出版社，2012.

[13] 谢处方. 电磁场与电磁波[M]. 4 版. 北京：高等教育出版社，2013.

[14] 钱照明，程肇基. 电力电子系统电磁兼容设计基础及干扰抑制技术[M]. 杭州：浙江大学出版社，2000.

[15] LearnEMC LLC Time/Frequency Domain Representation of Signals [EB/OL]. https://learnemc.com/time-frequency-domain.

[16] LearnEMC LLC Shielding Theory [EB/OL]. https://learnemc.com/shielding-theory.

[17] 朱立文，等. 电磁兼容设计与整改对策及案例分析[M]. 北京：电子工业出版社，2012.

[18] 王守三. 电磁兼容测试的技术和技巧[M]. 北京：机械工业出版社，2009.

[19] 邹澎，周晓萍. 电磁兼容原理、技术和应用[M]. 北京：清华大学出版社，2007.

[20] 周志敏，纪爱华. 电磁兼容技术：屏蔽·滤波·接地·浪涌·工程应用[M]. 北京：电子工业出版社，2007.